U0159121

变频器维修入门
与故障检修
300例

周志敏　纪爱华　编著

中国电力出版社
CHINA ELECTRIC POWER PRESS

内 容 提 要

本书结合国内变频器使用与维修技术现状，系统、全面地讲解了变频器维修必备的基础知识、维修方法和操作技能，并精选了在国内市场拥有量大、有代表性的 300 余个变频器故障维修实例，供维修人员在实际工作中查阅参考。

全书共分 4 章，内容分别为变频器维修常用仪器仪表及测量技术；变频器故障分类及检查方法；变频器故障分析与维修测试；变频器故障维修实例。

本书内容新颖实用、文字通俗易懂，是从事变频器维修的技术人员，尤其是新手的必备读物，也可作为职业技术学院电气维修专业、变频器维修培训班师生的参考图书。

图书在版编目（CIP）数据

变频器维修入门与故障检修 300 例/周志敏，纪爱华编著 . —北京：中国电力出版社，2020.10
ISBN 978-7-5198-4709-8

Ⅰ.①变…　Ⅱ.①周…　②纪…　Ⅲ.①变频器—维修　Ⅳ.①TN773

中国版本图书馆 CIP 数据核字（2020）第 101928 号

出版发行：中国电力出版社
地　　址：北京市东城区北京站西街 19 号（邮政编码 100005）
网　　址：http：//www.cepp.sgcc.com.cn
责任编辑：杨扬（y-y@sgcc.com.cn）
责任校对：黄 蓓 马 宁
装帧设计：王红柳
责任印制：杨晓东

印　　刷：北京天宇星印刷厂
版　　次：2020 年 10 月第一版
印　　次：2020 年 10 月北京第一次印刷
开　　本：787 毫米×1092 毫米　16 开本
印　　张：13.25
字　　数：290 千字
定　　价：58.00 元

变频器是电气传动控制系统的重要组成部分，其性能的优劣直接关系整个系统的安全性和可靠性指标。现代变频器以其电路简洁、高效率、低损耗等显著优点而受到人们的青睐，并已被广泛地被应用于电气传动控制系统和家用电器中。

然而，尽管变频器已采用多种新型部件，并优化了结构，但从目前的元器件技术水平和经济性考虑，有时仍不可避免会采用寿命相对较短的元器件。再加上变频器受到安装环境、调试等各种因素的影响，在使用过程中发生故障在所难免。为此，相关技术人员迫切需要掌握变频器故障诊断和维修技术。

本书结合国内变频器使用和维修中存在的问题，系统地讲解了变频器维修必备的基础知识，阐述了变频器维修的基本方法和技能，以便于从事变频器维修的技术人员，尤其是新手掌握变频器维修工作中所需的基础知识和实际操作技能。书中的变频器维修实例具有普遍性和实用性，分析深入浅出，操作简洁明了，注重细节和方法，具有较强的实用性和可操作性。该书集常用仪器仪表、测量技术、维修方法、变频器故障检修实例于一体，读者可以以此为"桥梁"，系统、全面地了解和掌握变频器检修技能。

本书在写作过程中无论从资料的收集，还是技术信息的交流上，都得到了国内变频器研发机构、生产商、专业变频器维修公司及从事变频器售后服务的工程技术人员的大力支持，在此表示衷心地感谢。

由于时间仓促，作者水平有限，书中若有疏漏或不当之处，敬请读者批评指正。

编者

目录

第1章 变频器维修常用仪器仪表及测量技术

1.1 变频器维修常用电工工具及仪器仪表

1.1.1 变频器维修常用电工工具

一、试电笔

试电笔是常用的低压验电器，检测电压范围一般为 60~500V，常做成钢笔式或螺丝刀式，如图 1-1 所示。在使用试电笔时，必须用手指触及试电笔尾部的金属部分，并使氖管小窗背光且朝向自己，以便观测氖管的亮暗程度，防止因光线太强造成误判断。试电笔的使用方法如图 1-2 所示。

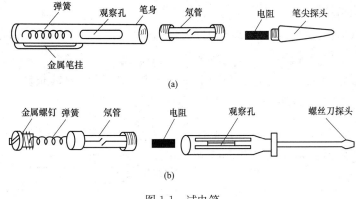

图 1-1 试电笔

（a）钢笔式试电笔；（b）螺丝刀式试电笔

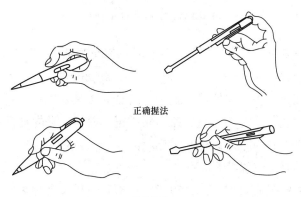

图 1-2 试电笔使用方法

当用试电笔测试带电体时，电流经带电体、试电笔、人体及大地形成通电回路，只要带电体与大地之间的电位差超过60V，试电笔中的氖管就会发光。在使用试电笔时应注意以下事项。

（1）使用前，必须在有电源处对试电笔进行测试，以证明该试电笔确实良好，方可使用。

（2）验电时，应使试电笔逐渐靠近被测物体，直至氖管发亮，不可直接接触被测体。

（3）验电时，手指必须触及试电笔尾部的金属体，否则带电体也会误判为非带电体。

（4）验电时，要防止手指触及笔尖的金属部分，以免造成触电事故。

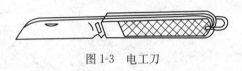

图1-3　电工刀

二、电工刀

电工刀是用来剖切导线、电缆的绝缘层，切割木台缺口，削制木枕的专用工具，如图1-3所示。在使用电工刀时应注意以下事项：

（1）不得用于带电作业，以免触电。

（2）应将刀口朝外剖削，并注意避免伤及手指。

（3）剖削导线绝缘层时，应使刀面与导线成较小的锐角，以免割伤导线。

（4）使用完毕，应随即将刀身折进刀柄。

三、螺钉旋具

螺钉旋具（俗称改锥、起子、螺丝刀）如图1-4所示，可用来紧固或拆卸螺钉，一般分为一字形和十字形两种。

（1）一字形螺钉旋具。一字形螺钉旋具的规格用柄部以外的长度表示，常用的有100、150、200、300、400mm等。

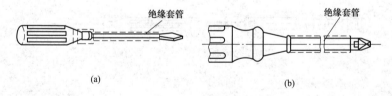

图1-4　螺钉旋具
（a）一字形螺钉旋具；（b）十字形螺钉旋具

（2）十字形螺钉旋具。十字形螺钉旋具有时称梅花改锥，一般分为Ⅰ、Ⅱ、Ⅲ、Ⅳ 4种型号，分别适用于直径为2～2.5mm、3～5mm、6～8mm、10～12mm的螺钉。

（3）多用螺钉旋具。多用螺钉旋具是一种组合式工具，既可作螺钉旋具使用，又可作低压验电器使用，此外还可用来进行锥、钻、锯、扳等。它的柄部和头部是可以拆卸分离的，并附有规格不同的螺钉旋具头、三棱锥体、金力钻头、锯片、锉刀等附件。

在使用螺钉旋具时应注意以下事项。

（1）在使用较大螺钉旋具时，除大拇指、食指和中指要夹住握柄外，手掌还要顶住柄的末端以防旋转时滑脱。

（2）在使用较小螺钉旋具时，用大拇指和中指夹着握柄，同时用食指顶住柄的末端用力旋动。

（3）在使用较长螺钉旋具时，用右手压紧手柄并转动，同时左手握住螺钉旋具的中间部分（不可放在螺钉周围，以免将手划伤），以防止螺钉旋具滑脱。

（4）带电作业时，手不可触及螺钉旋具的金属杆（不应使用金属杆直通握柄顶部的螺钉旋具），以免发生触电事故。为防止金属杆触到人体或邻近带电体，金属杆应套上绝缘管。

四、钢丝钳

钢丝钳是一种夹持或折断金属薄片、切断金属丝的工具，电工用钢丝钳的柄部套有绝缘套管（耐压 500V），其规格用钢丝钳全长的毫米数表示，常用的有 150、175、200mm 等，钢丝钳的构造及应用如图 1-5 所示。

钢丝钳在电工作业时，用途广泛。钳口可用来弯绞或钳夹导线线头；齿口可用来紧固或起松螺母；刀口可用来剪切导线或钳削导线绝缘层；侧口可用来铡切导线线芯、钢丝等较硬线材。在使用钢丝钳时应注意以下事项。

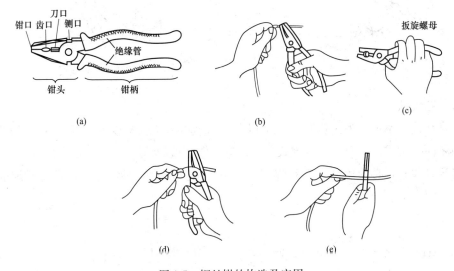

图 1-5　钢丝钳的构造及应用

（a）构造；（b）弯绞导线；（c）紧固螺母；（d）剪切导线；（e）铡切钢丝

（1）使用前，应检查钢丝钳绝缘是否良好，以免带电作业时造成触电事故。

（2）在带电剪切导线时，不得用刀口同时剪切不同电位的两根线（如相线与中性线、相线与相线等），以免发生短路事故。

五、尖嘴钳

尖嘴钳的头部尖细，如图 1-6 所示。尖嘴钳的用法与钢丝钳相似，适用于在狭小的工作空间操作。在控制线路接线时，尖嘴钳能将单股导线弯成接线端子（线鼻子），可用来夹持较小的螺钉、螺母、垫圈、导线等；也可用来

图 1-6　尖嘴钳

对单股导线整形（如平直、弯曲等）。有刀口的尖嘴钳还可用来剪断较细小的导线、剥削

绝缘层等。若使用尖嘴钳带电作业，应检查其绝缘是否良好，并在作业时金属部分不要触及人体或邻近的带电体。

六、斜口钳

斜口钳的头部"扁斜"，因此又称为扁嘴钳或剪线钳，如图1-7所示。斜口钳是用来剪断较粗的金属丝、线材及导线、电缆等用的，斜口钳的柄部有铁柄、管柄、绝缘柄之分，绝缘柄耐压为1000V。对粗细不同、硬度不同的材料，应选用大小合适的斜口钳。

七、剥线钳

剥线钳是专用于剥削较细小导线绝缘层的工具，其外形如图1-8所示。剥线钳的钳口部分设有几个刃口，用以剥落不同线径的导线绝缘层。其柄部是绝缘的，耐压为500V。使用剥线钳剥削导线绝缘层时，应先将要剥削的绝缘长度用标尺定好，然后将导线放入相应的刃口中（比导线直径稍大），再握紧钳柄，导线的绝缘层即被剥离。

图 1-7　斜口钳　　　　　　　　　　　　　　　图 1-8　剥线钳

八、电烙铁

电烙铁按功率可分为大功率（75W以上）和小功率（75W以下）；按烙铁头的结构可分为圆斜面、凿式、半凿式、尘锥式、变形等。电烙铁的结构与分类如图1-9所示。用电烙铁焊接导线时，必须使用焊料和焊剂。焊料一般为丝状焊锡或纯锡，常见的焊剂有松香、焊膏等。

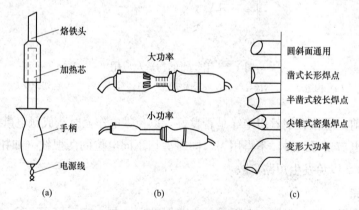

图 1-9　电烙铁的结构与分类

（a）结构；（b）按功率分；（c）按烙铁头的结构分

对焊接的基本要求是：焊接前，一般要把烙铁头上的氧化层除去，并用焊剂进行上锡处理，使得烙铁头的前端经常保持一层薄锡，使导热良好并防止氧化、减少能耗。

焊点必须牢固，锡液必须充分渗透，焊点表面光滑有光泽，应防止出现"虚焊""夹生焊"。造成"虚焊"的原因是：焊件表面未清除干净或焊剂太少，使得焊锡不能充分流动，造成焊件表面挂锡太少，焊件之间未能充分固定。造成"夹生焊"的原因是：烙铁温度低或焊接时烙铁停留时间太短，焊锡未能充分熔化。

电烙铁的握法没有统一的要求，以不易疲劳、操作方便为原则，一般有笔握法和拳握法两种，如图 1-10 所示。在使用电烙铁时应注意以下事项。

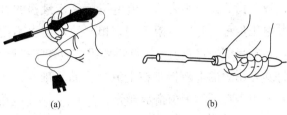

（a）　　　　　　　　　　　（b）

图 1-10　电烙铁的握法

（a）笔握法；（b）拳握法

（1）使用前应检查电源线是否良好，有无被烫伤。

（2）焊接电子类元件（特别是集成块）时，应采用防漏电等安全措施。

（3）当烙铁头因氧化而不"吃锡"时，不可硬烧。

（4）当烙铁头上锡较多不便焊接时，不可甩锡，不可敲击。

（5）焊接较小元件时，时间不宜过长，以免因热损坏元件或绝缘。

（6）焊接完毕，应拔去电源插头，将电烙铁置于金属支架上，防止烫伤或引发火灾。

1.1.2　变频器维修常用电工仪表

一、指针式万用表

指针式万用表是以机械表头为核心部件构成的多功能测量仪表，所测数值由表头指针指示读取。指针式万用表读取精度较差，但指针摆动的过程比较直观，其摆动幅度有时也能比较客观地反映被测量的大小。指针式万用表内一般有两块电池，一块是低电压的 1.5V，一块是高电压的 9V 或 15V。

1. 指针式万用表性能

指针式万用表的重要性能之一是灵敏度，表头的灵敏度是指表头指针由零刻度偏转到满刻度时，动圈中通过的电流值。指针式万用表灵敏度定义为

$$灵敏度 ＝ 表头内阻 / 电压量程 \tag{1-1}$$

比如，选用 100V 直流电压量程测量时，指针满度值的电流为 $50\mu A$，则该万用表的内阻 R_i 为

$$R_i = \frac{100V}{50\mu A} = 2M\Omega$$

则其灵敏度为

$$灵敏度 ＝ 表头内阻 / 电压量程 ＝ 2M\Omega/100V ＝ 20\,000\Omega/V$$

指针式万用表的灵敏度愈高，对电路的测量准确度就愈高。指针式万用表的精度是按全量程的误差来计算的，而不是按显示的读数来计算的，指针式万用表的典型精度是全量程的 $\pm 2\%$ 或 $\pm 3\%$。

指针式万用表能够容许通过的电流是有限的，指针式万用表除了可测量电压、电流、电阻几个基本参量外，有些万用表还可以测量其他参量，如电平、电容器的电容量、电

感线圈的电感量、晶体管的主要直流参数等。

2. 指针式万用表结构

指针式万用表是以指针式表头为核心部件的多功能测量仪表，测量值由表头指针指示读取。指针式万用表的直流电压挡是多量程的直流电压表，表头串联分压电阻即可扩大其电压量程。分压电阻不同，相应的量程也不同。指针式万用表的表头为磁电系测量机构，它只能通过直流，因此需要用二极管将交流变为直流，才能实现对交流电的测量。指针式万用表的电阻挡是在电流接法的基础上，加上电池、电阻和选择开关构成的。指针式万用表在结构上由指示部分（表头）、测量电路、转换装置3部分组成。

（1）指示部分（表头）通常由磁电式直流微安表（个别为毫安表）组成，指针式万用表的表头是灵敏电流计，表头上的表盘印有多种符号、刻度线和数值。符号A、V、Ω表示这只表计可以测量电流、电压和电阻。表盘上印有多条刻度线，其中右端标有"Ω"的是电阻刻度线，其右端为零，左端为∞，刻度值分布是不均匀的。符号"－"或"DC"表示直流刻度线，"～"或"AC"表示交流刻度线，"≃"表示交流和直流共用的刻度线。刻度线下的几行数字是与选择开关的不同挡位相对应的刻度值。表头上还设有机械零位调整旋钮，用以校正指针在左端指零位。

（2）测量电路的主要作用是把被测的电量转变成适合于表头指示用的电量。在指针式万用表的表盘上标有以下刻度尺：①标有"Ω"标记的是测量电阻时用的刻度尺；②标有"≃"标记的是测量交直流电压、直流电流时用的刻度尺；③标有"h_{FE}"标记的是测量三极管时用的刻度尺；④标有"LI"标记的是测量负载的电流、电压的刻度尺；⑤标有"DB"标记是测量电平的刻度尺。

（3）转换装置通常由选择开关（测量种类、量程选择开关）、接线柱、按钮、插孔等组成。万用表的选择开关是一个多挡位的旋转开关，用来选择测量项目和量程。一般的万用表测量项目包括：直流电流（mA）、直流电压（V）、交流电压（V）、电阻（Ω）。每个测量项目又划分为几个不同的量程以供选择。万用表的表笔一般分为红、黑两只，使用时红表笔应插入标有正号（＋）的插孔，黑表笔应插入标有负号（－或＊）的插孔。

在测量中，可通过转换万用表的转换开关的旋钮来改变测量项目和测量量程。指针式万用表机械调零旋钮用来保持指针在静止时处在左零位。"Ω"调零旋钮在测量电阻时使用的，用来使指针对准右零位，以保证测量数值准确。

MF47型万用表

MF47型万用表是设计新颖的磁电系整流式便携式多量程万用表，可测量：交流电压、交流电流、直流电流、直流电压、直流电阻等，具有26个基本量程和电平、电容、电感、晶体管直流参数等7个附加参考量程。MF47型万用表外形及面板各部分功能如图1-11所示。

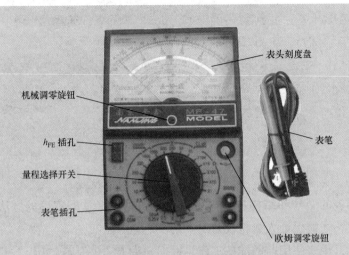

图 1-11　MF47 型万用表外形及面板各部分功能

（1）表头标度盘。表头面板上有多条刻度线，主要用于显示电压、电流、电阻、电平等测量值，MF47 型万用表刻度盘如图 1-12 所示。刻度盘与挡位盘印制成红、绿、黑三色，表盘颜色分别按交流红色，晶体管绿色，其余黑色对应制成，使用时读数便捷。刻度盘共有 6 条刻度：第一条专供测电阻用；第二条供测交直流电压、直流电流用；第三条供测晶体管放大倍数用；第四条供测量电容用；第五条供测电感用；第六条供测音频电平。刻度盘上装有反光镜，以消除视差。

（2）机械调零旋钮。用于校正表针在左端的零位。

（3）欧姆调零旋钮。用于测量电阻时校正欧姆零位（右端）。

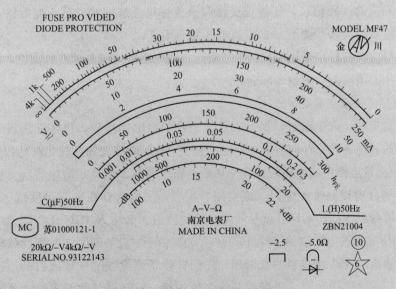

图 1-12　MF47 型万用表刻度盘

（4）量程选择开关。用于选择和转换测量项目和量程，如直流电流（mA）、直流电压（V）、交流电压（V）、电阻（Ω）等。

（5）表笔插孔。将红黑表笔分别插入"＋""－"插孔中，如测量交直流2500V或5A时，红表笔应分别插到标有2500V或"5A"的插孔中。

（6）h_{FE}插孔。检测三极管的插孔。

（7）提把。用于携带和做倾斜支撑，以便于读数。

3. 指针式万用表使用要点

指针式万用表的型号和结构多种多样，在使用时只有掌握正确的方法，才能确保测试结果的准确性，才能保证人身与设备的安全。

（1）指针式万用表使用前的准备工作。根据表头上"⊥"或"Π""→"符号的要求，将指针式万用表按标度尺设置为垂直或水平位置放置，检查电池电量。

（2）指针式万用表插孔和转换开关的使用。首先要根据测试目的选择插孔和转换开关的位置，切不可用测量电流或测量电阻的挡位去测量电压。如果用直流电流或电阻去测量220V的交流电压，指针式万用表则会立即损坏。

（3）指针式万用表测试表笔的使用。指针式万用表有红、黑两根表笔，一般红表笔为"＋"，黑笔为"－"。表笔插入指针式万用表插孔时一定要严格按颜色和正负插入，测直流电压或直流电流时，一定要注意正负极性，测量电流时，表笔与电路串联，测电压时，表笔与电路并联。如果位置接反、接错，则可能会造成测量错误或损坏表头的后果。

（4）指针式万用表的正确读数。在使用前应检查指针是否指在机械零位上，如不指在零位时，可旋转表面板上的调零器使指针指示在零位上。指针式万用表有多条标尺，一定要认清对应的读数标尺，不能把交流和直流标尺任意混用，更不能看错。指针式万用表同一测量项目有多个量程，如直流电压量程有1V、10V、15V、25V、100V、500V等，量程选择应使指针位于满刻度的2/3附近。测电阻时，应先调欧姆零位，测量值指示在该档刻度中心值附近，测量才准确。

4. 指针式万用表测量要点

（1）测量电阻。首先通过转换开关选择适合的电阻挡量程，再将红黑表笔搭在一起短路使指针式万用表的指针向右偏转，随即调整"Ω"调零旋钮，使指针恰好指到0（欧姆零位）。在测量电路中的电阻时，应先切断电路电源，如电路中有电容应先行放电。然后将两根表笔分别接触被测电阻（或电路）两端，读出指针在欧姆刻度线（第一条线）上的读数，再乘以该挡的倍率，就是所测电阻的阻值。如用 $R \times 100\Omega$ 挡测量电阻，指针指在80，则所测得的电阻值为 $80 \times 100\Omega = 8k\Omega$。由于"Ω"刻度线左部读数较密，很难看准，所以测量时应选择适当的欧姆挡，使指针位于刻度线的中部或右部，这样读数比较清楚准确。每次换挡，都应重新将两根表笔短接，重新调整欧姆零位，才能保证测量准确。如果被测电阻在电路板上，则应焊开其一端方可测试，否则流经电阻的电流将被与电阻并联的其他器件分流，使得测量结果不准确。测量电阻时，不要两手手指分别接触表笔与电阻的引脚，以防因人体电阻的分流而增加误差。

（2）测量对地电阻值。所谓测量对地电阻值，即用万用表红表笔接地，黑表笔接被测量元件的一端，测量该端对地电阻值，与正常的电阻值进行比较来断定故障的范围。在测量时，电阻挡位设置在 $R\times1k$ 挡，若测得的电阻值与正常的比较相差较大，说明该部分电路存在故障，如滤波电容漏电，电阻开路或集成 IC 损坏等。当检查电解电容器漏电电阻时，可转动开关到 $R\times1k$ 挡，红表笔必须接电容器负极，黑表笔接电容器正极。

（3）测量直流电压。首先估计一下被测电压的大小，然后将转换开关拨至适当的 V 量程，将红表笔接被测电压"＋"端，黑表笔接被测量电压"－"端。然后根据该挡量程数字与标有直流符号"DC"刻度线（第二条线）上的指针所指数字，来读出被测电压的大小。如用 300V 挡测量，可以直接读 0～300 的指示数值。如用 30V 挡测量，只需将刻度线上 300 这个数字去掉一个"0"，看成是 30，再依次把 200、100 等数字看成是 20、10，即可直接读出指针指示数值。比如，用 6V 挡测量直流电压，指针指在 15，则所测得电压为 1.5V。

（4）测量直流电流。先估计一下被测电流的大小，然后将转换开关拨至合适的 mA 量程，再把万用表串接在电路中，即正表笔接被测电路的高电位端，负表笔接被测负载。同时观察标有直流符号"DC"的刻度线，如电流量程选在 3mA 挡，这时，应把表面刻度线上 300 的数字，去掉两个"0"，看成 3，又依次把 200、100 看成是 2、1，这样就可以读出被测电流数值。如用直流 3mA 挡测量直流电流，指针在 100，则电流为 1mA。

（5）测量交流电压。测交流电压的方法与测量直流电压相似，所不同的是因交流电没有正、负之分，所以测量交流时，表笔也就不需要分正、负。读数方法与测量直流电压的读法一样，只是数字应看标有交流符号"AC"的刻度线上的指针位置。用万用表测量交流电电压时，把万用表与被测电路以并联的形式连接上。选择合适的量程，使表头指针接近满刻度的 2/3。如果电路上的电压大小估计不出来，就要先用大的量程粗略测量后，再用合适的量程，这样可以防止由于电压过高而损坏万用表。

（6）电子变压器测量。在变压器不通电的情况下用万用表的欧姆挡可对变压器做出初步判断，首先将万用表选择在 $R\times10$ 挡，测量一下变压器一次绕组的直流电阻值，一般在几百欧到几千欧，如果测量出的数值无穷大，说明一次绕组已经断路。如果测量出的数值为零，应将万用表选择在 $R\times1$ 挡再测量一次，若仍为零，可初步判断一次绕组已经短路（可以电桥进一步判断）；然后再测试一下一次绕组和二次绕组之间的绝缘电阻值，应是越大越好，如果阻值小，说明一、二次侧之间的绝缘不良。如果以上测量值在正常范围内，就可以将变压器接上电源测量其输出电压值，对带有滤波电路的变压器要把红黑表笔分别放在电压输出端的正负极上，如果被测量变压器的输出电压正常，说明该变压器的性能良好。

（7）音频电平测量。音频电平测量是在一定的负荷阻抗上，测量放大级的增益和线路输送的损耗，测量单位以分贝表示。音频电平与功率、电压的关系式为

$$N(\mathrm{dB})=10\log10P_2/P_1=20\log10U_2/U_1 \tag{1-2}$$

式中　P_2、U_2——被测功率、被测电压。

音频电平的刻度系数按 $0(dB)=1(mW)\times 600(\Omega)$ 输送线标准设计，即

$$U_1=(P_1)1/2=(0.001\times 600)1/2=0.3(V)$$

音频电平的测量方法与测量交流电压基本相似，转动开关至相应的交流电压挡，并使指针有较大的偏转。如被测电路中带有直流电压成分时，可在"+"插座中串接一个 $0.1\mu F$ 的隔离电容器。音频电平以交流 10V 为基准刻度，如指示值大于 +22dB 时可以在 50V 以上各量程测量，其示值可按表 1-1 所示值修正。

表 1-1　　　　　　　　　　　　音频电平修正值

量程（V）	按电平刻度增加值（dB）	电平测量范围（dB）
10	—	−10～22
50	14	+4～36
250	28	+18～50
500	34	+24～56

（8）电容测量。转动开关至交流 10V 位置，被测量电容串接于任一表笔，而后跨接于 10V 交流电压电路中进行测量。

（9）电感测量。电感测量与电容测量方法相同。

（10）晶体管直流参数的测量。

1）直流放大倍数 h_{FE} 测量。测量前先转动开关至晶体管调节 ADJ 位置上，将红黑表笔短接，调节欧姆电位器，使指针对准 $300h_{FE}$ 刻度线上。然后转动开关到 h_{FE} 位置，将要测的晶体管脚分别插入晶体管测试座的 e、b、c 管座内，指针偏转所示数值约为晶体管的直流放大倍数值。在测量时，NPN 型晶体管应插入 NPN 型管孔内，PNP 型晶体管应插入 PNP 型管孔内。

2）反向截止电流 I_{ceo}、I_{cbo} 测量。I_{ceo} 为集电极与发射极间的反向截止电流（基极开路），I_{cbo} 为集电极与基极间的反向截止电流（发射极开路）。首先转动开关至 $R\times 1k$ 挡，将测试表笔二端短路，调节欧姆零位（此时满度电流值约为 90μA）。分开测试表笔后，将欲测的晶体管插入管座内，此时指针的数值约为晶体管的反向截止电流值。指针指示的刻度值乘上 1.2 即为实际值。当 I_{ceo} 电流值大于 90μA 时，可换用 $R\times 100$ 挡进行测量（此时满度电流值约为 900μA）。测试时 NPN 型晶体管应插入 NPN 型管座，PNP 型晶体管应插入 PNP 型管座。

3）三极管管脚极性的辨别（将万用表置于 $R\times 1k$ 挡）。① 判定基极 b。由于 c-b 至 e 分别是 2 个 PN 结，它的反向电阻很大，而正向电阻很小。测试时可任意取晶体管一脚假定为基极，将红表笔接"基极"，黑表笔分别去接触另 2 个管脚，如此时测得都是低阻值，则红表笔所接触的管脚即为基极 b，并且是 PNP 型三极管（如用此方法测得均为高阻值，则为 NPN 型管）。如测量时 2 个管脚的阻值差异很大，可另选一个管脚为假定基极，直至满足上述条件为止。② 判定集电极 c。对于 PNP 型三极管，当集电极接负电压、发射极接正电压时，电流放大倍数才比较大，而 NPN 型三极管则相反。测试时假定红表笔接

集电极 c，黑测试棒接发射极 e，记下其阻值，而后红黑表笔交换测试，将测得的阻值与第一次阻值比较，阻值小的红表笔接的是集电极 c，黑表笔接的是发射极 e，而且可判定是 PNP 型三极管（NPN 型三极管则相反）。

（11）二极管测量。把万用表的量程转换至 $R \times 100$ 挡或 $R \times 1k$ 挡来测量二极管，不能用 $R \times 10$、$R \times 10k$ 挡，因前者电阻太小，测量时通过二极管的电流太大，易损坏二极管，后者则因为内部电压较高，容易击穿耐压较低的二极管。如果测出的电阻只有几百欧到几千欧（正向电阻），则应把红黑表笔对换一下再测，如果这时测出的电阻值是几百千欧（反向电阻），说明这只二极管正常。当测量正向电阻值时，红表笔所测的那一端是二极管的负极，而黑表笔所测的一端是该二极管的正极（二极管的单向导电特性）。通过测量正反向电阻值，可以检查二极管的好坏，一般要求反向电阻比正向电阻高几百倍。也就是说，正向电阻越小越好，反向电阻越大越好。

5. 使用指针式万用表应注意的事项

指针式万用表是比较精密的仪表，如果使用不当，不仅会造成测量不准确，且极易损坏。因此，在使用指针式万用表以前，必须先了解该表的性能及各种旋钮、刻度和其他部件的功能，熟悉各种标记。使用时一般应注意以下几点。

（1）指针式万用表在使用时，必须水平放置在无振动的地点，以免造成误差。同时，还要避免外界磁场对指针式万用表的影响。

（2）在使用指针式万用表之前，应先进行"机械调零"，即在没有被测电量时使指针式万用表的指针指在零电压或零电流的位置上。测电阻以前及变换电阻挡位时也要进行调零（欧姆零位）。测量电阻时，被测设备必须断电。

（3）在用指针式万用表测量电量前，应正确选择要测量的项目和大概数值（若不清楚大概数值时，应选择本项的最大量程挡，然后再放置近似挡测量），选用的测量范围应使指针指在满刻度的 2/3 处。因此，应对测量的大致范围有所了解，以及选择合适的挡位，读数应注意所测量项目和量程挡的相应刻度盘上的刻度标尺及倍率。

（4）表笔插入表孔时，应按表笔颜色插入正负孔：红表笔插入"+"孔，黑表笔插入"-"孔；尤其在测量直流电压或电流时，更要注意极性不要接错。指针式万用表的红表笔是接表内电池负极的，黑表笔是接表内电池正极的。这样做的目的是使指针式万用表不论测电压、电流或电阻时，电流均统一由红表笔进、黑表笔出，表针均可正常顺向偏转，不致反打。在使用万用表过程中，不能用手去接触表笔的金属部分，这样一方面可以保证测量准确，另一方面也可以保证人身安全。

（5）测量电流与电压不能旋错挡位，如果误用电阻挡或电流挡去测电压，就极易损坏指针式万用表。使用指针式万用表电流挡测量电流时，应选择合适的量程挡位，并将指针式万用表串联在被测电路中，测量时，应断开被测支路，将指针式万用表红、黑表笔串接在被断开的两点之间，并注意被测电量极性。

1）当用直流电流的 2.5A 挡时，指针式万用表红表笔应插在 2.5A 测量插孔内，量程开关可以置于直流电流挡的任意量程上。

2）若估计被测的直流电流大于 2.5A，则可将 2.5A 挡扩展为 5A 挡。即在"2.5A"

插孔和黑表笔插孔之间接入一只 0.24Ω 的电阻，这样该挡位就变成了 5A 电流挡。接入的 0.24Ω 电阻应选取用 2W 以上的线绕电阻，如果功率太小会使之烧毁。

3）使用指针式万用表测量直流高压电路时，首先应了解电路的正负极。如果事先不知道，则应选择高于被测电压数倍的量限进行判断测量，即将两只表笔快接快离。如果指针正转，说明接线正确，否则应调换表笔。

4）在测量交流电压时，要了解交流电压频率是否在指针式万用表工作频率范围内，一般指针式万用表的工作频率范围为 $45\sim1500\mathrm{Hz}$。超出 $1500\mathrm{Hz}$，测量读数值将急剧偏低。交流电压刻度是针对正弦波有效值来刻度的，因此指针式万用表不能用于测三角波、方波、锯齿波等非正弦波电压。当交流电压中叠加有直流电压时，应串一只耐压值足够的隔直电容再测量。

5）测某一负载上电压时，要考虑万用表内阻是否远大于负载电阻，否则由于指针式万用表的分流作用，读数值就会远低于实际值，这时就不能直接用指针式万用表测量，应改用其他方法。指针式万用表电压挡内阻等于电压灵敏度乘满度电压值，如 MF30 指针式万用表在 DC100V 挡的电压灵敏度为 $5\mathrm{k}\Omega$，该挡内阻是 $500\mathrm{k}\Omega$。一般来说，低量程挡内阻小，高量程挡内阻大，当用低压挡测量某一电压因内阻较小致使分流作用较大时，可用高量程挡测量，这样，虽然指针偏转角度较小，但由于分流作用小，有可能反而精度更高。测电流也有类似情况，指针式万用表作为电流表使用时，大量程挡内阻小于小量程挡内阻。

（6）在测量某一电量时，不能在测量的同时换挡，尤其是在测量高电压或大电流时，更应注意。否则，会使指针式万用表损坏。如需换挡，应先断开表笔，换挡后再去测量。开关转到电流位置时，两个表笔不应跨接在电源上，否则会损坏万用表。

（7）用指针式万用表测量电阻时，应选适当的倍率，使指针指示在中值附近，最好不使用刻度左边 1/3 部分。用指针式万用表不同倍率的电阻挡测量非线性元件的等效电阻，测出电阻值往往不同。这是由于各挡位的中值电阻和满量程电阻各不相同所造成的，一般倍率越小，测出的阻值越小。测量电阻前需要调节欧姆零位，即将指针式万用表两个测量表笔短接，调节指针式万用表的零位调节器，使指针指向零（右侧）后再测量。如果欧姆零位无法调节至 0 点，通常说明表内电池电压不足，应更换新电池，变换电阻挡位后要重新调零。测量电阻时，被测设备必须断电。

（8）测电容器时，必须首先将电容器存储的电量泄放干净。

（9）指针式万用表不用时，不要将挡位旋在电阻挡，因为内有电池，如不小心易使两根表笔相碰短路，不仅耗费电池，严重时甚至会损坏表头。应将其转换开关拨至"0"挡或交流电压最大挡。如果长期不使用，还应将指针式万用表内部的电池取出来，以免电池漏液腐蚀表内其他器件。

二、数字式万用表

1. 数字式万用表的性能指标

数字式万用表所测数值由液晶屏幕直接以数字的形式数显示，同时还带有某些语音提示功能。数字式万用表电压挡的内阻很大，至少在兆欧级，故对被测电路影响很小。

但极高的输出阻抗使其易受感应电压的影响，在一些电磁干扰比较强的场合测出的数据可能是虚的。数字式万用表的性能指标如下。

（1）响应速度。数字式万用表的响应速度与数字式万用表内部采用的 AD 转换芯片有关，普通的数字式万用表大多采用双积分形式的 AD 转换芯片，虽然其精度能达到 4 位半，但是由于有一个积分过程，所以响应速度很不理想。在测试电阻的时候感觉有的万用表显示数值特别快，而有的数值要等好久才出来，在测试电压的时候，如果电压有波动，响应速度快的数字式万用表就能够体现出来。

（2）精度。数字式万用表的精度是指在特定的使用环境下出现的最大允许误差。换句话说，精度就是用来表明数字式万用表的的测量值与被测信号的实际值的接近程度。数字式万用表的基本精度在读数的 $\pm$（0.7%+1）～$\pm$（0.1%+1）之间，甚至更高。对于数字式万用表来说，精度通常使用读数的百分数表示。如 1% 的读数精度的含义是：数字式万用表的显示是 100.0V 时，实际的电压可能会在 99.0～101.0V 之间。在数字式万用表的说明书中可能会有特定数值加到基本精度中，它的含义就是，对显示的最右端进行变换要加的字数。在前面的例子中，精度可能会标为 $\pm$（1%+2）。因此，如果显示的读数是 100.0V，实际的电压会在 98.8～101.2V 之间。选择数字式万用表时可根据实际需要来选择精度，数字式万用表的精度越高，价格也越高。

高档次的数字式万用表

　　高档次的数字式万用表功能比较齐全，除了可以测试很宽范围的电压、电流、电阻值外，还可以自动转换量程、测试脉冲频率、电容容量、监测电压电流的最大最小值、温度等。

　　高档次的数字式万用表具有非常好的保护措施，具有过电流、过电压、表笔插错提醒功能（如测试电压时误将表笔插入电流测试孔等）。品质好的数字式万用表外壳牢实、手感佳，尤其在换挡时，感觉特别顺手，用了数年，也不会存在挡位接触不良的情况。品质好的万用表表笔也坚固耐用，不会轻易折断，或出现与插孔接触不良的现象。

（3）分辨率位数。分辨率位数是用来描述数字式万用表分辨率的，数字式万用表是按显示的位数和字分类的。一块 3 位半的数字式万用表，可以显示 3 个从 0～9 的全数字位，和 1 个半位（只显示 1 或没有显示）。一块 3 位半的数字式万用表可以达到 1999 字的分辨率。一块 4 位半的数字式万用表可以达到 19 999 字的分辨率。如果数字式万用表在 4V 范围内的分辨率是 1mV，那么在测量 1V 信号时，可以看到 1mV（1/1000V）的微小变化。如一个 1999 字的数字式万用表，在测量大于 200V 的电压时，不可能显示到 0.1V。而 3200 字的数字式万用表在测 320V 的电压时，仍可显示到 0.1V。当被测电压高于 320V，而又要达到 0.1V 的分辨率时，就要选用 20 000 字的数字式万用表。

2. 数字式万用表的面板结构

数字式万用表的基本电路是一个表头电路，它所完成的基本功能是将输入的直流电压（模拟量）量化并输出；其他的功能一般需要增加外部电路。现在数字式万用表芯片的集成度越来越高，外围电路越来越少，这样有利有弊。好处是集成度高，外部电路简单，元件质量问题引起的质量故障会少很多；缺点是芯片一坏，更换成本高且麻烦，有时更换一个芯片的钱，都可以再买一台仪表了，所以一般坏了只好报废。数字式万用表的电池盒通常位于后盖的下方，电池盒内还装有熔丝管，以起过载保护作用。

DT9205A 型数字式万用表面板如图 1-13 所示。

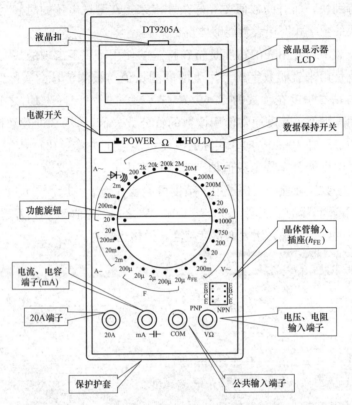

图 1-13   DT9205A 型数字式万用表面板

电源开关（POWER）可根据需要，分别置于"ON"（开）或"OFF"（关）状态。测量完毕，应将其置于"OFF"位置，以免空耗电池。旋转式量程开关位于面板中央，用以选择测试功能和量程。若用表内蜂鸣器作通断检查时，量程开关应停放在标有"▪»"符号的位置。输入插口是万用表通过表笔与被测量连接的部位，设有 COM、VΩ、mA、20A 4 个插口，使用时黑表笔应置于 COM 插孔，红表笔依被测种类和大小置于 VΩ、mA 或 20A 插孔。数字式万用表的测量值由液晶显示屏直接以数字的形式显示，读取方便准确，有些还带有语音提示功能。面板上液晶显示器最大显示值为 199，且具有自动显示极性功能。若被测电压或电流的极性为负，则显示值前将带"－"号。若输入超量程时，显示屏左端会出现"1"或"－1"的提示字样。普通数字式万用表转换开关的挡位通常有交流电压挡、直流电压挡、直流电流挡、电阻挡、三极管挡等。h_{FE} 插口用以测量三极管的 h_{FE} 值，在测量三极管的 h_{FE} 值时，将三极管的 b、c、e 极对应插入。

3. 数字式万用表的技术性能

下面以 DT-830 型数字式万用表为例说明。该万用表是一种三位半数字式万用表，可用来测量直流和交流电压、电流、电阻、二极管、电容、晶体管的 h_{FE} 参数及电路通断检查。由于 DT-830 型数字式万用表采用了大规模集成电路，使操作变得更简便，读数更精确，而且还具备了较完善的过电压、过电流等保护功能。DT-830 型数字式万用表的面板上布置有电源开关、LCD 显示屏、量程转换开关、输入插口等。面板下方还有 "10MAX" 或 "MAX200mA" 和 "MAX750V～1000V" 的标记，前者表示在对应的插孔间所测量的电流值不能超过 10A 或 200mA；后者表示测交流电压不能超过 750V，测直流电压不能超过 1000V。DT-830 型数字式万用表面板图如图 1-14 所示。DT-830 型数字式万用表的时钟脉冲频率为 40kHz、测量周期 0.4s、测量速率 2.5 次/s、工作温度 0～40℃、相对湿度≤80%，DT-830 型数字式万用表整机功耗为 17.5～25mW。DT-830 型数字式万用表的 28 个基本挡技术性能如下。

图 1-14　DT-830 型数字式万用表面板

（1）直流电压（DCV）。分 5 挡：200mV、2V、20V、200V、1000V，测量范围 0.1mV～1000V。

（2）交流电压（ACV）。分 5 挡：200mV、2V、20V、200V、750V，测量范围 0.1mV～750V。

（3）直流电流（DCA）。分 5 挡：200mA、2mA、20mA、200mA、10A，测量范围 0.1mA～10A。

（4）交流电流（ACA）。分 5 挡：200mA、2mA、20mA、200mA、10A，测量范围 0.1mA～10A。

（5）电阻（Ω）。分 6 挡：200Ω、2kΩ、20kΩ、200kΩ、2MΩ、20MΩ。

（6）测量三极管的 h_{FE} 挡。测量 NPN 型晶体三极管 h_{FE} 值的测量范围为 0～1000，测量条件：$U_{ce}=2.8V$，$I_b=10mA$；测量 PNP 型晶体三极管的 h_{FE} 值的测量范围为 0～1000，测量条件同上。

（7）线路通断检查。被测电路电阻小于 (20±10)Ω 时蜂鸣器发声。

4. DT-830 型数字式万用表的使用方法

（1）测量直流电压。将电源开关拨至 "ON"（下同），转转开关拨至 "DCV" 范围内的合适量程（应选到比估计值大的量程挡），如果预先无法估计被测电压的大小，则应先拨至最高量程挡测量一次，再视情况逐渐把量程减小到合适位置（下同）。将红表笔插入"V.Ω"孔内，黑表笔插入"COM"孔内，再把 DT-830 型数字式万用表与被测电路并联，即可进行测量。选择的量程不同，测量精度也不同。比如，测量一节 1.5V 的干电池，分别用 2V、20V、200V、1000V 挡测量，其测量值分别为 1.552V、1.55V、1.6V、2V。所以不能用高量程挡去测量低电压。测量的数值可以直接从显示屏上读取，若显示为"1."，则表明量程太小，那么就要加大量程后再测量。如果在数值左边出现"—"，则表明表笔极性与实际电源极性相反，此时红表笔接的是负极。

（2）测量交流电压。将黑表笔插入"V.Ω"孔内，开关拨至"ACV"范围内的合适位置，表笔插孔与直流电压的测量一样，要求被测电压频率为 45～500Hz（实测为 20Hz～1kHz）。交流电压无正负之分，测量方法与测量直流电压相同。无论测交流还是直流电压，都要注意人身安全，不要随便用手触摸表笔的金属部分。

（3）测量直流电流。量程开关拨至"DCA"范围内的合适挡，红表笔插入"mA"孔（<200mA）或"10A"孔（>200mA）。黑表笔插入"COM"孔。若测量大于 200mA 的电流，则要将红表笔插入"10A"插孔，并将转换开关打到直流"10A"挡；若测量小于 200mA 的电流，则将红表笔插入"200mA"插孔，将旋钮打到直流 200mA 以内的合适量程。调整好后，就可以测量了。将万用表串联进电路中，保持稳定，即可读数。若显示为"1."，那么就要加大量程；如果在数值左边出现"—"，则表明电流从黑表笔流进数字式万用表。

（4）测量交流电流。转换开关拨至"ACA"范围内的合适挡，表笔接法同测量直流电流。

（5）测量电阻。转换开关拨至"Ω"范围内的合适挡，红表笔插入"V.Ω"孔，黑表笔插入"COM"孔。200Ω 挡的最大开路电压约为 1.5V，其余电阻挡约为 0.75V。电阻挡的最大允许输入电压为 250V（DC 或 AC），这个 250V 指的是操作人员误用电阻挡测量电压时数字式万用表的安全值，决不表示可以带电测量电阻。用表笔接在电阻两端金属部位，测量中可以用手接触电阻，但手不要同时接触电阻两端，这样会影响测量精确度。读数时，要保持表笔和电阻有良好的接触。在"200"挡时单位是"Ω"，在"2k"～"200k"挡时单位为"kΩ"，"2M"以上的单位是"MΩ"。

（6）测量二极管。用数字式万用表可以测量发光二极管、整流二极管，测量时，转换开关拨至标有二极管符号的位置。红表笔插入"V.Ω"孔，接二极管正极；黑表笔插入"COM"孔，接二极管负极。此时为正向测量，若二极管正常，测锗管（PNP）时显示值为 0.150～0.300V，测硅管（NPN）时显示值为 0.550～0.700V。进行反向测量时，二极管的接法与上相反，若二极管正常，将显示出"1"；若二极管已损坏，将显示"000"。

（7）测三极管的 h_{FE} 值。根据被测三极管的类型（PNP 或 NPN）的不同，把转换开关转至"PNP"或"NPN"处，再把被测管的三个脚插入相应的 e、b、c 孔内，此时，显示屏将显示出 h_{FE} 值的大小。

（8）判断三极管电极。表笔插位同二极管。先假定 A 脚为基极，用黑表笔与该脚相接，红表笔与其他两脚分别接触其他两脚。若两次读数均为 0.7V 左右，然后再用红表笔接 A 脚，黑表笔接触其他两脚，若均显示"1"，则 A 脚为基极，且此管为 PNP 管，否则需要重新测量。

集电极和发射极可以利用"h_{FE}"挡来判断：先将转换开关打到"h_{FE}"挡，h_{FE} 挡位旁有一排小插孔，分为 PNP 管和 NPN 管的测量。前面已经判断出三极管的基极和管型，将基极插入对应管型 b 孔，其余两脚分别插入 c、e 孔，此时可以读取数值，即 β 值；再固定基极，其余两脚对调；比较两次读数，读数较大的管脚插入位置与 c、e 相对应。

（9）MOS 场效应管的测量。N 沟道的 MOS 场效应管有国产的 3D01、4D01，日产的 3SK 系列等，利用万用表的二极管挡可确定其 G 极（栅极），若某脚与其他两脚间的正反压降均大于 2V，即显示"1"，此脚即为 G 极。再交换表笔测量其余两脚，压降小的那次中，黑表笔接的是 D 极（漏极），红表笔接的是 S 极（源极）。

（10）检查线路的通、断。转换开关拨至蜂鸣器挡，红、黑表笔分别接"V·Ω"和"COM"。若被测线路电阻低于规定值（$20\pm10\Omega$），蜂鸣器可发出声音，说明电路是通的。反之，则不通。由于操作中不需读出电阻值，仅凭听觉即可作出判断，故可利用蜂鸣器来检查线路，既迅速又方便。

5. 数字式万用表的使用注意事项

（1）测量电压时，应将数字式万用表与被测电路并联。数字式万用表具有自动转换极性功能，测直流电压时不必考虑正、负极性。但若误用交流电压挡去测量直流电压，或误用直流电压挡去测量交流电压，将显示"000"，或在低位上出现跳数。

（2）测量晶体管 h_{FE} 值时，由于工作电压仅为 2.8V，且未考虑 U_{be} 的影响，因此，测量值偏高，只能是一个近似值。

（3）测交流电压时，应当用黑表笔（接模拟地 COM）去接触被测电压的低电位端（如信号发生器的公共地端或机壳），以消除仪表对地分布电容的影响，减少测量误差。

（4）数字式万用表的输入阻抗很高，当两支表笔开路时，外界干扰信号会从输入端串入，显示出没有变化规律的数字。

（5）袖珍式 $3\frac{1}{2}$ 位数字式万用表的频率特性较差，如按照规定 DT-830 型数字式万用表只能测 45～500Hz 的交流电压或交流电流。实际测出的工作频率范围是 20Hz～1kHz，说明该项指标在设计时留有一定余量。

（6）测量电流时，应把数字式万用表串联到被测电路中。如果电源内阻和负载电阻都很小，应尽量选择较大的电流量程，以降低分流电阻值，减小分流电阻上的压降，提高测量准确度。

（7）严禁在检测高压（220V 以上）或大电流（0.5A 以上）时旋转转换开关，以防止产生电弧，烧毁转换开关的触点。

（8）测量焊在线路上的元件时，应当考虑与之并联的其他电阻的影响。必要时可焊下被测元件的一端再进行测量，对于晶体三极管则需焊开两个极才能做全面检测。

（9）严禁在被测线路带电的情况下测量电阻，也不允许测量电池的内阻。在检查电器设备上的电解电容器时，应切断设备上的电源，并将电解电容上的正、负极短路一下，以防止电容上积存的电荷经数字式万用表泄放，而损坏数字式万用表。

（10）数字式万用表的使用和存放应避免高温（＞400℃）、寒冷（＜0℃）、阳光直射、高湿度及强烈振动环境。测量完毕，应将转换开关拨到最高电压挡，并关闭电源。若长期不用，还应取出电池，以免电池漏液。

1.1.3 变频器维修常用示波器

一、示波器性能指标

示波器是一种用途十分广泛的电子测量仪器，它能把肉眼看不见的电信号变换成看得见的图像，便于人们研究各种电现象的变化过程。利用示波器能观察各种不同信号幅度随时间变化的波形曲线，还可以用它测试各种不同的电量，如电压、电流、频率、相位差、调幅度等。

利用显示在示波器上的波形幅度的相对大小，能反映加在示波器 Y 偏转极板上的电压最大值的相对大小，从而反映出电磁感应中所产生的交变电动势的最大值。凡可以变为电效应的周期性物理过程，都可以用示波器进行观测，因此借助示波器可以研究感应电动势与其产生条件的关系。

1. 带宽

带宽决定示波器对信号的基本测量能力，随着信号频率的增加，示波器对信号的准确显示能力将下降。示波器带宽指的是正弦输入信号衰减到其实际幅度的 70.7% 时的频率值。如果没有足够的带宽，示波器将无法分辨高频变化。幅度将出现失真，边缘将会消失，细节数据将被丢失。如果没有足够的带宽，得到的关于信号的所有特性，响铃和振鸣等都毫无意义。为了保证测试信号幅度和上升沿的精度，选择示波器的带宽应为被测信号频率的 3～5 倍，精确测量要在 8～10 倍或以上。

模拟示波器的带宽是一个固定的值，而数字示波器的带宽有模拟带宽和数字实时带宽两种。数字示波器对重复信号采用顺序采样或随机采样技术，所能达到的最高带宽为示波器的数字实时带宽，数字实时带宽与最高数字化频率和波形重建技术因子 K 相关（数字实时带宽＝最高数字化速率/K），一般不作为一项指标直接给出。

从两种带宽的定义可以看出，模拟带宽只适合重复周期信号的测量，而数字实时带宽则同时适合重复信号和单次信号的测量。厂家声称示波器的带宽能达到多少兆，实际上指的是模拟带宽，数字实时带宽是要低于这个值的。如 TEK 公司的 TES520B 的带宽为 500MHz，即其模拟带宽为 500MHz，而最高数字实时带宽只能达到 400MHz，远低于模拟带宽。所以在测量单次信号时，一定要参考数字示波器的数字实时带宽，否则会给测量带来意想不到的误差。大多数示波器中存在限制示波器带宽的电路，限制带宽后，可以减少显示波形中不时出现的噪声，显示的波形会显得更为清晰。在消除噪声的同时，带宽限制同样会减少或消除高频信号成分。

2. 采样速率

采样速率也称为数字化速率，是指单位时间内对模拟输入信号的采样次数，常以

MS/s 或 GS/s 表示。采样速率是数字示波器的一项重要指标。如果采样速率不够，容易出现混叠现象，就是屏幕上显示的波形频率低于信号的实际频率，或者即使示波器上的触发指示灯已经亮了，而显示的波形仍不稳定。如果示波器的输入信号为一个 100kHz 的正弦信号，示波器显示的信号频率却是 50kHz，就是因为示波器的采样速率太慢而产生混叠现象。根据奈奎斯特定理，采样速率至少高于信号高频成分的 2 倍才不会发生混叠，如输入信号为 500MHz，至少需要 1GS/s 的采样速率。有如下几种方法可以简单地防止混叠发生。

（1）调整扫速。

（2）采用自动设置（Autoset）。

（3）试着将收集方式切换到包络方式或峰值检测方式，因为包络方式是在多个收集记录中寻找极值，而峰值检测方式则是在单个收集记录中寻找最大最小值，这两种方法都能检测到较快的信号变化。

（4）如果示波器有 InstaVu 采集方式，可以选用，因为这种方式采集波形速度快，用这种方法显示的波形类似于用模拟示波器显示的波形。

每台数字示波器的最大采样速率是一个定值，但是，在任意一个扫描时间 t/div，采样速率 f_s 为

$$f_s = N/(t/\text{div}) \tag{1-3}$$

式中　N——每格采样点。

当采样点数 N 为一定值时，f_s 与 t/div 成反比，扫速越大，采样速率越低。在使用数字示波器时，为了避免混叠，扫速挡最好置于扫速较快的位置。如果想要捕捉到瞬间即逝的毛刺，扫速挡则最好置于主扫速较慢的位置。

3. 存储深度

存储深度是示波器比较重要的技术指标，是对数字示波器所能存储的采样点多少的量度，即内存的容量。如果需要不间断的捕捉一个脉冲串，则要求示波器有足够的内存以便捕捉整个事件。将所要捕捉的时间长度除以精确重现信号所需的取样速度，可以计算出所要求的存储深度，也称记录长度。把经过 A/D 数字化后的八位二进制波形信息存储到示波器的高速 CMOS 内存中，就是示波器的存储，这个过程是"写过程"。对于数字示波器，其最大存储深度是一定的，但是在实际测试中所使用的存储长度却是可变的。在存储深度一定的情况下，存储速度越快，存储时间就越短，它们之间是一个反比关系。同时采样率跟时基（Timebase）是一个联动的关系，即调节时基挡位越小采样率越高。存储速度等效于采样率，存储时间等效于采样时间，采样时间由示波器的显示窗口所代表的时间决定，所以，存储深度＝采样率×采样时间（距离＝速度×时间），由于数字示波器的水平刻度分为 12 格，每格所代表的时间长度即为时基（Timebase），单位是 s/div，所以采样时间等于时基×12。

由存储关系式可知，提高示波器的存储深度可以间接提高示波器的采样率，当要测量较长时间的波形时，由于存储深度是固定的，所以只能降低采样率来达到，但这样势必造成波形质量下降；如果增大存储深度，则可以用更高的采样率来测量，以获取不失

真的波形。比如，当时基选择 $10\mu s/div$ 文件位时，整个示波器窗口的采样时间是

$$10\mu s/div \times 12div = 120\mu s$$

在 1Mpts 的存储深度下，当前的实际采样率为

$$1M/120\mu s \approx 8.3GS/s$$

如果存储深度只有 250K，那当前的实际采样率为 2.0GS/s，存储深度决定了实际采样率的大小，存储深度决定了数字示波器同时分析高频和低频现象的能力，包括低速信号的高频噪声和高速信号的低频调制。

4. 上升时间

在模拟示波器中，上升时间是示波器的一项极其重要的指标，模拟示波器的上升时间与扫速无关。而在数字示波器中，上升时间甚至都不作为指标明确给出。由于数字示波器测量方法的原因，以致自动测量出的上升时间不仅与采样点的位置相关，还与上升时间、扫速有关。在使用数字示波器时，不能像用模拟示波器那样，根据测出的时间来反推出信号的上升时间。

5. 触发功能

要确保能捕获和同步被测信号，以利于观察和分析被测波形。触发一般可分为自动触发、正常触发、单次触发 3 种。常用的触发方式为边缘（Edge）触发，如上升沿触发或者下降沿触发。按触发源分类，有内部通道触发和外部信号触发。

6. 扫描速度

扫描速度表征轨迹扫过示波器显示屏的速度有多快，以便能够发现更细微的细节。示波器的扫描速度用时间（s）/格表示。

7. 耦合

耦合控制机构决定输入信号从示波器前面板上的 BNC 输入端到该通道垂直偏转系统其他部分的方式，耦合控制有 DC 耦合和 AC 耦合两种方式。

（1）DC 耦合。DC 耦合方式为信号提供直接的连接通路，因此信号的所有分量（AC 和 DC）都会影响示波器的波形显示。

（2）AC 耦合。AC 耦合方式则在 BDC 端和衰减器之间串联一个电容，这样，信号的 DC 分量就被阻断，而信号的低频 AC 分量也将受阻或大为衰减。

示波器的低频截止频率是示波器显示信号幅度仅为其真实幅度为 71% 时的信号频率，示波器的低频截止频率主要取决于其输入耦合电容的数值，示波器的低频截止频率典型值为 10Hz。和耦合控制机构有关的另一个功能是输入接地功能，即将输入信号和衰减器断开，并将衰减器输入端连至示波器的地电平。当选择接地时，在屏幕上将会看到一条位于 0V 电平的直线，这时可使用位置控制机构来调节这个参考电平或扫描基线的位置。

8. 输入阻抗

多数示波器的输入阻抗有 $1M\Omega$ 和 50Ω 两挡，以满足不同应用场合的要求，因为它对多数电路的负载效应极小。有些信号来自 50Ω 输出电阻的源。为了准确地测量这些信号并避免发生失真，必须对这些信号进行正确的传送和端接，这时应当使用 50Ω 特性阻抗

的电缆并用 50Ω 的负载进行端接。

9. 检定系统

为了让示波器工作在合格的状态，对示波器定期、快速、全面地检定以保证其量值溯源。手工检定效率低，容易出错，而自动测试系统具有准确快速地测量参数、直观地显示测试结果、自动存储测试数据等特性，是传统的手工测试无法达到的，用自动测试系统实现对示波器的程控检定将会是仪器检定的趋势。

二、示波器分类

示波器按功能和原理可分为万用示波表、数字示波器、模拟示波器、虚拟示波器、任意波形示波器、手持示波表、数字荧光示波器、数据采集示波器等；示波器根据其通道数可分为单通道/单踪示波器和双通道/双踪示波器；按带宽可分为（带宽是根据示波器测试要求来定的）5M、10M、20M、40M、60M、100M、1G 等。

1. 模拟示波器

模拟示波器的工作方式是直接测量信号电压，并通过从左到右穿过示波器屏幕的电子束在垂直方向描绘电压。示波器屏幕通常是阴极射线管（CRT），打出的电子束通过水平偏置和垂直偏置系统后投到屏幕的某处，屏幕后面有明亮的荧光物质。当电子束水平扫过显示器时，信号的电压使电子束发生上下偏转，跟踪波形直接反映到屏幕上，在屏幕同一位置电子束投射的频度越大，显示也越亮。

阴极射线管限制了模拟示波器显示的频率范围，在频率非常低的地方，信号呈现出明亮而缓慢移动的点，很难分辨出波形。在高频处，起局限作用的是阴极射线管的写速度。当信号频率超过阴极射线管的写速度时，显示出来的波形太过暗淡，难以观察，模拟示波器的极限频率约为 1GHz。

当把示波器探头和电路连接到一起后，电压信号通过探头到达示波器的垂直系统。设置垂直标度（伏特/格设置）后，衰减器能够减小信号的电压，而放大器可以增加信号电压。随后，信号直接到达阴极射线管的垂直偏转板。信号电压作用于这些垂直偏转板上引起亮点在屏幕中移动，亮点是由打在阴极射线管内部荧光物质上的电子束产生的。正电压引起点向上运动，而负电压引起点向下运动。

信号也经过触发系统，启动或触发水平扫描。水平扫描是水平系统亮点在屏幕中移动的行为。触发水平系统后，亮点以水平时基为基准，依照特定的时间间隔从左到右移动。许多快速移动的亮点融合到一起，形成实心的线条。如果速度足够高，亮点每秒钟扫过屏幕的次数可达 500 000 次。

在水平扫描和垂直偏转的共同作用下，形成显示在屏幕上的信号图像。触发器能够稳定实现重复的信号，它确保扫描总是从重复信号的同一点开始，目的就是使呈现的图像清晰。

模拟示波器对聚焦和亮度进行控制，可调节出锐利和清晰的显示结果。为显示"实时"条件下或"突发"条件下快速变化的信号，模拟示波器的显示部分基于化学荧光物质，它具有亮度级这一特性。在信号出现越多的地方，轨迹就越亮。通过亮度级，仅观察轨迹的亮度就能区别信号的细节。

2. 数字示波器

数字示波器因具有波形触发、存储、显示、测量、波形数据分析处理等优点，其使用日益普及。数字示波器的工作方式是通过模拟转换器（ADC）把被测电压转换为数字信息并存入存储器，存储限度是判断累计的样值是否能描绘出波形，通过 CPU 或专用芯片进行处理后在屏幕上进行显示。数字示波器一般支持多级菜单，能提供给用户多种选择，多种分析功能。还有一些数字示波器可以提供存储功能，实现对波形的保存和处理。

早期的数字存储示波器对波形的捕获率较慢，随着技术及专用芯片的发展，现在有的数字存储示波器的波形捕获率已经可以达到每秒 100 万次。

数字示波器要改善带宽只需要提高前端的 A/D 转换器的性能，对示波管和扫描电路没有特殊要求。目前，高端数字示波器主要依靠美国技术，而对于 300MHz 带宽以内的示波器，目前国内品牌在性能上已经可以和国外品牌抗衡，且具有明显的性价比优势。

数字示波器可分为数字存储示波器 DSO、数字荧光示波器 DPO 和混合信号示波器 MSO 3 类。

（1）数字存储示波器 DSO（Digital Storage Oscilloscope）。DSO 将信号数字化后再建波形，具有记忆、存储被观测信号的功能，能够收集显示整个波形的数据，可以用来观测和比较单次过程和非周期现象、低频和慢速信号，以及不同时间、不同地点观测到的信号。与模拟示波器一样，DSO 第一部分（输入）是垂直放大器。在这一部分，垂直控制系统方便调整幅度和位置范围。而在水平系统的模数转换器（ADC）部分，信号实时在离散点采样，采样位置的信号电压转换为数字值，这些数字值称为采样点。该处理过程称为信号数字化。水平系统的采样时钟决定 ADC 采样的频度，该速率称为采样速率，表示为样值每秒（S/s）。DSO 的显示部分更多基于光栅屏幕而不是基于荧光，DSO 便于捕获和显示那些可能只发生一次的事件，通常称为瞬态现象。以数字形式表示波形信息，实际存储的是二进制序列。这样，利用示波器本身或外部计算机，方便进行分析、存档、打印和其他的处理。DSO 能够持久地保留信号，可以扩展波形处理方式。然而，DSO 没有实时的亮度级，因此不能表示实际信号中不同的亮度等级。来自 ADC 的采样点存储在捕获存储区内，称为波形点，几个采样点可以组成一个波形点，波形点共同组成一条波形记录。创建一条波形记录的波形点的数量称为记录长度，触发系统决定记录的起始和终止点。DSO 信号通道中包括微处理器，被测信号在显示之前要通过微处理器处理。微处理器处理输出的信号调整显示运行，管理前面板调节装置等。信号通过显存，最后显示到示波器屏幕上。在示波器的能力范围之内，采样点会经过补充处理，显示效果得到增强。可以增加预触发，使在触发点之前也能观察到结果。目前大多数 DSO 提供自动参数测量，使测量过程得到简化。DSO 提供高性能处理单脉冲信号和多通道能力，DSO 是低重复率或者单脉冲、高速、多通道设计应用的完美结合。

（2）数字荧光示波器 DPO（Digital Phosphor Oscilloscope）。DPO 通过多层次辉度或

彩色，可显示长时间内信号。DPO 的体系结构使之能提供独特的捕获和显示能力，加速重构信号。DSO 使用串行处理的体系结构来捕获、显示和分析信号；而 DPO 为完成这些功能采用的是并行的体系结构。DPO 采用 ASIC 硬件构架捕获波形图像，提供高速率的波形采集率，信号的可视化程度很高，它增加了证明数字系统中的瞬态事件的可能性。DPO 的第一部分（输入）与模拟示波器相似（垂直放大器），第二部分与 DSO 相似（ADC）。但在模数转换后，DPO 与原来的示波器相比有显著的不同之处。对所有的示波器而言，包括模拟、DSO 和 DPO 示波器，都存在着释抑时间。在这段时间内，示波器处理最近捕获的数据，重置系统，等待下一触发事件的发生。在这段时间内，示波器对所有信号都是视而不见的。随着释抑时间的增加，查看到低频度和低重复事件的可能性就会降低。

DPO 把数字化的波形数据进一步光栅化，存入荧光数据库中。并以人类眼睛能够觉察到的最快速度（约 1/30s）将存储到数据库中的信号图像直接送到显示系统。波形数据直接光栅化，以及直接把数据库数据复制到显存中，两者共同作用，改变了其他体系在数据处理方面的瓶颈。结果是增加了"使用时间"，增强显示更新能力。信号细节、间断事件和信号的动态特性都能实时采集。DPO 微处理器与集成的捕获系统一起并行工作，完成显示管理、自动测量和设备调节控制工作，同时，又不影响示波器的捕获速度。DPO 使用完全的电子数字荧光，其实质是不断更新的数据库。针对示波器显示屏幕的每一个点，数据库中都有独立的"单元（cell）"。一旦采集到波形（即示波器一触发），波形就映射到数字荧光数据库的单元组内。每一个单元代表着屏幕中的某位置，当波形涉及该单元，单元内部就加入亮度信息，没有涉及则不加入。因此，如果波形经常扫过的地方，亮度信息在单元内会逐步累积。当数字荧光数据库中的信号传送到示波器的显示屏幕后，根据各点发生的信号频率的比例，显示屏展示加入亮度形式的波形区域，这与模拟示波器的亮度级特性非常类似。DPO 也可以显示频率发生不断变化的信息，显示屏对不同的信息呈现不同的颜色，这一点与模拟示波器不同。利用 DPO 可以比较由不同触发器产生的波形之间的异同，如比较某波形与第 100 号触发器产生波形的区别。DPO 突破了模拟和数字示波器技术之间的障碍，它同时适合观察高频和低频信号、重复波形，以及实时的信号变化。

（3）混合信号示波器 MSO（Mixed Signal Oscilloscope）。MSO 把数字示波器对信号细节的分析能力和逻辑分析仪多通道定时测量能力组合在一起，可用于分析数模混合信号交互影响。MSO 远远超越了传统频谱分析仪的功能，允许用户捕获 4 个模拟、16 个数字和 1 个 RF 通道上的与时间相关的模拟、数字和 RF 信号，并在所有中心频率提供≥1GHz 的捕获带宽，比典型频谱分析仪高 100 倍。由于实现了与时间相关的多域显示，能够进行准确的定时测量，以了解设计中的时域命令、控制事件间的延迟和时延在频域上引起的变化。另外，由于 MSO 能够提供与时域和频域时间相关的完整系统级观测，所以寻找间歇性 EMI 噪声和元器件状态带来的 EMI 噪声变得前所未有的容易，而这是目前其他测试设备无能为力的。MSO 允许观察信号在一次长采集中的任意时刻的 RF 频谱，以了解该频谱随时间或元器件状态产生的变化。通过将独特的频谱时间（SpectrumTime）

技术全面应用于时域采集，能够观察其采集中任意时刻的 RF 频谱，同时观察其模拟、数字和解码的总线在同一时刻的情况。同样，RF 时域的轨迹可以显示 RF 输入信号的振幅、频率或相位随时间的变化。这使得特征化调频、建立时间，以及其他系统元器件和活动相关的 RF 事件时间变得更加容易。RF 时域轨迹与模拟、数字和串行、并行总线解码波形在同一窗口中显示，能即时观察器件的工作状况。除了标准的 RF 功率电平触发以外，MSO 的可选模块还支持将 RF 功率电平作为基础的其他触发类型，能够进一步隔离 RF 事件。能够按照具体脉冲宽度进行触发，或者寻找超时事件、欠幅脉冲，甚至将 RF 输入包括在与模拟和数字通道一起定义的逻辑模式之中。混合信号示波器允许按用户设置的任何条件进行触发，而不受信号的模拟、数字、RF 或其任何组合形式性质的影响。

三、双踪示波器

1. 双踪示波器工作原理

在电子实验过程中，常需要同时观察两种（或两种以上）信号随时间变化的过程，并对这些不同信号进行电量的测试和比较。为了达到这个目的，人们在应用普通示波器原理的基础上，采用了以下两种同时显示多个波形的方法：①双线（或多线）示波法；②双踪（或多踪）示波法。应用这两种方法制造出来的示波器分别称为双线（或多线）示波器和双踪（或多踪）示波器。

双踪（或多踪）示波器是在单线示波器的基础上，增设一个专用电子开关，用它来实现两种（或多种）波形的分别显示。由于实现双踪（或多踪）示波器比实现双线（或多线）示波简单，不需要使用结构复杂、价格昂贵的"双腔"或"多腔"示波管，所以双踪（或多踪）示波器获得了普遍的应用。

双踪示波器的基本原理的如图 1-15 所示，其中电子开关 S 的作用是使加在示波管垂直偏转板上的两种信号电压作周期性转换。比如图 1-15（a）中，在 0～1 时间里，电子开关 S 与信号通道 A 接通，这时在荧光屏上显示出信号 U_A 的一段波形；在 1～2 时间里，电子开关 S 与信号通道 B 接通，这时在荧光屏上显现出信号 U_B 的一段波形；在 2～3 时间

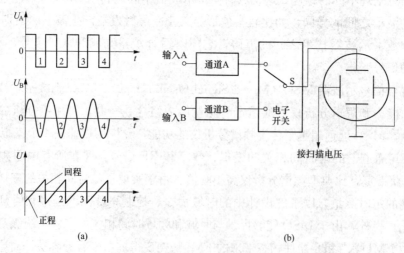

图 1-15　双踪示波器的基本原理

(a) 波形图；(b) 电路图

里，荧光屏上再一次显示出信号 U_A 的一段波形；在 3～4 时间里，荧光屏上将再一次显示出 U_B 的一段波形……这样，两个信号在荧光屏上虽然是交替显示的，但由于人眼的视觉暂留现象和荧光屏的余辉（高速电子在停止冲击荧光屏后，荧光屏上受冲击处仍保留一段发光时间）现象，就可在荧光屏上同时看到两个被测信号波形。采用交替转换方式时的波形如图 1-16 所示，其中的虚线实际上是看不见的。

图 1-16　交替转换方式时的波形

为了使荧光屏上显示的两个被测信号波形都稳定，除满足上述要求外，还必须合理地选择电子开关的转换频率，使得在示波器上所显示的波形个数合适，以便于观察。

采用交替转换工作方式显示的波形与双线示波法所显示的波形非常相似，它们都没有间断点。但由于被测信号 U_A、U_B 的波形是依次交替地出现在荧光屏上的，所以，如果交替的间隙时间超过了人眼的视觉暂留时间和荧光屏的余辉时间，则人们所看到荧光屏上的波形就会有闪烁现象。为了避免这种情况的出现，要求电子开关有足够高的转换频率。也就是说，当被测信号的频率较低时，不宜采用交替转换工作方式，而应采用断续转换工作方式。

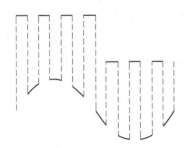

图 1-17　采用断续转换方式时的波形

当电子开关用断续转换工作方式时，在 X 轴扫描的每一个过程中，电子开关都以足够高的转换频率，分别对所显示的每个被测信号进行多次取样。这样，即使被测信号频率较低，也可避免出现波形的闪烁现象。同时，由于在一次扫描的过程中，光点在两个图形上交换的次数极多，所以图形上的细小断裂痕迹不显著，并不妨碍对波形细节的观察。电子开关采用断续转换方式时的波形如图 1-17 所示，实际上由于开关的转换频率选得远大于 X 轴扫描频率，所以荧光屏上显示的图形看起来是连续的。图 1-17 中，垂直方向的细虚线表示了电子开关的转换过程。因在转换过程中示波器电路的设置使电子束截止，故该垂直方向的细虚线实际上也是不可见的。

为了适应各种不同的测试需要，电子开关可有 CH_A、CH_B、交替、断续、ADD 5 种不同的工作状态。这 5 种工作状态由显示方式开关来控制。当显示方式开关置于交替位置时，电子开关为一双稳态电路。它受由扫描电路来的闸门信号控制，使得 Y 轴两个前置通道随着扫描电路闸门信号的变化而交替地工作。每秒钟交替转换次数与扫描电路产生的扫描信号的重复频率有关，交替工作状态适用于观察频率不太低的被测信号。

当显示方式开关置于断续位置时，电子开关是一振荡频率约为 200kHz 的自激多谐振荡电路，由它的两个输出端输出相位相反的两个矩形信号。前置放大电路 CH_A 和 CH_B 是受上述两个矩形信号控制而轮流工作的，这样就可以稳定地显示出两个信号，这种断续工作状态适用于观察频率不太高的被测信号。

当显示方式开关置于 CH_A 或 CH_B 位置时，电子开关为一单稳态电路。前置放大电路

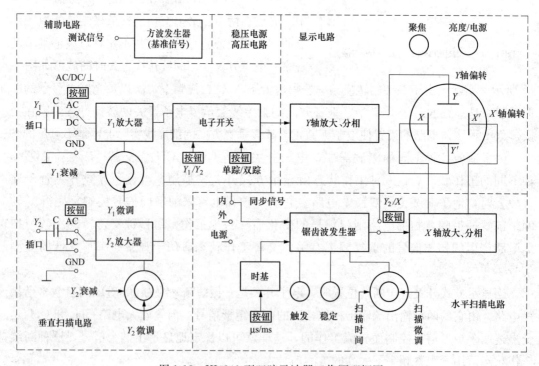

CH_A 或 CH_B 可单独工作，此时，双踪示波器可作为普通单线示波器使用。

当显示方式开关置于 ADD 位置时，电子开关处于不工作状态。此时，CH_A、CH_B 两通道同时工作，因而可得到两信号相加或两信号相减的显示。然而，两信号究竟是相加还是相减，这要通过 CH_A 通道的极性作用开关来选择。

为了观察被测试信号随时间变化的波形，示波器的水平偏转板上必须加以线性扫描电压（锯齿波电压），这个扫描电压是由扫描电路产生的。当触发信号加到触发电路时，触发扫描电路就产生相应的扫描信号，当不加触发信号时，扫描电路就不产生扫描信号。双踪示波器具有以下优点。

（1）双踪示波器操作简单，全部操作都在面板上，波形反应及时。

（2）双踪示波器垂直分辨率高，连续而且无限级。

（3）双踪示波器数据更新快，每秒捕捉几十万个波形。

（4）双踪示波器实时带宽和实时显示，连续波形与单次波形的带宽相同。

2. XJ4241 型双踪示波器

XJ4241 型双踪示波器是一种便携式示波器，它具有 $0 \sim 10MHz$ 频带宽度和 $10mV/div$ 的垂直输入灵敏度，经扩展，最高灵敏度可为 $2mV/div$；扫描时基为 $0.2\mu s/div \sim 100ms/div$，经扩展最高扫速可达 $40ns/div$，它具有 Y_1、Y_2 两个结构相同的垂直输入通道，因此不仅能对被测信号进行定性定量测试，而且还能对两个相关信号的相位进行测定。XJ4241 型示波器还具有 $Y_2\text{-}X$ 的功能，能以垂直输入灵敏度显示李沙育图形。XJ4241 型双踪示波器工作原理框图如图 1-18 所示。

图 1-18　XJ4241 型双踪示波器工作原理框图

（1）结构特征。XJ4241 型双踪示波器外形如图 1-19 所示，调节控制机件的作用如下（以下序号与图 1-19 所标序号对应）：

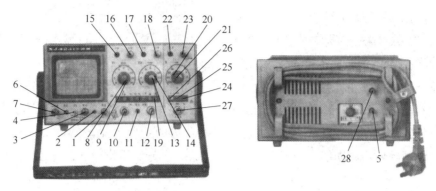

图 1-19　XJ4241 型双踪示波器外形

1）辉度控制与电源开关。电源开关与辉度电位器同轴。拉出旋钮电源接通，此时指示灯应发亮，经预热仪器即可正常工作。辉度控制用于控制显示波形亮度，顺时针方向旋转为增亮，当光点停留在屏幕上不动时，应将亮度减弱或熄灭，以延长示波管寿命。

2）指示灯。发亮表示电源接通。

3）聚焦与校准信号开关。聚焦控制与校准信号开关同轴。当将聚焦与校准信号开关推入时，聚焦控制示波管聚焦极电压使电子束正好落在屏幕上，成为清晰的圆点；当将聚焦与校准信号开关拉出时，校准信号电源接通，此时 CZ2 输出频率 1kHz、幅度 1V 的校准信号，不使用校准信号时，应关闭（推入）。

4）⌐⌐。校准信号输出端。

5）辅助聚焦。聚焦辅助控制器装于后面板，控制示波管第三阳极电压，使光迹更清晰。

6）校准。扫速校准，控制输入 X 放大器的扫描电压幅度，使显示的时基信号符合扫速开关的指示值。

7）X 位移。水平移位，在水平方向上移动波形。

8）V/div。Y_1 垂直衰减器，可改变 Y_1 输入灵敏度，从 0.01～5V/div 按 1—2—5 进位，共 9 个挡级。

9）微调。Y_1 微调电位器，微调显示波形的垂直幅度，顺时针方向旋转使显示的波形幅值增大。顺时针旋足为校准位置。

10）Y_1。Y_1 输入端。

11）⊥。仪器接地端。

12）Y_2。Y_2 输入端。

13）微调。Y_2 微调电位器。

14）V/div。Y_2 垂直衰减器。

15）平衡。Y_1 平衡。调整 Y_1 低阻衰减器两端电位相等从而使 Y_1 衰减器在不同位置时，光迹在垂直方向上移动最小。

27

16）位移。Y_1移位，控制Y_1显示迹线在屏幕上垂直方向的位置。

17）平衡。Y_2平衡。

18）位移。Y_2移位。

19）Y方式开关。该开关为7挡自锁开关：①左面 AC/DC 为Y_1输入耦合方式，可选择Y_1输入端为交流或直流耦合，按下为交流耦合，弹起为直流耦合；②左面⊥为Y_1接地开关，按下可使Y_1放大器输入端接地，从而可确定Y_1的零电位输入时光迹位置，平时应弹起；③右面 AC/DC 为Y_2输入耦合方式；④右面⊥为Y_2接地开关；⑤Y_1/Y_2、常态/Y_2-X、单踪/双踪这3个开关按下时，分别为斜线左边的功能，即Y_1、常态、单踪；弹起时，分别为斜线右边的功能，即Y_2、Y_2-X、二踪。这3个开关按下、弹起的排列组合见表1-2。

表1-2　　　　Y_1/Y_2、常态Y_2-X、单踪/双踪3个开关按下、弹起的排列组合

单踪		双踪 $\begin{cases} \text{扫速单位 ms 时为断续方式} \\ \text{扫速单位 μs 时为交替方式} \end{cases}$	
常态	Y_2-X	常态	Y_2-X
Y_1：显示通道选择Y_1	$\begin{cases} Y_1 - Y \\ Y_2 - X \end{cases}$	内触发源Y_1	$\begin{cases} Y_1 - X \\ Y_2 - X \end{cases}$ 两个李沙育图形同时显示
Y_2：显示通道选择Y_2	$\begin{cases} Y_2 - Y \\ Y_2 - X \end{cases}$	内触发源Y_2	$\begin{cases} Y_2 - Y \\ Y_2 - X \end{cases}$

注　两个李沙育同时显示时，交替方式扫描应置 HF，断续方式将使扫描停扫。

20）t/div。扫速开关，从$0.2\sim100$，分9挡，其时间单位由扫速单位开关所置位置决定。

21）微调。扫速微调电位器。

22）稳定度。用以改变扫描电路的工作状态，一般应处于待触发状态（扫描即将自激而又不自激的临界状态），使用时只需调节电平旋钮即能使波形稳定显示。

23）电平。调节和确定扫描触发点在信号波形上的位置。当拉出时扫描处自激状态。

24）内/外触发信号选择开关。当开关置于"内"时触发信号取自垂直放大器中分离的被测信号，当开关置于"外"时，触发信号将来自"外触发"插座。

25）ms/μs。扫速单位开关，当开关置"ms"时（弹起），垂直两个通道是以断续方式转换；当开关置"μs"时（按下），垂直两个通道将以交替方式转换。

26）±。触发极性开关，用以选择触发电路的上升部分还是下降部分来触发启动扫描电路。

27）外触发。外触发信号输入端。

28）光迹旋转。调节流过示波管颈部的偏转线圈的电流，借助洛仑茨力，使扫描光迹能平行于示波管屏幕的水平轴。

（2）使用前注意事项。

1）电源进线形式为单相三线，其中的地线必须与大地接触良好，以确保安全。电源

为交流 220V±10%，由于采用无工频变压器开关式电源，一般情况下，仪器进线在交流 150V 或直流 200V 即可正常工作，但不应高于交流 250V。

2）使用前应先参阅说明书的技术性能，控制件的作用及使用方法，以正确掌握仪器的使用范围及操作方法。

（3）使用前的检查。XJ4241 型双踪示波器在使用前，应鉴别其工作是否正常，其方法如下。

1）将 Y_1、Y_2 输入探头连接"校准信号"输出（"⊓"端），各控制机件的规定设置见表 1-3。

表 1-3　　　　　　　　　　　　各控制机件的规定设置

面板控制件	作用位置	面板控制机件	作用位置
Y 方式开关	全部退出	t/div	0.2
Y_1、Y_2V/div 开关	0.2V/div	电平	拉出
Y_1Y_2 微调	校准位置	Y_1、Y_2 移位	居中
触发极性	+	X 移位	居中
扫速单位	ms	触发源选择	内

2）拉电源开关（辉度旋钮），应听到电源起振的"吱"声，指示灯亮，表示电源接通。拉出聚焦旋钮，将"校准信号"接通电源。

3）经预热片刻后，顺时针转动"辉度"电位器，应显出不同步的波形。

4）调节触发电平，使波形同步，应呈现幅度为 5div 波形，说明 Y_1 灵敏度正常，水平方向为 5div 一个周期，说明时基系统工作正常。

5）按入 Y 方式开关 Y_1/Y_2 按键，亦应呈现相同波形，说明 Y_2 灵敏度正常。

（4）时间测量。用 XJ4241 型双踪示波器测量各种信号的时间参数方法简便，读数较精确，因为 XJ4241 型双踪示波器的示波管采用了内刻度，另外荧光屏 X 方向上每 div 的扫描速度是定量的，通常测量步骤如下。

1）调节有关控制件使显示波形稳定，将"t/div"开关置于适当挡级 b/div（b 为扫描开关刻线所对准的数字，扫描微调旋钮应置于校准位置，即顺时针方向旋到底）。

2）借助刻度可读出被测波形上所需测定 P、Q 两点间的距离 D（div）。

3）被测量两点之间的时间间隔为 $D×b$，如图 1-20 所示。测量时基如扩展置于"×5"位置，则测得的时间间隔为 $D×b÷5$。

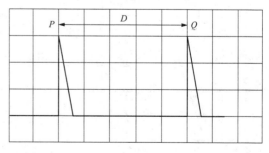

图 1-20　被测量两点之间的时间间隔

（5）脉冲信号时间测量。XJ4241 型双踪示波器不具备延迟线，对脉冲边沿测量存在一定困难，但若脉冲重复频率高于扫描的频率时，借助于扫速扩展，还是能方便地测出其前沿或后沿的参数，方法如下（以脉冲信号上升时间为例）。

1) 有关控制件置位见表 1-4。

表 1-4　　　　　　　　　　有关控制件置位

面板控制件名称	作用位置	面板控制件名称	作用位置
Y 微调	校准	触发极性	＋
Y 输入耦合	AC 或 DC	t/div 开关	0.5μs/div
触发源	内	X 扩展	×5

2) 脉冲上升时间的测量如图 1-21 所示。调节"触发电平"及"X 移位",使波形的前沿在屏幕中央稳定显示,测得被测波形的幅度 10%~90% 间波形前沿的水平刻度读数 a(如 a=1.6div),则上升时间为

$$T_r = a \times 0.5\mu s/5 = 1.6 \times 0.5\mu s/5 = 0.08\mu s = 160ns$$

3) 若被测脉冲的前沿接近于本机固有额定的上升时间(35ns),则

$$T_r = T_{r2}^2 - T_{r1}^2 \tag{1-4}$$

式中　　T_{r2}——读出的上升时间;

T_{r1}——本机固有的上升时间。

如上例 T_{r2}=160ns,T_{r1}=35ns,则

$$T_r = \sqrt{T_{r2}^2 - T_{r1}^2} = 156.1（ns）$$

(6) 相位测量。在许多场合,需测量某一网络的相移,如要测量正弦波经放大器后,相位滞后角度等,可用下述相位测量方法。

1) 单踪测量。将触发选择置于"外",将导前信号由外触发输入,并同时将该信号输入 Y_1,使波形稳定读出 A,然后将滞后信号输入 Y_1,并读出 B(此时仪器的 X 移位,电平电位器等都不能重新调整),然后再读出信号周期为 T,则

$$\varphi_{相位} = \frac{B-A}{T} \times 360°\tag{1-5}$$

在相移较小时读 A 时应十分仔细,否则将影响测量精度。相位测量如图 1-22 所示。

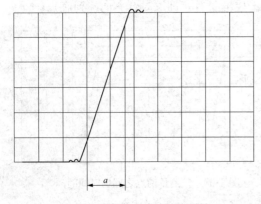

图 1-21　脉冲上升时间的测量

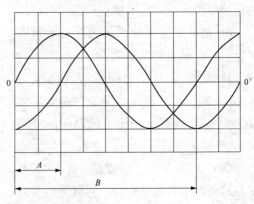

图 1-22　相位测量

2) 双踪测量。因 XJ4241 型双踪示波器两 Y 通道放大器间相移很小，可使 XJ4241 型双踪示波器工作于"交替"（频率低时可用断续），然后将滞后信号输至 Y_2 通道，使波形稳定并调节 Y_1、Y_2 移位，使二通道的波形均移到上下对称于 0-0′ 轴处，读出 A、B 与 T，则有

$$\varphi_{相位} = \frac{B-A}{T} \times 360°$$ (1-6)

(7) 电压测量。用 XJ4241 型双踪示波器可对被测试波形进行定量的电压测量。测量方法根据不同的测试波形有所差异，但测量的基本原理是相同的，在一般情况下，多数被测波形同时包含交流分量和直流分量，测量时也经常需要测量两种分量复合的数值或是单独的数值。

1) 交流分量电压测量。一般是测量波形峰—峰之间数值或者测量峰—谷之间的数值，测量时通常将 Y 输入选择置于 AC 位置（当测量重复频率极低的交流分量时应置于 DC 位置，否则将因频响的限制，产生不真实的测试结果）。测量步骤如下：①将 Y 微调旋至"校准"位置，调整 V/div 开关到适当的位置 B（V/div）；②读出欲测量的两点在 Y 轴偏转距离上的读数 A(div)，则被测电压＝A(div)×B(V/div)＝$A \times B$(V)；③若用 10：1 探头，则应乘上探头的衰减因素，如此时 V/div 开关在 0.05V/div 挡，A 为 3div。则被测电压＝$0.05 \times 3 \times 10 = 1.5$(V)。

2) 瞬时电压测量。瞬时电压测量需要一个相对的参考基准电位，一般情况下，基准电位指地电位，但也可以是其他参考电位。测量步骤如下：①将测试探头接入所需参考电位，"电平"拉出置于"HF"，此时出现一扫描线，调节 Y 移位，使光迹移到荧光屏上的合适位置（基准电位），此时 Y 移位不能再调节；②将测试探头移至被测信号端，推入"电平"并调节触发电平，使波形稳定显示；③读出被测波形上的某一瞬时相对于基准刻度，在 Y 轴上的距离 B(div)，则

$$被测瞬时电压＝nAB$$ (1-7)

式中　n——探头衰减比；

　　　A——Y 轴 V/div 开关所处挡级读数。

1.2　变频器维修中的测量技术

1.2.1　电路常用元器件测试

维修变频器离不开对某些电量的测量，测量是为了确定被测量对象的量值而进行的实验过程。在这个过程中，维修人员借助于测量仪表，把被测量对象直接或间接地与同类已知单位进行比较，取得用数值和单位共同表示的测量值。它所涉及的内容包含以下几个方面：①电能量测量（如电压、电流、功率）；②元器件和电路参数测量（如电阻、电容器、电感、晶体管参数）；③电信号特性参数测量（如频率、相位）；④电路性能指标测量（如放大倍数、噪声指数）；⑤特性曲线测量（如晶体管特性曲线、电路的幅频曲

线）。在上述各参数中，电压、电流、电阻等是基本参量。

一、电阻测量

电阻表示导体对电流阻碍作用的大小。利用万用表测量电子元器件或电路各点之间的电阻值来判断故障是一种很常用的方法。电阻的测量有"在线"和"离线"两种基本方式。"在线"测量需要考虑被测元器件受其他并联支路的影响，测量结果应对照原理图分析判断。"离线"测量需要将被测元器件或电路从整个电路或印制板上脱焊下来，操作较麻烦但结果准确可靠。

测量集成电路或变频器模块端子的电阻时，通常先将一个表笔接地，用另一个表笔测各引脚或引出端对地电阻值，然后交换表笔再测一次，将测量值与正常值进行比较，相差较大者往往是故障所在部位（不一定是集成电路坏）。

电阻测量法对确定开关、接插件、导线、印制板导电图形的通断及电阻器的变质、电容器短路、电感线圈断路等故障非常有效而且快捷，但对晶体管、集成电路以及电路单元来说，一般不能直接判定故障，需要对比分析或兼用其他方法，由于电阻测量法为不给电路通电的测量方法，可将测量风险降到最小，故一般在检测时首先采用。使用万用表测量电阻时应注意以下事项。

（1）测量应在电路断电、大电容放电的情况下进行，否则结果不准确，还可能损坏测量仪表。

（2）在检测低电压供电的集成电路（5V）时，避免用指针式万用表的10k挡。

（3）在线测量时应将万用表的表笔交替测量，对比分析。

电阻由于其结构上的特点，存在引线电感和分布电容，当工作在低频时电阻分量起主要作用，电抗分量可以忽略不计；当工作在高频时电抗分量就不能忽略不计了，此时，工作于交流电路的电阻阻值由于集肤效应、涡流损耗等原因，其等效电阻随频率的不同而不同。实验证明，当频率在 1kHz 以下时，电阻的交流阻值和直流阻值相差不过 $1 \times 10^{-4} \Omega$，随着频率的升高，其间的差值随之增大。

1. 固定电阻的测量

（1）万用表测量电阻。当测量精度要求不高时，可用万用表的欧姆挡直接测量电阻的阻值。测试的方法是：首先将万用表的功能选择挡拨至 Ω 挡，先根据被测电阻的大小，选择好倍率或量程范围。将万用表的两表笔短路，此时表头指针应在 Ω 刻度线的零点（欧姆零位），若不在零点则应进行调整。调零后即可把被测电阻串接于两表笔之间，此时指针偏转（使指针尽量处于电阻标尺的 1/2~2/3 位置，故误差最小），待稳定后可从 Ω 刻度线上直接读出所示的数值，并乘上该挡的倍率。当另换量程时，必须再次短接两表笔重新调整欧姆零位。由于指针式万用表电阻挡表盘刻度的非线性，测量误差也较大，因而一般只作粗略测量；数字式万用表测量电阻的误差比指针式万用表的误差小，但在测量阻值较小的电阻时，相对误差仍然是比较大的。

（2）伏安法测量电阻。伏安法是一种间接测量法，理论依据是欧姆定律 $R = U/I$，给被测电阻施加一定的电压，所加电压应不超出被测电阻的承受能力，然后用电压表和电流表分别测出被测电阻两端的电压和流过它的电流，即可计算出被测电阻的阻值。

伏安法测量电阻如图 1-23 所示，图 1-23（a）所示电路称为电压表前接法。由图 1-23（a）可见，电压表测得的电压为被测电阻 R_x 两端的电压与电流表内阻 R_A 压降之和。因此，根据欧姆定律求得的测量值为

$$R=U/I_X=(U_X+U_A)/I_X=R_X+R_A>R_X \tag{1-8}$$

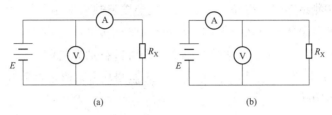

图 1-23　伏安法测量电阻

（a）电压表前接法；（b）电压表后接法

图 1-23（b）所示电路称为电压表后接法。由图 1-23（b）可见，电流表测得的电流为流过被测电阻 R_x 的电流与流过电压表内阻 R_V 的电流之和，因此，根据欧姆定律求得的测量值为

$$R=U/I_X=U_x/(I_V+I_X)=R_X//R_V<R_X \tag{1-9}$$

使用伏安法时应根据被测电阻的大小，选择合适的测量电路；如果预先无法估计被测电阻的大小，可以两个电路都试一下，看两种电路电压表和电流表的读数的差别情况，若两种电路电压表的读数差别比电流表的读数差别小，则可选择电压表前接法，即如图 1-23（a）所示电路；反之，则可选择电压表后接法，即如图 1-23（b）所示电路。

2. 电位器的测量

电位器有 3 个线端子，在电路中可通过旋转轴使电阻值在最大与最小之间变化。电位器的测量方法与固定电阻的测量方法相同，其阻值应与标称值相同。先测量电位器两固定端之间的总体固定电阻，然后测量滑动端对任意一端之间的电阻值，并不断改变滑动端的位置，观察电阻值的变化情况，直到滑动端调到另一端为止。在缓慢调节滑动端时，应滑动灵活，松紧适度，听不到咝咝的噪声，指示值平稳变化，没有跳变现象，否则说明滑动端接触不良，或滑动端的引出机构内部存在故障。测量时若万用表的指针不动，说明已断路。

3. 非线性电阻的测量

变频器电路中的非线性电阻有热敏电阻、二极管的内阻等，它们的阻值与工作环境以及外加电压和电流的大小有关，一般采用专用仪表测量其特性。当无专用仪表时，可采用前面介绍的伏安法，测量一定直流电压下的直流电流值，然后改变电压的大小，逐点测量相应的电流，最后做出伏安特性曲线，所得电阻值只表示一定电压或电流下的直流电阻值，如果电阻值与环境温度有关时还应考虑外界环境温度的影响。

（1）正温度系数热敏电阻（PTC）的检测方法。

1）测量标称电阻值 R_t。用万用表测量 PTC 热敏电阻的方法与测量普通固定电阻的方法相同，即按 PTC 热敏电阻的标称阻值选择万用表合适的电阻挡，将万用表的两表笔

并接于被检测的电阻两端，可直接测出 R_t 的实际值。在环境温度为 25℃ 时所测得的值，在 $\pm 2\Omega$ 内即为正常。实际阻值若与标称阻值相差过大，则说明其性能不良或已损坏。但因 PTC 热敏电阻对温度很敏感，故测试时应注意以下几点：①R_t 是生产厂家在环境温度为 25℃ 时所测得的，所以用万用表测量 R_t 时，亦应在环境温度接近 25℃ 时进行，以保证测试的可信度；②测量功率不得超过规定值，以免电流热效应引起测量误差；③测试时，不要用手捏住热敏电阻体，以防止人体温度对测试产生影响。

2）加温检测。在常温测试正常的基础上，即可进行加温检测，将一热源（例如电烙铁）靠近 PTC 热敏电阻对其加热，同时用万用表监测其电阻值是否随温度的升高而增大。如是，说明热敏电阻正常；若阻值无变化，说明其性能变劣，不能继续使用。注意不要使热源与 PTC 热敏电阻靠得过近或直接接触热敏电阻，以防止将其烫坏。

（2）负温度系数热敏电阻（NTC）的检测方法。

1）测量标称电阻值 R_t。用万用表测量 NTC 热敏电阻的方法与测量普通固定电阻的方法相同，即按 NTC 热敏电阻的标称阻值选择万用表合适的电阻挡，将万用表的两表笔并接于被检测的电阻两端，可直接测出 R_t 的实际值。NTC 热敏电阻对温度同样很敏感，故测试时的注意事项同 PTC 热敏电阻。

2）估测温度系数 α_t。先在室温 t_1 下测得电阻值 R_{t1}；再用电烙铁作热源，靠近热敏电阻 R_{t1}，测出电阻值 R_{t2}，同时用温度计测出此时热敏电阻 R_T 表面的平均温度 t_2。将所测得的结果代入式（1-10）可计算出估测的温度系数 α_t，即

$$\alpha_t \approx (R_{t2} - R_{t1}) / [R_{t1}(t_2 - t_1)] \tag{1-10}$$

NTC 热敏电阻的 $\alpha_t < 0$。

二、电容器测量

电容的主要作用是储存电能，它由两片金属中间夹绝缘介质构成，存在绝缘介质损耗和引线电感，而引线电感在工作频率较低时，可以忽略其影响。电容的测量主要包括电容器容量与电容器损耗（通常用损耗因数 D 表示）两部分内容，有时需要测量电容器的分布电感。

1. 采用万用表测量电容器

用指针式万用表的电阻挡测量电容器虽然不能测出其容量和漏电阻的确切数值，更不能知道电容器所能承受的耐压，但能粗略辨别电容器漏电、容量衰减或失效的情况，具体方法如下

（1）万用表电阻挡的选择。选择 $R \times 1k$ 或 $R \times 100k$ 倍率挡（注意要先调零）。

（2）万用表的连接方法：测量一般电容器时，万用表的两表笔可任意接电容的两根引线。测量电解电容器时，万用表的黑表笔接正极，红表笔接负极（电解电容器测试前应先将正、负极短路放电）。

（3）估测电容量。将万用表设置在电阻挡，表笔并接在被测电容的两端，在电容器与表笔相接的瞬间，表针摆动幅度越大，表示电容量越大，这种方法一般用来估测 $0.01\mu F$ 以上的电容器。

（4）电容器漏电阻的估测。除铝电解电容外，普通电容的绝缘电阻应大于 $10M\Omega$，用

万用表测量电容器漏电阻时，将万用表置 $1 \times 1\mathrm{k}$ 或 $1 \times 10\mathrm{k}$ 倍率挡，当表笔与被测电容并接的瞬间，表针会偏转很大的角度，然后逐渐回转，经过一定时间，表针退回到 $\infty\Omega$ 处，说明被测电容的漏电阻极大，若表针回不到 $\infty\Omega$ 处，则示值即为被测电容的漏电阻值，铝电解电容的漏电阻应超过 $200\mathrm{k}\Omega$ 才能使用。若万用表的表针偏转一定角度后，无逐渐回转现象，说明被测电容已被击穿，不能使用了。

用万用表测量电容器时的现象和结论见表 1-5。

表 1-5　　　　　　　　　　用万用表测量电容器时的现象和结论

分类	现象	结论
一般电容 电解电容	表针基本不动（在 ∞ 附近） 表针先较大幅度右摆，然后慢慢向左退回 "∞"	好电容
一般电容　电解电容	表针不动（停在 ∞ 上）	坏电容（内部断路）
一般电容　电解电容	表针指示阻值很小	坏电容（内部短路）
一般电容 电解电容	表针指示较大（几百 $\mathrm{M}\Omega$ ＜阻值＜ ∞ ） 表针先大幅度右摆，然后慢慢向左退， 但退不回 ∞ 处（几百兆欧＜阻值）	漏电（表针指示称为漏电阻）

2. 谐振法测量电容器

采用谐振法测量电容量时，可采用图 1-24 所示的并联谐振法测量电容量电路，其中 PV 为交流电压表；L 为标准电感；C_{X} 为被测电容；C_0 为标准电感的分布电容；R 为限流电阻。测量时，调

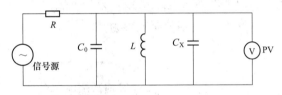

图 1-24　并联谐振法测量电容量电路

节信号源的频率，使并联电路谐振，即交流电压表读数达到最大值，反复调节几次，确定电压表读数最大时所对应的信号源的频率，则被测电容值 C_{X} 为

$$C_{\mathrm{X}} = \frac{1}{(2\pi f)^2} - C_0 \tag{1-11}$$

三、电感器测量

电感的主要特性是储存磁场能，电感一般是用金属导线绕制而成的，所以有绕线电阻（对于磁芯电感还应包括磁性材料插入的损耗电阻）和线圈匝与匝之间的分布电容。采用一些特殊的制作工艺，可减小分布电容，工作频率较低时，分布电容可忽略不计。电感的测量主要包括电感量和损耗（通常用品质因数 Q 表示）两部分内容。

1. 采用万用表测量电感器

用万用表的欧姆挡可简单地测量出电感器的优劣情况，具体方法如下：

（1）万用表电阻挡的选择。选择万用表的 $R \times 1\mathrm{k}$ 挡（注意要先调零）。

（2）万用表的连接方法。用万用表表笔连接电感器的任意两端，测量电感器时的现象和结论见表 1-6。

表1-6　　　　　　　　　　　用万用表测量电感器时的现象和结论

现象	可能原因	结论
表针指示电阻很大	电感线圈多股线中有几股断线	坏电感
表针不动（停在∞上）	电感线圈开路	坏电感
表针指示电阻值为零	电感线圈严重短路	坏电感
表针指示电阻值为零点几欧～几欧		好电感

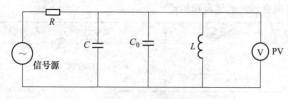

图1-25　并联谐振法测量电感电路

2. 谐振法测量电感器

图1-25所示为并联谐振法测量电感电路，其中 C 为标准电容，L 为被测电感，C_0 为被测电感的分布电容。测量时，调节信号源频率，使电路谐振，即电压表指示最大，记下此时的信号源频率 f，则可按式（1-12）计算出电感值，即

$$L = \frac{1}{(2\pi f)^2 (C + C_0)} \tag{1-12}$$

由式（1-12）可见，要计算出电感值，还需要测出分布电容 C_0，分布电容 C_0 的测量电路和图1-25所示电路类似，只是不接标准电容 C。调整信号源频率，使电路自然谐振。设此频率为 f_1，则分布电容为

$$C_0 = \frac{f^2}{f_1^2 - f^2} L \tag{1-13}$$

将 C_0 代入式（1-12），即可得到被测电感的感量。

四、变压器检测

1. 空载电流检测

（1）直接测量法。将变压器所有二次绕组全部开路，把万用表置于交流电流适当的挡，串入一次绕组。当变压器一次绕组接入其额定电压电源，万用表所指示的电流值便是变压器的空载电流值。此值不应大于变压器满载电流的 $10\% \sim 20\%$。如果超出太多，则说明变压器有短路性故障。

（2）间接测量法。在变压器的一次绕组中串联一个 $10\Omega/5W$ 的电阻，二次侧仍全部空载。把万用表拨至交流电压挡。变压器一次绕组接入其额定电压电源，用两表笔测出电阻 R 两端的电压降 U，然后用欧姆定律算出空载电流 I。

2. 空载电压检测

将变压器的一次绕组接入其额定电压电源，用万用表交流电压挡检测出的各二次绕组的空载电压值（U_{21}、U_{22}、U_{23}、U_{24}）应符合要求值，允许误差范围一般为：高压绕组 $\leqslant \pm 10\%$，低压绕组 $\leqslant \pm 5\%$，带中心抽头的两组对称绕组的电压差应 $\leqslant \pm 2\%$。

3. 判别变压器各绕组的同名端

在使用变压器时，有时为了得到所需的二次电压，可将两个或多个二次绕组串联起来使用。采用串联法使用变压器时，参加串联的各绕组的同名端必须正确连接，不能搞

错。否则，变压器不能正常工作。判别变压器各绕组的同名端的方法如下。

（1）任找一组绕组线圈接 1.5～3V 电池，然后将其余各绕组线圈抽头分别接在直流毫伏表或直流毫安表的正负接线柱上。

（2）接通电源的瞬间，表的指针会很快摆动一下，如果指针向正方向偏转，则接电池正极的线端与接直流毫伏表或直流毫安表正接线柱的线端为同名端；如果指针反向偏转，则接电池正极的线端与接直流毫伏表或直流毫安表负接线柱的线端为同名端。

（3）判别变压器各绕组的同名端时应注意以下两点。

1）若变压器的升压绕组（既匝数较多的绕组）接电池，直流毫伏表或直流毫安表应选用最小量程，使指针摆动幅度较大，以利于观察；若变压器的降压绕组（即匝数较少的绕组）接电池，直流毫伏表或直流毫安表应选用较大量程，以免损坏仪表。

2）在接通电源瞬间，指针会向某一个方向偏转，但断开电源时，由于自感作用指针将向相反方向偏转。如果接通和断开电源的间隔时间太短，很可能只看到断开时指针的偏转方向，而把测量结果搞错。所以接通电源后要等几秒钟后再断开电源，也可以多测几次，以保证测量的准确性。

4. 变压器短路性故障的综合检测判别

变压器发生短路性故障后的主要症状是发热严重和二次绕组输出电压失常，通常变压器绕组内部匝间短路点越多，短路电流就越大，而变压器发热就越严重。检测判断变压器是否有短路性故障的简单方法是测量空载电流（测试方法前面已经介绍）。存在短路故障的变压器，其空载电流值将远大于满载电流的 10%。当短路严重时，变压器在空载加电后几十秒钟之内便会迅速发热，用手触摸铁心会有烫手的感觉。此时不用测量空载电流便可断定变压器有短路点存在。一般变压器允许温升为 40～50℃，如果所用绝缘材料质量较好，允许温升还可提高。

1.2.2　半导体器件的测试

一、二极管检测

1. 硅锗二极管简易区分

通常，锗管的正向电阻值为 1kΩ 左右，反向电阻值为 300kΩ 左右；硅管的正向电阻值为 5kΩ 左右，反向电阻值为∞（无穷大）。正向电阻越小越好，反向电阻越大越好。正、反向电阻值相差越悬殊，说明二极管的单向导电特性越好。

硅锗二极管通常在管壳上注有标记，如无标记，可通过用万用表电阻挡（一般用 $R \times 100$ 或 $\times 1k$ 挡）测量其正反向电阻来区分，如图 1-26 所示。

（1）图 1-26（a）所示为测量正向电阻。硅管的表针指示位置应在中间或中间偏右一点；锗管的表针指示应在右端靠近 0Ω 刻度的地方。

（2）图 1-26（b）所示为测量反向电阻。硅管的表针在左端基本不动，极靠近满刻度（∞）位置；锗管的表针从左端启动一点，但不应超过满刻度的 1/4。

（3）若测得二极管的正、反向电阻值均接近 0 或阻值较小，则说明该二极管内部已击穿短路或漏电损坏。若测得二极管的正、反向电阻值均为无穷大，则说明该二极管已开路损坏。

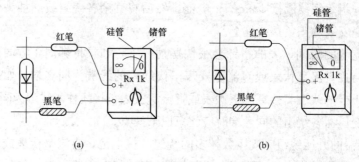

图 1-26　硅锗二极管简易区分

(a) 测量正向电阻；(b) 测量反向电阻

2. 二极管的正负极判别

对半导体二极管正负极进行简易测试时，要选用万用表的欧姆挡。与万用表"＋"输入端相连的红表笔与表内电源的负极相接；而与万用表"－"输入端相连的黑表笔与表内电源的正极相接。

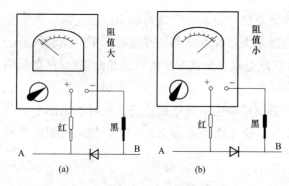

图 1-27　万用表测量二极管的正负极示意图

(a) 二极管处于反向接法；(b) 二极管处于正向接法

测量时先把万用表拨到欧姆挡（通常用 $R \times 100k$ 或 $R \times 1k$），然后用万用表分别接到二极管的两个极上去，如图 1-27 所示。当表内的电源使二极管处于反向接法时，二极管截止，阻值很大（一般为几百千欧），此时黑表笔接触的是二极管的负极，红表笔接触的是二极管的正极，如图 1-27 (a) 所示；当表内的电源使二极管处于正向接法时，二极管导通，阻值较小（几十欧到几千欧的范围），此时黑表笔接触的是二极管的正极，红表笔接触的是二极管的负极，如图 1-27 (b) 所示。

3. 检测最高工作频率 f_M

晶体二极管工作频率除了可从有关特性表中查阅出外，实用中常用眼睛观察二极管内部的触丝来加以区分，如点接触型二极管属于高频管，面接触型二极管多为低频管。另外，也可以用万用表 $R \times 1k$ 挡进行测试，一般正向电阻小于 $1k\Omega$ 的多为高频管。

4. 检测最高反向击穿电压 U_{RM}

对于交流电来说，因为不断变化，因此最高反向工作电压就是二极管承受的交流峰值电压。需要指出的是，最高反向工作电压并不是二极管的击穿电压。一般情况下，二极管的击穿电压要比最高反向工作电压高得多（约高一倍）。

测量二极管反向击穿电压（耐压值）的方法是：首先将万用表的 NPN/PNP 选择键设置为 NPN 状态，再将被测二极管的正极插入测试表的 c 插孔内，负极插入测试表的 e

插孔，然后按下 VBR 键，测试表即可指示出二极管的反向击穿电压值。

也可用绝缘电阻表和万用表来测量二极管的反向击穿电压，测量时被测二极管的负极与绝缘电阻表的正极相接，将二极管的正极与绝缘电阻表的负极相连，同时用万用表（置于合适的直流电压挡）监测二极管两端的电压。用绝缘电阻表和万用表检测二极管的反向击穿电压如图 1-28 所示。摇动绝缘电阻表手柄（应由慢逐渐加快），待二极管两端电压稳定而不再上升时，此电压值即是二极管的反向击穿电压。

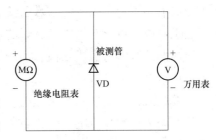

图 1-28　用绝缘电阻表和万用表检测
二极管的反向击穿电压

5. 稳压二极管的检测

通常稳压管的稳压值一般都大于 1.5V，而指针式万用表的 $R\times 1k$ 以下的电阻挡是用表内的 1.5V 电池供电的，这样，用 $R\times 1k$ 以下的电阻挡测量稳压管就如同测二极管一样，具有完全的单向导电性。但指针式万用表的 $R\times 10k$ 挡是用 9V 或 15V 电池供电的，在用 $R\times 10k$ 挡测稳压值小于 9V 或 15V 的稳压管时，反向阻值就不会是 ∞，而是有一定阻值，但这个阻值还是要大大高于稳压管的正向阻值的。如此，就可以初步估测出稳压管的好坏。

业余条件下估测准确稳压值

业余条件下估测准确稳压值需要两块指针式万用表。其方法是：先将一块指针式万用表置于 $R\times 10k$ 挡，其黑、红表笔分别接在稳压管的阴极和阳极，这时模拟出稳压管的实际工作状态。再取另一块指针式万用表置于电压挡 $1\times 10V$ 或 $1\times 50V$（根据稳压值）上，将红、黑表笔分别搭接到刚才那块指针式万用表的黑、红表笔上，这时测出的电压值就基本上是这个稳压管的稳压值。说"基本上"，是因为第一块指针式万用表对稳压管的偏置电流相对正常使用时的偏置电流稍小些，所以测出的稳压值会稍偏大一点，但基本相差不大。这个方法只可估测稳压值小于指针式万用表内高压电池电压的稳压管。如果稳压管的稳压值太高，就只能用外加电源的方法来测量。

（1）正、负电极的判别。从外形上看，金属封装稳压二极管管体的正极一端为平面形，负极一端为半圆面形。塑封稳压二极管管体上印有彩色标记的一端为负极，另一端为正极。对标志不清楚的稳压二极管，也可以用万用表判别其极性，测量的方法与普通二极管相同，即用万用表 $R\times 1k$ 挡，将两表笔分别接稳压二极管的两个电极，测出一个结果后，再对调两表笔进行测量。在两次测量结果中，阻值较小那一次，黑表笔接的是稳压二极管的正极，红表笔接的是稳压二极管的负极。若测得稳压二极管的正、反向电阻均很小或均为无穷大，则说明该二极管已击穿或开路。

（2）稳压值的测量。

1）稳压值的测量方法如图 1-29 所示。图 1-29（a）所示为采用 0～30V 连续可调直流电源为稳压二极管提供测试电源，测量稳压值在 13V 以下的稳压二极管，可将稳压电源的输出电压调至 15V，将电源正极串接 1 只 1.5kΩ 限流电阻后与被测稳压二极管的负极相连接，电源负极与稳压二极管的正极相接，再用万用表测量稳压二极管两端的电压值，所测的读数即为稳压二极管的稳压值。若稳压二极管的稳压值高于 15V，则应将稳压电源调至 20V 以上。

2）图 1-29（b）所示为采用低于 1000V 的绝缘电阻表为稳压二极管提供测试电源，将绝缘电阻表正端与稳压二极管的负极相接，绝缘电阻表的负端与稳压二极管的正极相接后，按规定匀速摇动绝缘电阻表手柄，同时用万用表监测稳压二极管两端电压值（万用表的电压挡应视稳定电压值的大小而定），待万用表的指示电压指示稳定时，此电压值便是稳压二极管的稳定电压值。若测量稳压二极管的稳定电压值忽高忽低，则说明该二极管的性能不稳定。

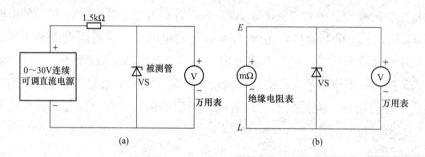

图 1-29　稳压值的测量方法

（a）采用 0～30V 连续可调直流电源；（b）采用低于 1000V 的绝缘电阻表

6. 肖特基二极管和瞬态电压抑制二极管的检测

（1）肖特基二极管检测。二端型肖特基二极管可以用万用表 $R \times 1$ 挡测量，正常时，其正向电阻值（黑表笔接正极）为 2.5～3.5Ω，反向电阻值为无穷大。若测得正、反电阻值均为无穷大或均接近 0，则说明该二极管已开路或击穿损坏。

三端型肖特基二极管应先测出其公共端，判别出是共阴对管，还是共阳对管，然后再分别测量两个二极管的正、反向电阻值。

（2）瞬态电压抑制二极管检测。用万用表 $R \times 1k$ 挡测量瞬态电压抑制二极管好坏时，对于单极型的瞬态电压抑制二极管，按照测量普通二极管的方法，可测出其正、反向电阻，一般正向电阻为 4kΩ 左右，反向电阻为无穷大。

对于双向极型的瞬态电压抑制二极管，任意调换红、黑表笔测量其两引脚间的电阻值均应为无穷大，否则，说明管子性能不良或已经损坏。

二、晶体三极管检测

目前，国内外生产的晶体管型号已达上万种，封装型式及管脚排列顺序差异很大。若晶体管上的标记已模糊不清，无法根据型号查阅手册识别电极的位置时，可用万用表的 $R \times 1k$ 挡识别。

1. 判别三极管的极性方法

（1）判别三极管的极性方法一。

1）判定基极 b。三极管结构如图 1-30 所示。无论 PNP 型还是 NPN 型，均可看作由两只半导体二极管反极性串联而成。如果用第一支表笔碰触某个电极，用另一支表笔依次碰触其他两个电极时，测出的电阻值都很大或者都很小，即可判定第一支表笔接的是基极。若两次测出的电阻值是一大一小，相差很多，证明第一支表笔接的不是基极，应更换其他电极重测。

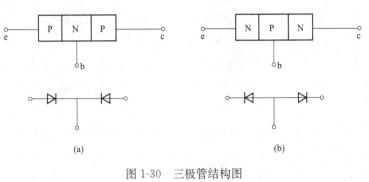

图 1-30　三极管结构图

(a) PNP 型；(b) NPN 型

2）判定发射极 e 和集电极 c。确定基极之后，再测量 e、c 极间电阻，然后交换表笔重测一次，两次电阻值应不相等，其中电阻较小的一次为正常接法。正常接法时，对于 PNP 型，黑表笔接的是 e 极，红表笔接的是 c 极；对于 NPN 型，红表笔接的是 e 极，黑表笔接的是 c 极。

（2）判别三极管的极性方法二。对于有测三极管 h_{FE} 插孔的万用表，先测出 b 极后，将三极管随意插到插孔中去（当然 b 极是要插准确的），测一下 h_{FE} 值，然后再将管子倒过来再测一遍，测得 h_{FE} 值比较大的一次，各管脚插入的位置是正确的。

（3）判别三极管的极性方法三。

1）对 NPN 型，先测出 b 极，将将万用表置于 $R \times 1k$ 挡，将红表笔接假设的 e 极（注意拿红表笔的手不要碰到表笔尖或管脚），黑表笔接假设的 c 极，同时用于指捏住表笔尖及这个管脚，将管子拿起来，用舌尖舔一下 b 极，万用表指针应有一定的偏转，如果各表笔接得正确，指针偏转会大些，如果接得不对，指针偏转会小些，差别是很明显的。由此就可判定三极管的 c、e 极。

2）对 PNP 型，要将黑表笔接假设的 e 极（手不要碰到笔尖或管脚），红表笔接假设的 c 极，同时用手指捏住表笔尖及这个管脚，然后用舌尖舔一下 b 极，如果各表笔接得正确，万用表指针会偏得比较大。当然测量时表笔要交换一下测两次，比较读数后才能最后判定。这个方法适用于所有外形的三极管，方便实用。根据万用表指针的偏转幅度，还可以估计出管子的放大能力，当然这是凭经验的。

（4）判别三极管的极性方法四。先判定管子的 NPN 或 PNP 类型及其 b 极后，将万用表置于 $R \times 10k$ 挡，对 NPN 管，黑表笔接 e 极，红表笔接 c 极时，表针可能会有一定偏转，对 PNP 管，黑表笔接 c 极，红表笔接 e 极时，万用表表针可能会有一定的偏转，反过来都不会有偏转。由此也可以判定三极管的 c、e 极。不过对于高耐压的管子，这个方法不适用。

2. 三极管性能测量

三极管性能测量通常用万用表的 $R\times1k$ 挡，不管是 NPN 型还是 PNP 型，也不管是小功率、中功率还是大功率，测其 b、e 结和 c、b 结都应呈现与二极管完全相同的单向导电性，反向电阻无穷大，其正向电阻大约为 $10k\Omega$。

为进一步估测三极管特性的好坏，必要时还应变换万用表的电阻挡位进行多次测量。其方法是：置 $R\times10$ 挡，测 PN 结正向导通电阻都在 200Ω 左右；置 $R\times1$ 挡，测 PN 结正向导通电阻都在 30Ω 左右（以上为 47 型万用表测得数据，其他型号表略有不同，可多试测几个好的三极管总结一下，做到有一个参考值）。如果读数偏大太多，则可以断定三极管的特性不好。还可将万用表置于 $R\times10k$ 测耐压低的三极管（基本上三极管的耐压都在 30V 以上），其 c、b 结反向电阻也应在 ∞，但其 b、e 结的反向电阻可能会有些，表针会稍有偏转（一般不会超过满量程的 1/3，根据三极管的耐压不同而不同）。同样，在用 $R\times10k$ 挡测 e、c 间（对 NPN 管）或 c、e 间（对 PNP 管）的电阻时，表针可能略有偏转，但这不表示三极管是坏的。但在用 $R\times1k$ 以下挡测 c、e 结或 e、c 结电阻时，万用表指针指示应为无穷大，否则三极管就是有问题。应该说明的是，以上测量是针对硅管（NPN）而言的，对锗管（PNP）不适用。对已知型号和管脚排列的三极管，判断其性能好坏的步骤如下。

（1）测量极间电阻。将万用表置于 $R\times100$ 或 $R\times1k$ 挡，按照红、黑表笔的 6 种不同接法进行测试。其中，发射结和集电结的正向电阻值比较低，其他 4 种接法测得的电阻值都很高，为几百千欧至无穷大。但不管是低阻还是高阻，硅材料三极管的极间电阻要比锗材料三极管的极间电阻大得多。

（2）三极管穿透电流 I_{CEO} 的数值近似等于三极管的放大倍数 β 和集电结的反向电流 I_{CBO} 的乘积，I_{CBO} 随着环境温度的升高而增长很快，I_{CBO} 的增加必然造成 I_{CEO} 增大。而 I_{CEO} 的增大将直接影响三极管工作的稳定性，所以在使用中应尽量选用 I_{CEO} 小的三极管。通过用万用表直接测量三极管 e、c 极之间电阻方法，可间接估计 I_{CEO} 的大小。万用表电阻挡量程一般选用 $R\times100$ 或 $R\times1k$ 挡，对于 PNP 型，黑表管接 e 极，红表笔接 c 极，对于 NPN 型，黑表笔接 c 极，红表笔接 e 极。要求测得的电阻越大越好，e、c 极间的阻值越大，说明三极管的 I_{CEO} 越小；反之，所测阻值越小，说明被测管的 I_{CEO} 越大。一般说来，中、小功率硅三极管、锗材料低频三极管的阻值应分别在几百千欧、几十千欧及十几千欧以上，如果阻值很小或测试时万用表指针来回晃动，则表明 I_{CEO} 很大，三极管的性能不稳定。

（3）测量放大能力 β。目前有些型号的万用表具有测量三极管 h_{FE} 的刻度线及其测试插座，可以很方便地测量三极管的放大倍数。先将万用表功能开关拨至欧姆挡，量程开关拨到 ADJ 位置，把红、黑表笔短接，调整调零旋钮，使万用表指针指示为零，然后将量程开关拨到 h_{FE} 位置，并使两短接的表笔分开，把被测三极管插入测试插座，即可从 h_{FE} 刻度线上读出三极管的放大倍数。

3. 区分硅管（NPN）与锗管（PNP）

将万用表拨至 $R \times 1k$ 挡，对于 PNP 型管，黑表笔接发射极 e，红表笔接基极 b，给发射极接上正向电压。PNP 型管发射结正向导通电压 $U_{BE} = 0.15 \sim 0.3V$，NPN 型管的 $U_{BE} = 0.6 \sim 0.7V$。采用读取电压法可确定 U_{BE} 的大小，区分 NPN 还是 PNP 型。对于 NPN 型管只需将表笔位置交换一下即可，区分 NPN 管与 PNP 管电路如图 1-31 所示。

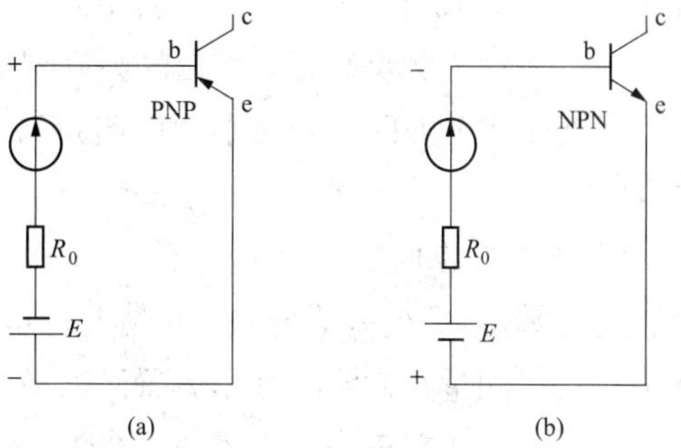

图 1-31　区分 NPN 型管与 PNP 型管电路

三、集成电路的检测方法

集成电路常用的检测方法有在线测量法和非在线测量法。非在线测量是在集成电路未焊入电路时，通过测量其各引脚之间的直流电阻值与已知正常同型号集成电路各引脚之间的正、反向直流电阻值进行对比，以确定其是否正常。在线测量法是利用电压测量法、电阻测量法及电流测量法，通过在电路上测量集成电路的各引脚电压值、电阻值和电流值是否正常，来判断该集成电路是否损坏。

1. 在线直流电阻检测法

这是一种用万用表欧姆挡直接在线路板上测量 IC 各引脚和外围元件的正反向直流电阻值，并与正常数据相比较来发现和确定故障的方法。测量时应注意以下 3 点。

（1）测量前要先断开电源，以免测试时损坏万用表和元器件。

（2）万用表电阻挡的内部电压不得大于 6V，量程最好用 $R \times 100$ 或 $R \times 1k$ 挡。

（3）测量 IC 引脚参数时，要注意测量条件，如被测机型、与 IC 相关的电位器的滑动臂位置等，还要考虑外围电路元器件的好坏。

2. 直流工作电压测量法

这是一种在通电情况下，用万用表直流电压挡对直流供电电压、外围元件的工作电压进行测量；检测 IC 各引脚对地直流电压值，并与正常值相比较，进而压缩故障范围，找出损坏的元件。测量时应注意以下几点。

（1）万用表要有足够大的内阻，至少要大于被测电路电阻值的 10 倍以上，以免造成较大的测量误差。

（2）万用表的表笔要采取防滑措施，因任何瞬间短路都容易损坏 IC。可取一段自行车用气门芯套在万用表表笔尖上，并长出万用表表笔尖 0.5mm 左右，这既能使万用表表笔尖良好地与被测试点接触，又能有效防止打滑，即使碰上邻近点也不会短路。

（3）当测得某一引脚电压与正常值不符时，应根据该引脚电压对 IC 正常工作有无重要影响以及其他引脚电压的相应变化进行分析，才能判断 IC 的好坏。

（4）IC 引脚电压会受外围元器件影响，当外围元器件发生漏电、短路、开路或变值时，或外围电路连接的是一个阻值可变的电位器，则电位器滑动臂所处的位置不同，都会使引脚电压发生变化。

（5）若 IC 各引脚电压正常，则一般认为 IC 正常；若 IC 部分引脚电压异常，则应从偏离正常值最大处入手，检查外围元器件有无故障，若无故障，则 IC 很可能损坏。

（6）在动态测量时，有无信号会影响 IC 各引脚的电压值。如发现引脚电压不该变化的反而变化大，而随信号大小和可调元件不同位置而变化的反而不变化，可初步确定 IC 损坏。

3. 交流工作电压测量法

为了掌握 IC 交流信号的变化情况，可以用带有 dB 插孔的万用表对 IC 的交流工作电压进行近似测量。检测时万用表置于交流电压挡，正表笔插入 dB 插孔；对于无 dB 插孔的万用表，需要在正表笔串接一只 $0.1 \sim 0.5 \mu F$ 隔直电容。该法适用于工作频率比较低的 IC，由于电路的固有频率不同，波形不同，所以所测的数据是近似值，只能供参考。

4. 总电流测量法

总电流测量法是通过检测 IC 电源进线的总电流，来判断 IC 好坏的一种方法。由于 IC 内部绝大多数为直接耦合，IC 损坏时（如某一个 PN 结击穿或开路）会引起后级饱和或截止，使总电流发生变化，所以通过测量总电流可以判断 IC 的好坏。也可采用测量电源电路中电阻上的电压降，用欧姆定律计算出总电流值。

5. 微处理器 IC 检测

微处理器 IC 检测的关键测试引脚是 VDD 电源端、RESET 复位端、XIN 晶振信号输入端、XOVT 晶振信号输出端及其他各输入、输出端，在路测量这些关键脚对地的电阻值和电压值是否与正常值相同（可从产品电路图或有关维修资料中查出）。不同型号微处理器的 RESET 复位电压也不相同，有的是低电平复位，即在开机瞬间为低电平，复位后维持高电平；有的是高电平复位，即在开关瞬间为高电平，复位后维持低电平。

1.2.3 电压测量

在电子测量领域中，电压是基本参数之一。许多电参数，如增益、频率特性、电流、功率等都可视为电压的派生量。各种电路工作状态，如饱和、截止等，通常都以电压的形式反映出来。因此，电压的测量是许多电参数测量的基础，电压测量对变频器的维修可以说是必不可少的。在变频调速系统中，电压测量的特点如下。

（1）频率范围宽。在变频调速系统中电压的频率可以从直流到数百兆赫范围内变化。

（2）电压范围广。在变频调速系统中电压范围由微伏级到几百伏，对于不同的电压等级必须采用不同的电压表进行测量。

（3）存在非正弦量电压。被测信号除了正弦电压外，还有大量的非正弦电压。

（4）交、直流电压并存。被测的电压中常是交流与直流并存，甚至还夹杂有噪声干扰等成分。

（5）为了使仪表对被测电路的影响减至足够小，要求测量仪表有更高的输入电阻。

所以，在变频调速系统中，应根据被测电压的波形、频率、幅度、等效内阻，针对不同的测量对象采用不同的测量方法。如测量精度要求不高，可用普通万用表；如果希望测量精度较高，则可根据现有条件，选择合适的测量仪表。电压测量是通电检测手段中最基本、最常用的方法，根据电源性质又可分为交流和直流两种电压测量。

一、交流电压测量

　　1. 交流电压参数

　　交流电压大致可分为正弦和非正弦交流电压两类，测量方法一般有两种，如图 1-32 所示。图 1-32（a）所示为具有一定内阻的交流信号源测量；图 1-32（b）所示为电路中任意一点对地的交流电压测量。图 1-32（b）所示电路中的 U_1、U_2，也包括电路中任意两点间的交流电压，如 U_{R1}、U_{R3}。在用间接测量法求 $U_{R3}=U_1-U_2$ 时，其值由矢量差求出，只有当 U_1 和 U_2 同相位时，才能用代数差表示。在时间域中，交流电压的变化规律是各种各样的，有按正弦规律变化的正弦波、线性变化的三角波、跳跃变化的方波、随机变化的噪声波等。但无论变化规律多么不同，一个交流电压的大小均可用峰值（或峰峰值）、平均值、有效值、波形因数、波峰因数来表征。

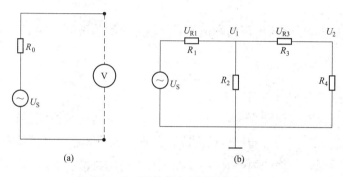

图 1-32　两种交流电压测量方法

　　（1）峰值 U_P。峰值 U_P 是交流电压在所观察的时间或一个周期内所达到的最大值，如图 1-33 所示，峰值是从参考零电平开始计算的，有正峰值 U_{P+} 和负峰值 U_{P-} 之分。正峰值与负峰值一起包括时称为峰峰值 U_{PP}。常用的还有振幅 U_m，它是以直流电压为参电平计算的。因此，当电压中包直流成分时，U_P 与 U_m 是不相同的，只有纯交流电压的 $U_P=U_m$。

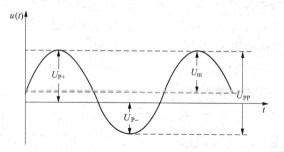

图 1-33　交流电压的峰值与幅度

　　（2）平均值 $\overline{U}$。平均值 $\overline{U}$ 在数学上的定义为

$$\overline{U}=\frac{1}{T}\int_0^T u(t)\,\mathrm{d}t \tag{1-14}$$

　　原则上，求平均值的时间为任意时间，对周期信号而言，T 为信号周期。在实际测量中，总是将交流电压通过检波器变换成直流电压后再进行测量的，因此平均值通常是指检波后的平均值。根据检波器的不同又可分为全波平均值和半波平均值，一般不加特别说明时，平均值都是指全波平均值，有

45

$$\overline{U} = \frac{1}{T}\int_0^T |u(t)|\,\mathrm{d}t \tag{1-15}$$

（3）有效值 U。将交流电压和一个直流电压分别加在同一电阻上，若它们产生的热量相等，则交流电压的有效值 U 等于该直流电压值，即

$$U = \sqrt{\frac{1}{T}\int_0^T u^2(t)\,\mathrm{d}t} \tag{1-16}$$

有效值作为交流电压的一个参数，有效值比峰值、平均值用得更为普遍，当不特别指明时，交流电压的量值均指有效值，各类交流电压表的示值，除特殊情况外，都是按正弦波的有效值来刻度的。

（4）波形因数 K_F。电压的有效值与平均值之比称为波形因数 K_F，有

$$K_F = \frac{U}{\overline{U}} \tag{1-17}$$

（5）波峰因数 K_P。交流电压的峰值与有效值之比称为波峰因数 K_P，有

$$K_P = \frac{U_P}{U} \tag{1-18}$$

2. 用指针式万用表测量交流电压

用万用表的交流电压挡测量交流电压时，交流电压是通过检波器转换成直流后直接推动磁电式微安表头，由表头指针指示出被测交流电压的大小。因此这种表的内阻较低，且各量程的内阻不同，各挡的内阻 $R_V =$ 量程×交流电压灵敏度 S_V，测量时应注意其内阻对被测电路的影响。此外，指针式万用表测量交流电压的频率范围较小，一般只能测量频率在 1kHz 以下的交流电压。它的优点是：由于指针式万用表的公共端与外壳绝缘无关，与被测电路无共同机壳接地（即接"地"）问题，因此，可以用它直接测量两点之间的交流电压。

3. 用数字式万用表测量交流电压

数字式万用表的交流电压挡是将交流电压检波后得到的直流电压，通过 A/D 变换器变换成数字量，然后用计数器计数，以十进制显示被测电压值。与指针式万用表的交流电压挡相比，数字式万用表的交流电压挡输入阻抗高，如 DT890 型数字式万用表的交流电压挡的输入阻抗为 10MΩ（在 40～400Hz 的测量频率范围内），对被测电路的影响小，但它同样存在测量频率范围小的缺点，如 DT890 型数字式万用表测量交流电压的频率范围为 40～400Hz。

在变频调速系统中的交流回路较为简单，对 50/60Hz 交流电源升压或降压后的电压只需使用普通万用表选择合适 AC 量程即可，测高压时要注意安全，并养成用单手操作的习惯。

对非 50/60Hz 电源电压的测量，就要考虑所用电压表的频率特性，一般指针式万用表为 45～2000Hz，数字式万用表为 45～500Hz，超过范围或非正弦波测量结果都不正确。

二、直流电压测量方法

变频器电路中的直流电压一般分为两大类，一类为直流电源电压，它具有一定的直

流电动势 E 和等效内阻 R_0，另一类是直流电路中某元器件两端之间的电压差或各点对地的电位。直流电压测量方法如图 1-34 所示，其中 R_1、R_2、R_3、R_4 可以是任意元器件的直流等效电阻，U_{R1}、U_{R3} 为元器件两端电压，U_1、U_2 既是对地电位又是元器件两端电压。

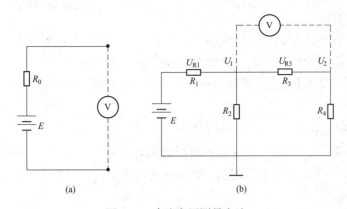

图 1-34　直流电压测量方法

（a）测量直流电源电压；（b）测量电压差或各点对地电位

将万用表的选择开关转到直流电压挡（选择合适的量程），将表笔接至被测两端，可以检测电路上各点的电压（信号电压或电源电压）以及电气部件上的电压降。

在表笔的两端因有万用表的内阻，因此测量时会有误差。如在检测振荡电路和同步电路等高阻抗电路时，应该用高量程进行测量，避免万用表的内阻影响到被测电路。检测直流电压一般分为 3 步。

（1）测量电源电路输出端电压是否正常。

（2）各单元电路及电路的关键"点"电压，如模块的输出端，外接部件电源端等处电压是否正常。

（3）电路主要元器件如晶体管、集成电路各管脚电压是否正常，对集成电路首先要测申源端。

直流电压的测量方法大体上有直接测量法和间接测量法两种。

直接测量法即将电压表直接并联在被测支路的两端，如图 1-34（a）所示，如果电压表的内阻为无限大，则电压表的示数即是被测两点间的电压值。实际电压表的内阻不可能为无穷大，因此直接测量法必定会影响被测电路，造成测量误差。测量时还应注意电压表的极性，它影响到测量值与参考极性的关系，也影响指针式电压表指针的偏转方向。

间接测量法如图 1-34（b）所示，若要测量电阻 R_3 两端的电压，可以分别测出电阻 R_3 对地的电位 U_1 和 U_2，然后利用公式 $U_{R3}=U_1-U_2$ 求出要测量的电压值。

1. 用数字式万用表测量直流电压

数字式万用表的基本构成部件是数字直流电压表，因此，数字式万用表均有直流电压挡。用它测量直流电压可直接显示被测直流电压的数值和极性，有效数值位数较多的数字式万用表的精确度高。一般数字式万用表直流电压挡的输入电阻较高，可达 $10M\Omega$ 以上，如 DT890 型数字式万用表的直流电压的输入电阻为 $10M\Omega$，将它并接在被测支路两端对被测电路的影响较小。

用数字式万用表测量直流电压时，要选择合适的量程，当超出量程时会有溢出显示，如 DT-990C 型数字式万用表，当测量值超出量程时会显示 OL，并在显示屏左侧显示 OVER，表示溢出。

数字式万用表的直流电压挡有一定的分辨力，即它所能显示被测电压的最小变化值，实际上不同量程挡的分辨力不同，一般以最小量程挡的分辨力为数字电压表的分辨力，如 DT890 型数字式万用表的直流电压分辨力为 $100\mu V$，即这个万用表不能显示出比 $100\mu V$ 更小的电压值。

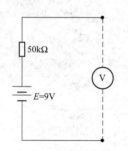

图 1-35　测量等效电动势 E

2. 用指针式万用表测量直流电压

指针式万用表的直流电压挡由表头串联分压电阻和并联电阻组成，因而其输入电阻一般不太大，而且各量程挡的内阻不同，各量程挡内阻 R_V＝量程×直流电压灵敏度 S_V，因此同一块指针式万用表，量程越大内阻越大。在用指针式万用表测量直流电压时，一定要注意表的内阻对被测电路的影响，否则将可能产生较大的测量误差。如用 MF500-B 型万用表测量如图 1-35 所示电路的等效电动势 E，指针式万用表的直流电压灵敏度 S_V＝20k/V，选用 10V 量程挡，测量值为 7.2V，理论值为 9V，相对误差为 20％，这就是由所用指针式万用表直流电压挡的内阻 R_V 与被测电路等效内阻相比不够大所引起的误差。因此用指针式万用表的直流电压挡测量电压，只适用于被测电路等效内阻很小或信号源内阻很小的情况。

3. 含有交流成分的直流电压测量

由于磁电式仪表的表头偏转系统对电流有平均作用，不能反映纯交流量，所以，测量含有交流成分的直流电压的一种常用的方法就是用模拟式电压表直流挡直接测量。如果叠加在直流电压上的交流成分具有周期性和幅度对称性，可直接用模拟式电压表测量其直流电压的大小。由交流信号转换而得到的直流，如整流滤波后得到的直流平均值，以及非间谐波的平均直流分量都可用模拟式电压表测量。

一般不能用数字式万用表测量含有交流成分的直流电压，因为数字式直流电压表要求被测直流电压稳定，才能显示数字，否则数字将跳变不停。

1.2.4　电流测量

在电子测量领域中，电流也是基本参数之一。如静态工作点、电流增益、功率等的测量，在变频器的维修、调试、电路参数测量中，也都离不开对电流的测量。因此，电流测量也是电参数测量的基础。在变频器维修中的电流测量可分为直流电流和交流电流测量两类。测量方法有直接测量和间接测量两种。直接测量法是将电流表串联在被测支路中进行测量，电流表的指示值即为测量结果。间接测量法是利用欧姆定律，通过测量电阻两端的电压来换算出被测电流值。与电压测量相类似，由于测量仪表的接入，会对测量结果带来一定的影响，也可能影响到电路的工作状态，在测量过程中应特别注意，不同类型电流表的原理和结构不同，影响的程度也不尽相同。一般电流表的内阻越小，对测量结果影响就越小，反之越大。因此，在测量过程中应根据具体情况，选择合理的测量方法和合适的测量仪表，以确保测量获得数据的准确性。

一、直流电流的测量

1. 用指针式万用表测量直流电流

指针式万用表的直流电流挡，一般由磁电式微安表头并联分流电阻构成，量程的扩大通过并联不同的分流电阻实现，这种电流表的内阻随量程的大小而不同，量程大，内阻越小。用指针式万用表测量直流电流时是将万用表串联在被测电路中的，因此表的内阻可能影响电路的工作状态，使测量结果出现误差，也可能由于万用表量程选择不当而损坏指针式万用表，所以，在测量时一定要注意。

2. 用数字式万用表测量直流电流

数字式万用表直流电流挡的基础是数字式电压表，它通过图 1-36 所示的电流/电压转换电路，使被测电流流过标准电阻，将电流转换成电压来进行测量。由于运算放大的输入阻抗很高，可以认为被测电流 I_X 全部流经标准采样电阻 R_N，这样 R_N 上的电压与被测电流 I_X 成正比，经放大器放大后输出电压 U_0 [$U_0 = (1 + R_3 / R_2) R_N \times I_X$]，就可以作为数字式电压表的输入电压来进行测量。

数字式万用表的直流电流挡的量程切换是通过切换不同的取样电阻 R_N 来实现的，量程越小，取样电阻越大，当数字式万用表串联在被测电路中，取样电阻的阻值会对被测电路的工作状态产生一定的影响，在使用时应注意。

3. 用并联法测量直流电流

将电流表串联在被测电路中测量电流是电流表的使用常识，但是作为一个特例，当被测电流是一个恒流源而电流表的内阻又远小于被测电路中某一串联电阻时，电流表可以并接在这个电阻上测量电流，此时电路中的电流绝大部分流过内阻小的电流表，而恒流源的电流是不会因外电阻的减小而改变的。并联法测量电流电路如图 1-37 所示，要测量晶体管三极管的集电极电流，若 R_C 的值比电流表内阻大得很多，且在集电极接入电流表后对集电极电流的影响很小，则电流表的测量值几乎为集电极电流。在做这种不规范的测量时，一定要概念明确，分析要正确，思想要集中，否则会造成电路或电流表损坏。

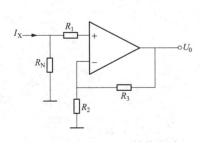

图 1-36　电流—电压转换电路

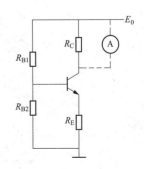

图 1-37　并联法测量电流电路

4. 间接测量法测量直流电流

电流的直接测量法要求断开回路后再将电流表串联接入，往往比较麻烦，容易因操作不当而造成测量仪表损坏。当被测支路内有一个定值电阻 R 可以利用时，可以测量该电阻两端的直流电压 U，然后根据欧姆定律计算出被测电流：$I=U/R$。这个电阻 R 一般称为电流取样电阻。当然，当被测支路无现成的电阻可利用时，也可以人为地串入一个取样电阻来进行间接测量，取样电阻的取值原则是对被测电路的影响越小越好，一般在 $1\sim10\Omega$，很少超过 100Ω。

二、交流电流的测量

按电路工作频率，交流电流可分为低频、高频和超高频电流。在超高频段，电路或元器件受分布参数的影响，电流分布是不均匀的，因此，无法用电流表来直接测量各处的电流值。只有在低频（$45\sim500\mathrm{Hz}$）电流的测量中，可以用交流电流表或具有交流电流测量挡的指针式万用表或数字式万用表串联在被测电路中进行交流电流的直接测量。而一般交流电流的测量都采用间接测量法，即先用交流电压表测出电压后，用欧姆定律换算成电流。用间接法测量交流电流的方法与间接法测量直流电流的方法相同，只是对取样电阻有一定的要求。

（1）当电路工作频率在 $20\mathrm{kHz}$ 以上时，就不能选用普通线绕电阻作为取样电阻，高频时应用薄膜电阻。

（2）由于一般电子仪表都有一个公共地，在测量中必须将所有的地连在一起，即必须共地，因此取样电阻要连接在接地端，在 LC 振荡电路中，要连接在低阻抗端。

这种利用取样电阻的间接测量法，不仅将交流电流的测量转换成交流电压的测量，使得可以利用一切测量交流电压的方法来完成交流电流的测量。

第2章 变频器故障分类及检查方法

2.1 变频器故障分类与维修流程

2.1.1 变频器故障分类

一、变频器故障

变频器故障是不期望发生但又很难避免的变频器异常工作状况，分析、寻找和排除故障是变频器维修人员必备的技能。在变频器的检修过程中，要在大量的元器件和线路中迅速、准确地找出故障是不容易的。一般故障的诊断过程是从故障现象出发，通过反复测试，在综合分析的基础上做出判断，逐步找出故障。故障产生的原因很多，情况也很复杂，有的是一种原因引起的简单故障，有的是多种原因相互作用引起的复杂故障。

构成变频器电路的电气电子元器件有继电器、接触器、晶体管、电阻、线圈、电容器、集成电路、功率器件等，在检查时只要掌握其检查方法和诊断技术，就能尽早发现有故障的电气电子元器件。对于 L、C、R 而言，应掌握每个元器件在交流（AC）电路和直流（DC）电路中的工作状态及其作用。

在检修过程中，即使确定了故障电路的范围，还必须进一步将电路细分到某只电气电子元器件的前后，再使用万用表检查各个测试点，以区分和确认具体的有故障的电气电子元器件。为了迅速、准确的判断故障产生的部位和原因，必须注意区分电路的测试点和测量方法。

对于使用一段时间后出现故障的变频器，故障原因可能是元器件损坏，连线发生短路或断路（如焊点虚焊，接插件接触不良，可变电阻器、电位器、半可变电阻器等接触不良，接触面表面镀层氧化等），或使用条件发生变化（如电网电压波动，过冷或过热的工作环境等）影响变频器的正常运行。

对于新购买的，第一次使用就出现故障的变频器，故障原因可能是由于变频器在运输过程中，因震动等因素引起变频器内的电路插件松动或脱落，连线发生短路或断路等；或是在变频器仓储过程中，由于变频器内元器件或印制电路板受潮等因素引起的元器件失效；由于使用人员未能按变频器的使用操作步骤操作而导致的故障；也有可能是因变频器在出厂前装配和调试时，部分存在质量问题的元器件未能检出，而影响变频器的正常运行。变频器故障无论是发生在线路上，还是发生在电气电子元器件上，一般都是由短路或断路原因引起，其现象与产生的原因如下。

1. 短路故障

当电路局部短路时，负载因短路而失效，这条负载线路的电阻小，而产生极大的短路电流，导致电源过载，导线绝缘损坏，严重时还会引起火灾。如电源"＋""－"极的两根导线直接接通；电源未经过负载直接接通；绝缘导线破损，并相互接触造成短路；接线螺丝松脱造成与线头相碰；接线时不慎，使两线头相碰；导线头碰触金属外壳部分等。

2. 断路故障

对于断路的电路，在电路断点之后没有电源，所以在电源到负载的电路中某一点中断时，电流不通。故障原因有线路折断、导线连接端松脱、接触不良等。

二、变频器故障分类

1. 按故障的性质分类

变频器故障按故障的性质可分为确定性故障和随机性故障。

（1）确定性故障。确定性故障是指只要满足一定的条件则一定会产生的确定的故障，确定性故障是指变频器中的硬件损坏或只要满足一定的条件，变频器必然会发生的故障。这一类故障现象在变频器运行中较为常见，但由于它具有一定的规律，因此也给维修带来了方便。确定性故障具有不可恢复性，故障一旦发生，如不对其进行维修处理，变频器不会自动恢复正常，但只要找出发生故障的根本原因，维修完成后变频器立即可以恢复正常运行。正确的使用与精心维护是杜绝或避免确定性故障发生的重要措施。

（2）随机性故障。随机性故障是指变频器在工作过程中偶然发生的故障，此类故障的发生原因较隐蔽，很难找出其规律性，故常称之为"软故障"。分析与诊断引发随机性故障的原因是比较困难的，一般而言，故障的发生往往与元器件的安装质量、参数的设定、元器件的品质、软件设计不完善、工作环境的影响等诸多因素有关。随机性故障有可恢复性，故障发生后，通过重新开机等措施，通常可恢复正常，但在运行过程中，又可能发生同样的故障。加强变频器的维护检查，确保变频器的正确安装、可靠连接，正确的接地和屏蔽是减少、避免此类故障发生的重要措施。

2. 按故障出现时有无指示分类

变频器故障按故障出现时有无指示分为有诊断指示故障和无诊断指示故障，当今变频器都设计有完善的自诊断程序，实时监控整个系统的软、硬件性能，一旦发现故障则会立即报警，有的还有简要文字说明在液晶屏上显示出来，结合系统配备的诊断手册不仅可以找到故障发生的原因、部位，而且还有排除方法提示。变频器制造者也会针对具体变频器设计有相关的故障指示及诊断说明书，结合显示的故障信息加上变频器上的各类指示灯，使得绝大多数故障的排除较为容易。

无诊断指示故障是变频器的故障诊断程序存在不完整性所致，这类故障则要依靠对产生故障前的工作过程和故障现象及后果，并依靠维修人员对变频器的熟悉程度和技术水平加以分析、排除。

变频器的故障显示可分为指示灯显示与显示器显示两种情况。

（1）指示灯显示报警。指示灯显示报警是指通过变频器的状态指示灯（一般由 LED 发光管或小型指示灯组成）显示报警信息。根据变频器的运行状态指示灯、故障状态指示灯，可大致分析判断出故障发生的部位与性质。因此，在维修、排除故障过程中应认真检查这些状态指示灯的状态。

（2）显示器显示报警。显示器显示报警是指可以通过显示器显示故障报警信息，由于变频器一般都具有较强的自诊断功能，如果变频器的诊断软件以及显示电路工作正常，一旦系统出现故障，可以在显示器上以报警符号及文本的形式显示故障信息。变频器能进行显示的报警信息少则几十种，多则上千种，它是故障诊断的重要信息。

3. 按故障产生的原因分类

变频器故障按故障产生的原因分为自身故障和外部故障，这也是按照相对于故障所发生的位置来分类的方法。

（1）变频器自身故障。变频器自身故障是由于变频器自身的原因所引起的，与外部使用环境条件无关，变频器所发生的绝大多数故障均属此类故障。

（2）变频器外部故障。变频器外部故障是指与变频器相关的外部器件性能改变及环境条件变化而引发的故障，如测速传感器、限位开关、机械装置等相关联器件发生故障。或由于三相电源的电压不稳定、三相电流不平衡、外界的电磁干扰、环境温度过高；有害气体、潮气、粉尘侵入，外来振动等引起的变频器故障。

4. 按故障发生的部位分类

变频器故障按故障发生的部位分为硬件故障和软件故障。

（1）硬件故障。硬件故障是指变频器硬件的物理损坏：①人为和环境原因，如环境恶劣、供电不良、静电破坏或违反操作规程等原因造成；②变频器内电力电子器件的原因，如电子元器件、接触插件、印制电路、电线电缆等损坏造成。硬件故障是需要维修甚至更换才可排除的故障。

（2）软件故障。软件故障是指由于软件系统错误而引发的故障，常见的软件故障有程序错误、设置错误等。软件故障需要输入或修改某些数据甚至修改程序方可排除的故障。

5. 按故障出现时有无破坏性分类

变频器故障按故障出现时有无破坏性可分为破坏性故障和非破坏性故障。

（1）破坏性故障。破坏性故障是指变频器以及电气线路由于自身缺陷或环境影响而使电气电子元器件功能丧失而无法正常工作。此类故障大多无法通过简单的方法修复或根本无法修复，对于此类故障需要进行更换，对于破坏性故障，维修时不允许重演，这时只能根据产生故障时的现象进行相应的检查、分析来排除，技术难度较高且有一定风险。并且一定要将产生故障的原因查出排除后，才能更换损坏的电气电子元器件，进行必要的测试后，变频器才能上电运行。

（2）非破坏性故障。对于如电动机转速达不到预定的转速、电动机温升过高、电气设备运行时发出异常响声等非破坏性故障，一般是还可以运行，但是长期运行会发展为破坏性故障。发生此类事故后也应立即停止变频器运行进行必要检修，排除故障点后方可运行。

6. 按故障产生原因分类

变频器故障按故障产生原因可分为使用性和元器件故障。

(1) 使用性故障。使用性故障是指因为现场工作人员操作不当或错误操作引起的故障，这种故障一般要求现场工作人员在操作前应正确的阅读变频器的操作说明书，学会正确使用变频器，以免导致不必要的安全事故和经济损失。

(2) 元器件故障。元器件故障一般是由电气电子元器件本身有质量缺陷所导致，在这里应当指出的是，在变频器需要更换电气电子元器件时，应该确定所用电气电子元器件的电气规格参数准确无误，保证产品完好无损。

7. 按显性和隐性故障分类

(1) 显性故障。显性故障是指故障部位有明显的异常现象，即明显的外部表征，很容易被人发现。此类故障可以通过看、闻、听等人为主观察觉来判断，比如元器件被烧毁时会冒烟，闻到烧焦的味道，有放电声和放电痕迹等。

(2) 隐性故障。隐性故障是指故障部位没有明显的异常，即无明显的外部特征，无法通过主观判断出故障部位，一定要借助一定的辅助手段，如仪表仪器等，而有一些则需要依赖于一定的检修工作经验来判别。查找隐性故障往往需要花费很长的时间和精力，并要根据电路原理系统的分析和判断。

8. 按发生故障损坏的特征分类

根据变频器发生故障损坏的特征，变频器故障一般可分为以下两类。

(1) 在运行中频繁出现的自动停机现象，并伴随着一定的故障信息显示，其处理方法可根据变频器随机说明书上提供的方法，进行处理和解决。这类故障一般是由于变频器运行参数设定不合适，或外部工况、条件不满足变频器使用要求所产生的一种保护动作现象。

(2) 由于使用环境恶劣，高温、导电粉尘引起的短路，或因潮湿引起的绝缘性能降低或击穿等突发故障（严重时，会出现打火、爆炸等异常现象）。这类故障发生后，需要对变频器进行解体检查，重点查找损坏元器件，根据故障发生区域，进行清理、测量、更换，然后全面测试，再恢复空载运行，对变频器进行综合性能测试后，再加载运行，以达到排除故障的目的。

9. 按故障影响范围和程度分类

变频器故障按故障影响范围和程度可分为以下几类。

(1) 全局性故障。全局性故障是指影响到整个变频调速系统正常运行的故障。

(2) 相关性故障。相关性故障是指某一故障与其他故障之间有着因果或关联关系。

(3) 局部性故障。局部性故障是指故障只影响了变频调速系统的某一些项或几项功能。

(4) 独立性故障。独立性故障特指某一元器件发生的故障。

如电源熔断器的熔体熔断，使设备不能启动则属全局性故障，而造成原因可能是相关的某一元器件短路，即故障的相关性。

10. 按故障发生的时间、周期分类

变频器故障按发生的时间、周期分为固定性故障和暂时性故障。

（1）固定性故障。固定性故障是指故障现象稳定，可重复出现，其原因主要是由于开路、短路、元器件损坏或某一元器件失效引起。

（2）暂时性故障。暂时性故障是指故障的持续时间短、工作状态不稳定、时好时坏，造成的原因可能是元器件性能下降或接触不良等引起的。

2.1.2　变频器维修流程

引发变频器故障可能只是某一个电气电子元器件，而对于维修者最重要的是要找到故障的电气电子元器件，需要进行检查、测量后进行综合分析做出判断，才能有针对性地处理故障，尽量减少无用的拆卸，尤其是要尽量减少使用电烙铁的次数。除了经验，掌握正确的检查方法是非常必要的。正确的方法可以帮助维修人员由表及里，由繁到简，快速的缩小检测范围，最终查出故障并进行适当处理而排除故障。

一、变频器维修过程

从维修变频器的经验来看，与强电相关的器件、大功率器件，电源部分以及相应的驱动电路损坏频率较高，当然在维修过程中也会出现各种各样的故障现象，表现与其相应的电子电路有关。变频器的维修过程就是寻找相应故障点的过程，在维修过程中应该坚持以人为主，设备为辅的原则，充分发挥人的主观能动性，降低维修成本，从故障现象入手，分析电路原理、时序关系、工作过程，找出各种可能存在的故障点，然后借助一些维修检测设备，确定故障点，确定故障元器件（包括定性与定量指标），然后寻找相应的元器件进行替换，使变频器的固有性能指标得以恢复。通常变频器维修过程包括以下几个方面。

（1）询问用户变频器的故障现象，包括故障发生前后外部环境的变化。如电源的异常波动、负载的变化等。

（2）根据用户的故障描述，分析可能造成故障的原因。

（3）打开被维修的变频器，确认被维修变频器的程序，分析维修恢复的可行性。

（4）根据被损坏元器件的工作位置，通过分析电路工作原理，从中找出元器件损坏的原因。

（5）寻找相关的器件进行替换。

（6）在确定所有可能造成故障的所有原因都排除的情况下，通电进行测试，在做这一步的时，一般要求所有的外部条件都必须具备，并且不会引起故障的进一步扩大化。

（7）在变频器正常工作的情况下，对变频器进行系统测试。

二、维修人员的素质条件

变频器是一种综合应用了计算机技术、自动控制技术、精密测量技术的高技术含量产品，其系统结构复杂、价格昂贵，因此对变频器维修人员素质、维修资料的准备、维修仪器的使用等方面都提出了比普通电器维修更高的要求，维修人员的素质直接决定了维修效率和效果，为了迅速、准确判断故障原因，并进行及时、有效的处理，排除变频器故障，作为变频器的维修人员应具备以下方面的基本条件。

1. 具有较广的知识面

变频器维修的第一步是要根据故障现象，尽快判别故障的真正原因与故障部位，这一点既是维修人员必须具备的素质，但同时又对维修人员提出了很高的要求。它要求变频器维修人员不仅要掌握电子、电气两个专业的基础知识和基础理论，而且还应该熟悉变频器的结构与设计思想，熟悉变频器的性能，只有这样，才能迅速找出故障原因，判断故障所在。此外，维修时为了对某些电路与元器件进行测试，作为维修人员还应当具备一定的测量技能。要求变频器维修人员学习并基本掌握有关变频器基础知识，如计算机技术、模拟与数字电路技术、自动控制技术、电机与拖动技术等，学习并掌握在变频器维修中常用的仪器、仪表和工具的使用方法。

2. 善于思考

变频器的结构复杂，各部分之间的联系紧密，故障涉及面广，而且在有些场合故障所反映出的现象不一定是产生故障的根本原因。作为维修人员必须始于变频器的故障现象，通过分析故障产生的过程，针对各种可能产生的原因，由表及里，透过现象看本质，迅速找出发生故障的根本原因并予以排除。通俗地讲，变频器的维修人员从某种意义上说应该"多动脑，慎动手"，切忌草率下结论，盲目更换元器件，特别是变频器的模块以及印制电路板。

3. 重视总结积累

变频器的维修速度在很大程度上要依靠维修人员的素质和平时的经验积累，维修人员遇到过的故障、处理过的故障越多，其维修经验也就越丰富。变频器虽然种类繁多，性能各异，但其基本的工作过程与原理却是相同的。因此，维修人员在排除了某一故障以后，应对维修过程及处理方法进行及时总结、归纳，形成书面记录，以供今后同类故障维修时参考。特别是对于自己一时难以解决，最终由同行技术人员或专家协同处理的故障，尤其应该细心观察，认真记录，以便于提高。如此日积月累，以达到提高自身水平与素质的目的，在不断的实际维修实践中提高分析能力和故障诊断技能。

4. 善于学习

变频器维修人员应经过良好的技术培训，不断学习电气、电子技术基础理论知识，尤其是针对具体变频器的技术培训，首先是参加相关的培训班和变频器安装现场的实际培训，然后向有经验的维修人员学习，更重要的是坚持长时间的自学。作为变频器维修人员不仅要注重分析与积累，还应当勤于学习，善于思考。变频器说明书内容通常都较多，如操作、编程、连接、安装调试、维修手册、功能说明等。这些手册资料要在实际维修时全面、系统地学习。因此，作为维修人员要了解变频器系统的结构，并根据实际需要，结合维修资料，去指导维修工作。

5. 具备专业外语基础

虽然目前国内生产变频器的厂家已经日益增多，但变频器的关键元器件还是主要依靠进口，其配套的说明书、资料往往使用原文资料，变频器的报警文本显示亦以外文居多。为了能迅速根据系统的提示与变频器说明书中所提供的信息，确认故障原因，加快维修进程，作为一个维修人员，最好能具备一定的专业外语的阅读能力，以便分析、处理问题。

6. 能熟练操作变频器

变频器的维修离不开实际操作，特别是在维修过程中，维修人员通常要进行一般变频器操作者无法进行的特殊操作，如进行变频器参数的设定与调整，通过计算机以及软件联机调试，利用变频器自诊断技术等。因此，从某种意义上说，一个高水平的维修人员，其操作变频器的水平应比一般操作人员更高、更强。

7. 具有较强的动手能力

动手能力是变频器维修人员必须具备的素质，但是，对于维修变频器这类高技术设备，动手前必须有明确目的、完整的思路、细致的操作。动手前应仔细思考、观察，找准入手点，在动手过程中更要做好记录，尤其是对于电气元器件的安装位置、导线号、变频器参数、调整值等都必须做好明显的标记，以便恢复。维修完成后，应做好"收尾"工作，如：将变频器罩壳、紧固件安装到位；将电线、电缆整理整齐等。

在变频器维修时应特别注意变频器中的某些印制电路板是需要电池保持参数的，对于这些印制电路板切忌随便插拔；更不可以在不了解元器件作用的情况下，随意调换变频器中的器件、设定端子；任意调整电位器位置，任意改变设置的参数：以避免产生更严重的后果。要做好维修工作，必须掌握科学的方法，而科学的方法需在长期的学习和实践中总结提高，从中提炼出分析问题、解决问题的科学方法。

三、技术资料的要求

技术资料是维修工作的指南，其在维修工作中起着至关重要的作用，借助于技术资料可以大大提高维修工作的效率与维修的准确性。一般来说，对于变频器故障的维修，在理想状态下，应具备以下技术资料。

1. 变频器使用说明书

变频器使用说明书是由变频器生产厂家编制并随变频器提供的随机资料，变频器使用说明书通常包括以下与维修有关的内容。

（1）变频器的操作方法与步骤。

（2）变频器及主要元器件的结构原理示意图。

（3）变频器安装和调整的方法与步骤。

（4）变频器电气控制原理图。

（5）变频器的特殊功能及其说明。

2. 变频器的操作使用手册

变频器的操作使用手册是由变频器生产厂家编制的变频器使用手册，通常包括以下内容。

（1）变频器面板操作说明。

（2）变频器的具体操作步骤（包括手动自动、试运行等方式的操作步骤，以及程序、参数等的输入、编辑、设置和显示方法）。

（3）系统调试、维修用的大量信息，如："变频器参数"的说明、故障信息说明及故障信息处理方法、系统连接图等是维修变频器中必须参考的技术资料之一。

3. 变频器参数清单

变频器参数清单是由变频器生产厂根据变频器的实际应用情况，对变频器进行设置与调整的重要参数。它不仅直接决定了变频器的配置和功能，而且也关系到变频器的动、静态性能和精度，因此也是维修变频器的重要依据与参考。在维修时，应随时参考"变频器参数"的设置情况来调整、维修变频器；特别是在更换变频器模块时，一定要记录变频器的原始设置参数，以便恢复变频器的功能。

4. 变频器的功能说明书

变频器的功能说明书由变频器生产厂家编制，功能说明书不仅包含了比电气原理图更为详细的变频器各部分之间连接要求与说明，而且还包括了原理图中未反映的信号功能描述，是维修变频器，尤其是检查电气接线的重要参考资料。

5. 维修记录

维修记录是维修人员对变频器维修过程的记录与维修工作总结，最理想的情况是：维修人员应对自己所进行的每一步维修都进行详细的记录，不管当时的判断是否正确，这样不仅有助于今后进一步维修，而且也有助于维修人员的经验总结与水平提高。

四、物质条件

(1) 通用变频器的电气电子元器件备件。

(2) 通用变频器常备电气电子元器件应做到采购渠道快速畅通。

(3) 必要的维修工具、仪器仪表等，并配有笔记本电脑并装有必要的维修软件。

(4) 完整的变频器技术图样和资料。

(5) 变频器使用、维修技术档案材料。

2.2 变频器故障诊断技术与检查方法

2.2.1 变频器故障诊断技术与维修原则

一、变频器故障诊断技术

所谓变频器的"故障诊断"简单地说就是查找变频器的故障元器件，如果要从一批类型各异，但相互孤立的电子元器件中挑出失效或不合格的元器件，简单而又直接的办法是逐一进行测试检查。如果这批元器件都已经采用锡焊的方式，被固定在印制电路板上，相互之间形成了电气关联关系，由于电路中的元器件总数很多，显然不可能、也没有必要将每个元器件都拆下来测试检查。一般是把整个电路看成一个整体，通过一系列的检查、分析、测试、判断，查找出故障的元器件。

变频器故障诊断中的基本环节包括检查、分析、检测、判断。实际上检查的目的是为分析奠定基础，而分析的目的就是要做出判断，因此也可以认为故障诊断包括检查、分析和检测3个基本环节。故障诊断的过程是一个检查、分析与检测交错进行、循环往复、逐次逼近故障点的过程，故障诊断流程图如图2-1所示。

变频器故障诊断需要涉及系统分析方法和使用专业的检测手段，为此学习变频器故障诊断技术，可以从检查、分析、检测这 3 个基本环节入手，重点掌握具有共性的基本技术手段和方法。

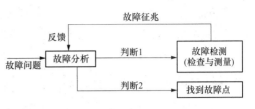

图 2-1　故障诊断流程图

在变频器故障诊断过程中，有些电气电子元器件的故障情况仅凭借外观检查就可以发现，如断路或短路、熔断器熔断、电解电容器爆裂等。在实际故障诊断工作中，经常也有通过"直观法"解决故障诊断问题。但是，这种情况带有偶然性，不具备故障分析的普遍意义。

随着变频器设计和制造技术的发展，变频器的种类越来越多，功能愈趋完善，结构愈趋复杂。相对而言，对变频器的故障诊断、故障分析的方法和设备却落后了许多。目前的情况是：在变频器的制造环节中，解决生产线上成批量的成品变频器或半成品元器件的故障诊断问题，有了多种比较成熟的方法，已有一些商品化的诊断设备；而对于变频器维修所面临的是零散送修的变频器故障诊断问题，由于机型繁杂、不成批量，且故障情况多变，因此较难解决。大多数情况下仍沿用传统的方法，在检查、分析方法和检测技术方面一直都没有本质的进步。

尤其对于模拟电路的故障诊断，由于电路本身具有非线性，以及电路组态多样性等特点，大大增加了故障诊断的难度。虽然各种数字电路在变频器电路中所占比例在逐步增加，但是变频器中的人机界面、模拟量输入/输出的接口、功率器件的驱动与控制电路、电源电路等都不可能完全被数字化。恰恰就是这些不能被数字化的电路具有较高的故障发生概率。因此模拟电路的故障诊断问题，始终是变频器故障诊断中的难点和重点。

变频器故障诊断是一门综合性科学，涉及多方面的知识和技术，除了要掌握变频器组成的基本原理、电工电子学知识、元器件特性外，还涉及电子测量技术。更重要的是对变频器故障进行诊断的过程实际上是一个对变频器故障的分析过程，具有一系列独特的思维方法，该方法以系统科学和逻辑学为基础，具有自身的规律性和系统性。

变频器故障诊断是一个从已知探询未知的过程，因此也是一个科学研究的过程。它始于已知的故障现象，止于找到未知的故障部位（故障点），整个过程一般需要经过收集信息、分析研究、推理判断、参数测试、实测验证等环节。因此，掌握变频器故障诊断方法，并且经常进行各种变频器故障的诊断实践工作，其价值不仅是修复了几台变频器，更重要的是能够提高自身的思维能力，学会观察、分析、判断的科学方法，培养良好的思维习惯和百折不挠的探索精神。

二、变频器的维修原则

变频器故障的检查、分析与诊断的过程也就是故障的排除过程，一旦查明了原因，故障也就几乎等于排除了。因此故障分析诊断的方法也就变得十分重要。故障的检查与分析是排除故障的第一阶段，是非常关键的阶段，主要应做好下列工作。

1. 熟悉电路原理，确定检修方案

当变频器发生故障时，不要急于动手拆卸，首先要了解该变频器产生故障的现象、经过、范围、原因。熟悉该变频器构成的基本工作原理，分析各个具体电路，弄清电路中各级之间的相互联系以及信号在电路中的来龙去脉，结合实际经验，经过周密思考，确定一个科学的检修方案。并要向现场操作人员了解故障发生前后的情况，如故障发生前是否过载、频繁启动和停止；故障发生时是否有异常声音和振动、有没有冒烟、冒火等现象。

2. 先分析思考，后着手检修

对故障变频器的检修，首先要询问产生故障的前后经过以及故障现象，根据用户提供的情况和线索，再认真地对电路进行分析研究（这一点对初学者尤其重要），弄通弄懂变频器电路原理和元器件的作用，做到心中有数，有的放矢。

在到现场处理变频器故障时，首先应要求操作者尽量保持现场故障状态，不做任何处理，这样有利于迅速精确地分析出故障原因。同时仔细询问故障指示情况、故障现象及故障产生的背景情况，依此做出初步判断，以便确定现场排除故障的方案。

在现场处理变频器故障时，首先要验证操作者提供的各种情况的准确性、完整性，从而核实初步判断的准确度。由于操作者的水平，对故障状况描述不清甚至完全不准确的情况不乏其例，因此不要急于动手处理，应仔细调查各种情况，以免破坏了现场，使排除故障的难度增加。

根据已知的故障状况分析故障类型，从而确定排除故障的步骤。由于大多数故障是有指示的，所以一般情况下，对照变频器配套的诊断手册和使用说明书，可以列出可能产生该故障的多种原因。

对多种可能的原因进行排查，从中找出本次故障的真正原因，是对维修人员对该变频器熟悉程度、知识水平、实践经验和分析判断能力的综合考验。有的故障的排除方法可能很简单，有些故障则较复杂，需要做一系列的准备工作，如工具仪表的准备、局部的拆卸、元器件的替换，元器件的采购甚至排除故障步骤的制定等。

维修前应了解故障发生时的情况，比如电源电压是否稳定、有无碰撞、是否受潮湿、有无异味、异响等，根据获得的信息进行故障的初步判断，以做到心中有数。在准备拆开变频器机壳前应先检查一下电源端电压是否正常，接着可检查一下变频器面板的按键和各旋钮是否正常、有无明显的迟钝无力现象。最后应记录变频器的型号、使用年限、环境条件等。

引发变频器故障的原因可能是多方面的，而故障的现象，发生的时间是不确定的。针对一个故障应首先分析产生故障的可能原因，并列出有关范围，寻找相关范围的技术资料作为理论引导。对于比较生疏的故障变频器，不应急于动手，应先熟悉电路原理和结构特点，遵守相应规则。拆卸前要充分熟悉每个电气元器件的功能、位置、连接方式以及与周围其他器件的关系，在没有组装图的情况下，应一边拆卸，一边画草图，并记上标记。

3. 先外部后内部

对于变频器故障应首先对变频器进行外观检查，并了解其维修史、使用年限，还要对变频器的外围电路、线路、接插件、电气元器件、开关、旋钮位置等进行检查。当确认变频器外部电气元器件正常时，再对变频器内部进行检查。在拆开变频器机壳前应排除外部故障因素，并列出产生内部故障的可能因素，在确定为变频器内故障后才能拆卸，否则，盲目拆卸，可能将故障进一步扩大。只有在排除外部设备、连线故障等原因之后再着手进行内部的检修，才能避免不必要的拆卸。打开变频器机壳后应仔细检查变频器内部元器件有无损伤、击穿、烧焦、变色等明显的故障，其次可重点检查一下元器件有无脱离、虚焊、连线是否松动。

在进行印制电路板检测时，如果条件允许，最好采用一块与待修板一样的好印制电路板作为参照，然后使用测量仪表检测相关参数对两块板进行对比，开始对比测试点可以从印制电路板的端口开始，然后由表及里进行检测对比，以判断故障部位。

4. 先机械后电气

在变频调速系统出现故障时，只有在确定机械部分无故障后，再进行电气方面的检查。应当先检查机械部分的完好性，再检查电子电路及机电一体的结合部分。变频调速系统出现故障并不全部都是电气部分问题，有可能是机械部件发生故障所造成的。很多时候，往往是机械部分出现故障后而影响了电气系统，致使许多电气元器件的功能不能发挥。因此不要被表面现象迷惑，先检修机械系统所产生的故障，再排除电气部分的故障，往往会收到事半功倍的效果。

5. 先简单后复杂

检修故障要先用最简单易行、自己熟悉的方法去排除故障，若故障不能排除再用复杂、精确的方法。在排除故障时应先排除直观、显而易见、简单常见的故障；后排除难度较高、没有处理过的疑难故障。变频器经常容易产生相同类型的故障，即"通病"。由于"通病"比较常见，积累的经验较丰富，因此可快速排除，这样就可以集中精力和时间排除比较少见、难度高的疑难故障。总之就是先简单，后复杂，简化步骤，缩小范围，提高检修速度。

6. 先静态后动态

所谓静态检查是在变频器未通电之前进行的检查，当确认静态检查无误时，方可通电进行动态检查。若发现冒烟、闪烁等异常情况，应迅速关机，重新进行静态检查。这样可避免在情况不明时就给变频器上电，造成不应有的损坏。

就目前维修中所采用的测量仪器仪表而言，只能对印制电路板上的器件进行功能在线测试和静态特征分析，发生故障的印制电路板是否最终完全修复好，必须要装回原单元电路上检验才行。为使这种检验过程取得正确结果。以判断更换了电气电子元器件的印制电路板是否维修好，这时最好先检查一下变频器的辅助电源是否按要求正确供电到相关印制电路板上，以及印制电路板上的各接口插件是否可靠插好。并要排除印制电路板外围电路的不正确带来的影响，才能正确地指导维修工作。

7. 先清洁后维修

对污染较重的变频器，先要对其面板按键、接线端、接触点进行清洁，检查外部控制键是否失灵。在检查变频器内部时，应着重看变频器内部是否清洁，如果发现变频器内各元器件、引线、走线之间有尘土、污物、蛛网或多余焊锡、焊油等，应先加以清除，再进行检修，这样既可减少自然故障，又可取得事半功倍的效果。实践表明，许多故障都是由于脏污引起的，一经清洁故障往往会自动消失。

8. 先电源电路后功能电路

电源是变频器的心脏，如果电源不正常，就不可能保证其他部分的正常工作，也就无从检查别的故障。根据经验，电源部分的故障率在整机中占的比例最高，许多故障往往就是由电源引起的，所以先检修电源电路常能收到事半功倍的效果。在检修有故障的变频器时，应按照先检查主电路电源部分、控制电源部分，再检查控制电路部分、最后显示部分的顺序。因为电源是变频器各部分能正常工作的能量之源，而控制电路又是变频器能正常工作的基础。

9. 先普遍后特殊

在没有了解清楚变频器故障部位的情况下，不要对变频器内的一些可调元器件进行盲目的调整，以免人为地将故障复杂化。遇到机内熔断器熔体或限流电阻等保护电路元器件被击穿或烧毁时，要先认真检查一下其周围电路是否有问题，在确认没问题后，再将其更换恢复供电。因电源电路元器件的质量或外部因素而引起的故障，一般占常见故障的50%左右。变频器的特殊故障多为软故障，要靠经验和仪器仪表来测量和确定故障性质和部位。根据变频器的共同特点，先排除带有普遍性和规律性的常见故障，然后再去检查和排除疑难和特殊故障，以便逐步缩小故障范围，由面到点，以达到缩短维修时间的效果。

10. 先外围后更换

在确定损坏的元器件后，先不要急于更换损坏的电气电子元器件，而是应先确认外围电路是否正常。如在检测到集成电路各引脚电压有异常时，不要先急于更换集成电路，而应先检查其外围电路，在确认外围电路正常时，再考虑更换集成电路。若不检查外围电路，一味更换集成电路，只能造成不必要的损失，且现在的集成电路引脚较多，稍不注意便会损坏，从维修实践可知，集成电路外围电路的故障率远高于集成电路。

11. 先故障后调试

在检修中应当先排除电路故障，然后再进行调试。因为调试必须是在电路正常的前提下才能进行。当然有些故障是由于调试不当造成的，这时只需直接调试即可恢复正常。在更换元器件时一定要注意焊接质量，不要造成虚焊。另外焊接时间也不宜过长，以免损坏元器件，造成不必要的经济损失。多次焊接电气电子元器件后容易造成铜箔从线路板上脱落，更换元器件后，变频器内的异物要及时清理干净，连线和插接件要重新检查一遍，并安装到位，以免造成另外的人为故障。

12. 先直流后交流

在检修故障变频器时，对于电子电路的检查，必须先检测直流回路静态工作点，再检测交流回路动态工作点。这里的直流和交流是指电子电路各级的直流回路和交流回路。这两个回路是相辅相成的，只有在直流回路正常的前提下，交流回路才能正常工作。

13. 先公用电路，后专用电路

变频器的公用电路出故障，其能量、信息就无法传送，各专用电路的功能、性能就不起作用。如一台变频器的电源出故障，整个系统就无法正常工作，向各种专用电路传递的能量、信息就不可能实现。因此遵循先公用电路，后专用电路的顺序，就能快速、准确地排除变频器故障。

变频器出现故障表现为多样性，任何一台有故障的变频器检修完，应该把故障现象、原因、检修经过、技巧、心得记录在专用笔记本上，以积累维修经验，并要将自己的经验上升为理论。在理论指导下，具体故障具体分析，才能准确、迅速地排除故障，只有这样才能把自己培养成为检修变频器故障的行家里手。

三、变频器检修的一般程序

在检修变频器过程中，最花时间的是故障判断和找出失效的元器件，故障部位和失效元器件找到后，维修和更换元器件实际上并没有太大的困难。因此，掌握维修技术就要首先学会故障检查、分析、判断方法，并掌握一些技巧。变频器检修的一般程序如下。

（1）观察和调查故障现象。变频器故障现象是多种多样的。比如，同一类故障可能有不同的故障现象，不同类故障可能有同种故障现象，这种故障现象的同一性和多样性，增添了查找故障的复杂程度。但是，故障现象是检修变频器故障的基本依据，是变频器故障检修的起点，因而要对故障现象进行仔细观察、分析，找出故障现象中最主要的、最典型的方面，搞清故障发生的时间、部位、环境等。

（2）了解故障。在着手检修发生故障的变频器前应询问、了解该变频器损坏前后的情况。在该过程中，尤其要了解故障发生瞬间的现象。如是否发生过冒烟、异常响声、振动等情况，还要查询有无他人拆卸检修过而造成"人为故障"。

（3）试用待修变频器。对于发生故障的变频器要通过试听、试看、试用等方式，加深对变频器故障的了解。检修顺序为：外观检查、电源引线的检查和测量，无异常后，接通电源，按动各相应的开关、调节有关旋钮，同时仔细听声音和观察变频器有无异常现象，再根据掌握的信息进行分析、判断可能引起故障的部位。

（4）分析故障原因。根据实地了解的各种表面现象，设法找到故障变频器的电路原理图及印制电路板布线图。若实在找不到该机型的相关资料，也可以借鉴类似机型的电路图，灵活运用以往的维修经验，并根据故障机型的特点加以综合分析，查明故障原因。

（5）初步确定故障范围、缩小故障部位。根据故障现象分析故障原因是变频器故障检修的关键，分析的基础是电工电子基本理论，是对变频器的构造、原理、性能的充分理解，是电工电子基本理论与故障实际的结合。某一变频器故障产生的原因可能很多，重要的是要在众多原因中找出最主要的原因。

（6）归纳故障的大致部位或范围。根据故障的表现形式，推断造成故障的各种可能原因，并将故障可能发生部位逐渐缩小到一定的范围。要善于运用"优选法"原理，分析出整个电路中包含几个单元电路，进而分析故障可能出在哪一个或哪几个单元电路。总之，对各单元电路在变频器中所担负的特有功能了解得越透彻，就越能减少检修中的盲目性，从而提高检修的工作效率。

（7）确定故障的部位。确定故障部位是变频器故障检修的最终目的和结果，确定故障部位可理解成确定变频器故障点，如短路点、损坏的元器件等，也可理解成确定某些运行参数的变异，如电压波动、三相不平衡等。确定故障部位是在对故障现象进行周密的考察和细致分析的基础上进行的。在这一过程中，往往要采用多种手段和方法。

（8）故障的查找。对照变频器电路原理图和印制电路板布线图，在分析电路原理及布线的基础上确定可疑的故障点，并在印制电路板上找到其相应的位置，运用检测仪表进行在路或不在路测试，将所测数据与正常数据进行比较，进而分析并逐渐缩小故障范围，最后找出故障点。

（9）故障的排除。找到故障点后，应根据失效元器件或其他异常情况的特点采取合理的维修措施。比如，对于脱焊或虚焊，可重新焊好；对失效的元器件，应更换合格的同型号规格元器件；对于短路性故障，则应找出短路原因后对症排除。

（10）还原调试。更换元器件后要对变频器进行全面或局部调试，因为即使替换的元器件型号相同，也会因工作条件或某些参数不完全相同导致性能的差异，有些元器件本身必须进行调整。如果大致符合原参数，即可通电进行调试，若变频器工作全面恢复正常，则说明故障已排除；否则应重新调试，直至变频器完全恢复正常运行为止。

2.2.2　变频器故障检查方法

一、直观法

直观法是指不用任何仪器根据变频器故障的外部表现，寻找和分析故障的方法，直接观察包括不通电检查和通电观察。在检修中应首先进行不通电检查，利用人的感觉器官（眼、耳、手、鼻）检查有关插件是否有松动、接触不良、虚焊脱焊、断路、短路、元器件锈蚀、变焦、变色和熔断器熔体熔断等现象。直观法是一种最基本、最简单的方法，维修人员通过对故障发生时产生的各种光、声、味等异常现象的观察、检查，可将故障缩小到某个模块，甚至一块印制电路板。但是，它要求维修人员具有丰富的实践经验。

在进行直观检查前，应向现场（送修）人员询问情况，包括故障外部表现、大致部位、发生故障时环境情况。如有无异常气体、明火、热源是否靠近变频器、有无腐蚀性气体侵入、有无漏水，是否有人维修过，维修的内容等。

直观法的实施过程应坚持先简单后复杂、先外面后里面的原则，在实际操作时，首先面临的是如何打开变频器外壳的问题，其次是对拆开的变频器内的各式各样的电子元器件的形状、名称、代表字母、电路符号和功能都能一一对上号，即能准确地识别电子元器件。采用直观法检修时，主要分为以下3个步骤。

（1）打开变频器外壳前的检查。观察变频器的外表，看有无碰伤痕迹；检查变频器上的按键、插口、变频器外部的连线有无损坏等。

（2）打开变频器外壳后的检查。观察线路板及变频器内的各种元器件，检查熔断器的熔体是否熔断；元器件有无相碰、断线；电阻有无烧焦、变色；电解电容器有无漏液、裂胀及变形；印制电路板上的铜箔和焊点是否良好，有无维修过，在观察变频器内部时，可用手拨动一些元器件、元器件，以便充分检查。

（3）通电后检查。这时眼要看变频器内部有无打火、冒烟现象；耳要听变频器内部有无异常声音；鼻要闻变频器内部有无烧焦味；手要摸一些晶体管、集成电路等是否烫手（应在保证安全的前提下），如有异常发热现象，应立即关机。

直观法的特点是十分简便，不需要其他仪器，对检修变频器的一般性故障及元器件损坏故障很有效果。直观法检测的综合性较强，它与检修人员的经验、理论知识和专业技能等紧密相关，直观检查法需要在大量地检修实践中不断地积累经验，才能熟练地运用。直观法检测往往贯穿在整个变频器维修的全过程，与其他检测方法配合使用时效果更好。

二、对比法

对比法是用正确的特性与错误的特征相比较来寻找故障原因的方法，怀疑某一电路存在问题时，可将此电路的参数与工作状态相同的正常电路的参数（或理论分析的电流、电压、波形等）进行一一对比，此法在没有电路原理图时最适用。在检修时把检测数据与图纸资料及平时记录的正常参数相比较来判断故障。对无资料又无平时记录的变频器，可与同型号的完好变频器相比较，从中找出电路中的不正常情况，进而分析故障原因，判断故障点。对比法可以是自身相同回路的类比，也可以是故障线路板与已知好的线路板的比较，对比法可帮助维修者快速缩小故障检查范围。

三、替换法

替换法是用规格相同、性能良好的电气电子元器件或印制电路板，替换故障变频器上某个被怀疑而又不便测量的电气电子元器件或印制电路板，从而来判断故障的一种检测方法。有时故障比较隐蔽，某些电路的故障原因不易确定或检查时间过长时，可用相同规格型号良好的元器件进行替换，以便于缩小故障范围，进一步查找故障。并证实故障是否由此元器件引起的。运用替换法检查时应注意，当把原变频器上怀疑有故障的电气电子元器件或印制电路板拆下后，要认真检查该电气电子元器件或印制电路板的外围电路，只有肯定是由于该电气电子元器件或印制电路板本身因素造成故障时，才能换上新的电气电子元器件或印制电路板，以免替换后再次损坏。

另外，由于某些元器件的故障状态（如电容器的容量减小或漏电等）用万用表不能确定时，应该用相同规格的元器件加以替换或是并联接上相同规格的元器件，看故障现象有否变化。若怀疑电容器绝缘不好或短路，检测时需将一端脱开。在替换元器件时，替换上的元器件应尽可能和怀疑损坏的元器件规格型号相同。

当故障分析结果集中于某一印制电路板上时，由于电路集成度的不断扩大而要把故障落实于其上某一区域乃至某一电气电子元器件上是十分困难的，为了缩短故障检查时间，在有相同备件的条件下可以先将备件换上，然后再去检查修复故障板。在更换备件时应注意以下事项。

（1）更换任何备件都必须在断电情况下进行。

（2）许多印制电路板上都有一些开关或短路棒的设定以匹配实际需要，因此在更换备件时一定要记录下原有的开关位置和设定状态，并将新板做好同样的设定，否则会产生报警而不能正常工作。

（3）某些印制电路板的更换，还需在更换后进行某些特定操作以完成其中软件与参数的建立，这一点需要仔细阅读相应印制电路板的使用说明。

（4）有些印制电路板是不能轻易拔出的，如含有工作存储器的板，或者有备用电池的板，它会丢失有用的参数或者程序，因此更换时也必须遵照有关说明操作。

利用备用的同型号的印制电路板确认故障，缩小检查范围是非常行之有效的方法。若是变频器的控制板出问题常常只能更换解决，别无他法，因为大多数用户几乎不会得到原理图及布置图，从而很难做到芯片级维修。

鉴于以上条件，在拔出旧印制电路板更换新印制电路板之前，一定要先仔细阅读相关资料，弄懂要求和操作步骤之后再动手，以免造成更大的故障。替换法在确定故障原因时准确性较高，但操作比较麻烦，有时很困难，对印制电路板有一定的损伤。所以使用替换法要根据变频器故障具体情况，以及检修者现有的备件和替换的难易程度而定。在替换电子元器件或印制电路板的过程中，连接要正确可靠，不要损坏周围其他元器件，这样才能正确地判断故障，提高检修速度，避免人为造成新的故障。

在替换元器件的操作中，如怀疑两个引脚的元器件开路时，可不必拆下它们，而是在印制电路板这个元器件引脚上再焊接上一个同规格的元器件，焊好后故障消失，证明被怀疑的元器件是开路时，再将故障元器件剪除。当怀疑某个电容器的容量减小时，也可以采用直接并联的方式进行判断。使用替换法应注意的事项如下。

（1）严禁大面积地使用替换法，这不仅不能达到修好故障变频器的目的，甚至会进一步扩大故障的范围。

（2）替换法一般是在运用其他检测方法后，对某个元器件有重大怀疑时才采用。

（3）当所要代替的电子元器件在底部时，也要慎重使用替换法，若必须采用时，应充分拆卸，使元器件暴露在外，有足够大的操作空间，以便于替换处理。

四、插拔法

通过将功能印制电路板插件"插入"或"拔出"来寻找故障的方法虽然简单，却是一种常用的有效方法，能迅速找到故障的原因。具体步骤如下。

（1）先将故障变频器和所有连接辅助电路的插件板拔出，再合上故障变频器电源开关，若故障现象仍出现，则应仔细检查主电路部分是否有故障。

（2）若故障消失，仔细检查每块插件板，观察是否有相碰和短路（如碰线、短接、插针相碰等）。若有，则排除；若无，则插上检查后的插件板，再检查余下的插件板，直至找出故障插件板，再根据故障现象和性质判断是哪一个集成电路或电子元器件损坏，这样很快就能发现哪块插件板上有故障。

五、系统自诊断法

充分利用变频器的自诊断功能，根据变频器操作控制面板显示的故障信息及发光二极管的指示，可判断出故障的大致起因。进一步利用系统的自诊断功能，还能了解变频器与各部分之间的接口信号状态，找出故障的大致部位。它是故障诊断过程中最常用、最有效的方法之一。

所有的变频器都以不同的方式给出故障指示，对于维修者来说是非常重要的信息。通常情况下，变频器会针对电压、电流、温度、通信等故障给出相应的故障信息，而且大部分采用微处理器或 DSP 处理器的变频器会有专门的保存 3 次以上的故障报警记录。

六、参数检查法

变频器参数是保证其正常运行的前提条件，它直接影响着变频器的性能。参数通常存放在系统存储器中，一旦电池不足或受到外界的干扰，可能导致部分参数的丢失或变化，使变频器无法正常工作。通过核对、调整参数，有时可以迅速排除故障。特别是在变频器长期不用的情况下，参数丢失的现象经常发生，因此，检查和恢复变频器参数是维修中行之有效的方法之一。另外，变频器经过长期运行之后，由于电动机拖动机械的运动元件磨损、元器件性能变化等原因，也需对有关参数进行重新调整。

变频器设置许多可修改的参数以适应不同的应用和不同工作状态的要求，这些参数不仅能使变频器与具体负载相匹配，而且更是使变频器各项功能达到最佳化所必需的。因此，任何参数的变化（尤其是模拟量参数）甚至丢失都是不允许的；而随着变频器长期运行所引起的机械或电气性能的变化，会打破最初的匹配状态和最佳化状态，这需要重新调整相关的一个或多个参数。这种方法对维修人员的要求是很高的，不仅要对具体系统主要参数十分了解，而且要有较丰富的电气系统调试经验。

七、断路法

断路法就是人为地把电路中的某一支路或某个元器件的某条引脚焊开来查找故障的方法，有时又称开路法。它是一种快速缩小故障范围的有效方法。如某一变频器辅助电源电路电流过大，可逐渐断开可疑部分电路，断开哪一级电流恢复正常，故障就出在哪一级，此法在用来检修因电流过大而熔断器熔体熔断故障时非常有效。

若遇到难以检查的短路或接地故障，可换上新熔断器熔体后，逐步或重点地将各支路一条一条的接入电源，重新试验。当接到某一电路时熔断器熔体又熔断，说明故障就在刚刚接入的这条电路及其所包含的元器件上。

对于多支路交联电路，应有重点地在电路中某点断开，然后通电试验，若熔断器熔体不再熔断，故障就在刚刚断开的这条电路上。然后再将这条支路分成几段，逐段地接入电路。当接入某段电路时熔断器熔体又熔断，故障就在这段电路及其元器件上。这种方法简单，但容易把损坏不严重的元器件彻底烧毁。

八、短路法

变频器的故障大致归纳为短路、过载、断路、接地、接线错误、变频器的外围电路及机械部分故障 6 类。诸类故障中出现较多的为断路故障，它包括导线断路、虚连、松动、触点接触不良、虚焊、熔断器熔体熔断等。对这类故障除用电阻法、电压法检查外，更为简单可靠的方法是短路法。短路方法是用一根良好绝缘的导线，将怀疑有断路的部位短接起来，如短接到某处，电路工作恢复正常，说明该处断路。

短路法实质上是一种特殊的分割法。在应用短路法检测电路过程中，对于低电位可直接用短接线直接对地短路；对于高电位应采用交流短路法，即用 $20\,\mu F$ 以上的电解电容对地短接，保证直流高电位不变；对电源电路不能随便使用短路法。

九、仪器测量法

仪器测量法即使用常规的电工仪器仪表，对各组交、直流电源电压及脉冲信号等进行测量，从中寻找引起故障的元器件。如用万用表检查各电源情况，及对某些印制电路板上设置的相关信号状态测量点的测量，用示波器观察相关的脉动信号的幅值、相位。这种方法比较简单直接，结合故障现象一般能判断出故障所在，借助一些测量工具，能进一步确定故障的原因，帮助分析和排除故障。

变频器的印制电路板在制造时，为了调整维修的便利通常都设置有检测用的测量端。维修人员利用这些检测端，可以测量、比较正常的印制电路板和有故障的印制电路板之间的电压或波形的差异，进而分析、判断故障原因及故障所在位置。通过测量比较法，有时还可以纠正被维修过的印制电路板上的调整、设定不当而造成的"故障"。使用测量比较法的前提是：维修人员应了解或实际测量正确的印制电路板关键部位、易出故障部位的正常电压值，正确的波形，才能进行比较分析，而且这些数据应随时做好记录并作为资料积累。

常见的仪器测量方法如下。

1. 电压测量法测量

电压法是通过测量电子电路或元器件的工作电压并与正常值进行比较来判断故障的一种检测方法。电压法检测是所有检测手段中最基本、最常用的方法。经常测试的电压是各级电源电压、晶体管的各极电压以及集成电路各引脚电压等。一般而言，测得电压的结果是反映变频器工作状态是否正常的重要依据。电压偏离正常值较大的地方，往往是故障所在的部位。电压测量法可分为交流电压检测和直流电压检测两种。通常可直接用万用表测量，但要注意万用表的量程和挡位的选择。电压测量是并联测量，测量过程必须精力集中，以免万用表表笔将两个焊点短路。

（1）交流电压检测。在变频器电路中，因交流回路较少，相对而言电路不复杂，测量时较简单。一般可用万用表的交流电压挡从变频器电源输入端开始测量，若正常，在检测整流模块的交流端电压是否正常，以判断前端电源故障部位。对于变频器输出端的交流电压测量，可先拆除变频器输出端电动机电缆后进行测量，以判断故障部位。

（2）直流电压检测。对直流电压的检测，首先检测主电路的整流电路输出、逆变电路的输入，在检测辅助电源电路及稳压电路的输入、输出，根据测得的输入端及输出端电压高低来进一步判断哪一部分电路或某个元器件有故障。测量单元电路电压时，首先应测量该单元电路的电源电路，通常电压过高或过低均说明电路有故障。用直流电压法检测集成电路的各脚工作电压时，要根据维修资料提供的数据与实测值比较来确定集成电路的好坏。

2. 电流测量法

电流测量法是通过检测晶体管、集成电路的工作电流，各局部电路的电流和电源的负载电流来判断变频器故障的一种检修方法。用电流法检测电子线路时，可以迅速找出晶体管发热、电气元器件发热的原因，也是检测集成电路工作状态的常用手段。采用电流法检测时，常需要断开电路。把万用表串入电路，因这一步实现起来较困难，为此，电流测量法有直接测量法和间接测量法两种。

间接测量法是用所测得的电压来换算电流或用特殊的方法来估算电流的大小，如要测晶体管某级电流时，可以通过测量其集电极或发射极上串联电阻上的压降换算出电流值。这种方法的好处是无须在印制电路板上制造测量口。遇到变频器熔断器熔体熔断或局部电路有短路时，采用间接法检测效果明显。电流是串联测量，而电压是并联测量，实际操作时往往先采用电压测量法，在必要时才进行电流检测。

3. 电阻测量法

电阻测量法是测量元器件对地或自身电阻值来判断故障的一种方法，它对检修开路、短路故障和确定故障元器件有实效，通过测量电阻、电容、电感、线圈、晶体管和集成电路的电阻值可判断出故障的具体部位。

电阻测量法是检测变频器故障的最基本的方法之一。一般而言，电阻法有在线电阻测量和离线测量两种方法。

（1）在线电阻测量时，由于被测元器件接在整个电路中，所测得的阻值会受到其他并联支路的影响，在分析测试结果时应给予考虑，以免误判。通常情况下所测的阻值会比元器件的实际标注阻值要小，也可能相等，但不可能存在大于实标标注阻值的情况，若有，则说明所测的元器件存在故障。

（2）离线电阻测量是将被测元器件一端或将整个元器件从印制电路板上脱焊下来，再用万用表测量电阻的一种方法，这种方法操作起来较烦，但测量的结果准确、可靠。

采用电阻测量法测量元器件的电阻值时，一般是先测量元器件的在线电阻的阻值，在测得元器件阻值后，需互换万用表的红、黑表笔后，再测试一次阻值。这样做可排除外电路网络对测量结果的干扰。要对两次测得的电阻值的结果进行分析，对重点怀疑的元器件可脱焊一端进一步检测。在线测试一定要在断电情况下进行，否则不仅测得结果不准确，还会损伤、损坏万用表。在检测一些低电压（如 5V、3V）供电的集成电路时，不要用万用表的 $R\times10k$ 挡，以免损坏集成电路。

测量法在实际应用中还应注意以下事项。

（1）注意检测中的公共"接地"。为使检测正常进行，检测仪器与被检测的变频器须有共同的"接地"点。

（2）注意高压"串点串线"现象。出现故障的变频器往往存在绝缘击穿现象，造成高压串点、串线，危及人身安全和损坏测量仪表，并影响测量数据，对此应加以注意。

（3）遵守"测前先断电，断后再连线"的检测程序。尤其测量高电压时，更应先切断电源，防止大容量电容储存的电荷电击人身，在连接测试线之前，应进行充分的放电，测试线与高电压点连好线后，再接通电源，以确保人身安全。

（4）测试线要具有良好的绝缘。

（5）测试前对检测仪器和被检测电路原理要有充分了解。

（6）要养成单手测量的习惯，防止双手同时触及带电体构成通路，危及人身安全及损坏测量仪表。

十、波形法

波形法是利用示波器跟踪观察信号电路各测试点信号的变化，根据波形的有无、大小和是否失真来判断故障的一种检修方法。波形法的特点在于直观、迅速有效，示波器可直接显示信号波形，也可以测量信号的瞬时值。有些高级示波器还具有测量电气电子元器件的功能，为检测提供了十分方便的手段。不能用示波器测量有高压或大幅度脉冲电路，当示波器接入电路时，应注意它的输入阻抗的旁路作用。通常采用高阻抗、小输入电容的探头，测量时示波器的外壳和接地端子要良好接地。

通常变频器的原理图都在测试位置上注有明显的波形图，这些便是波形法检测的重要基础。采用波形法可观察电路中的波形、波幅、频率、位置特性，还可以观察到各类寄生振荡、寄生调制等现象。波形法是寻找和发现乃至排除故障很有效的方法，尤其是排除疑难故障，使用这种方法非常方便。波形法也叫动态观察法，该方法是电路处于工作状态时的一种检测方法，因此在操作时务必注意安全。

波形法使用的测试仪器有示波器和频率特性测试仪两种：①示波器可以观察脉冲的波形宽度、幅度、周期以及稳压电源的纹波电压和音频放大器的输出波形；②频率特性测试仪俗称扫频仪，它可以用来检测各种电路的频率特性、频带宽度、电路增益以及滤波网络的吸收特性。

十一、状态分析法

在检测发生故障的变频器时，依据变频器所处的状态进行分析的方法称为状态分析法。变频器的运行过程总可以分解成若干个连续的阶段，这些阶段也可称为状态。如变频器的工作过程可以分解成启动、运转、正转、反转、高速、低速、制动、加速、减速、停止等工作状态。其故障总是发生于某一状态，而在这一状态中，各种单元电路及电气电子元器件又处于什么状态，正是分析故障的重要依据。状态划分得越细，对分析和判断故障越有利，查找时必须将各种运行状态区分清楚，在对各单元电路及元器件的工作状态进行分析，找出引发故障的原因。

十二、回路分割法

回路分割法是把与故障有牵连的电路从总电路中分割出来，通过检测，肯定一部分，否定一部分，一步步地缩小了故障范围，最后把故障部位孤立出来的一种检测方法。

复杂的变频器电路是由若干个单元电路构成，每个单元电路部具有特定的功能，发生故障就意味着该单元电路中的某种功能的丧失，因此故障也总是发生在某个或某几个单元电路中。将回路分割，实际上简化了电路，缩小了故障查找范围，查找故障就比较方便了。

对于由多个模块或多个印制电路板及转插件组合起来的电路，回路分割法应用起来较方便。如变频器辅助电源电路的直流熔断器的熔体熔断，说明负载电流过大，同时导致电源输出电压下降。要确定故障原因，可将电流表串在直流熔断器熔体处，然后应用分割法将怀疑的那一部分电路与总电路分割开。这时看总电流的变化，若分割开某部分电路后电流降到正常值，说明故障就在分割出来的电路中。回路分割法依其分割法不同有对分法、特征点分割法、经验分割法及逐点分割法等。

回路分割法是根据人们的经验，估计故障发生在哪一单元电路，并将该单元电路的输入、输出端作为分割点。逐点分割是指按信号的传输顺序，由前到后或由后到前逐级加以分割。应用回路分割法检测电路时要小心谨慎，有些电路不能随便断开的要给予重视，不然故障没排除，还会引发新的故障。分割法严格说不是一种独立的检测方法，而是要与其他的检测方法配合使用，才能提高维修效率。

十三、升温法

升温法是人为地将环境温度或元器件局部的温度升高（用电吹风可使局部元器件的环境温度升高，注意不可将温度升得太高，以免将正常工作的元器件损坏），对可疑元器件进行升温，可加速一些高温状态下参数稳定性比较差的元器件产生故障，来帮助寻找故障。如变频器因工作较长时间或环境温度升高后会出现故障，而关机检查时却是正常的，再工作一段时间又出现故障，这时可用"升温法"来检查。

有些变频器常是在开始运行时正常，但过不了多久，少则几分钟，多则一两个小时出现故障。这往往是由于变频器内个别元器件的热稳定性较差所引起的。因为这种故障本身的不确定性，在维修过程中，通常要根据自己的经验和故障现象的特征对故障部位做大致的判断。然后利用电烙铁或电热吹风机等烘烤可疑部位的元器件，如利用 20W 烧热的电烙铁，将烙铁头距可疑元器件 1cm 左右进行烘烤，其目的是进行局部加热。如烘烤到某一元器件时，故障现象立即再现，就可以立即判断是该元器件热稳定性不良引起的故障。加温的顺序是先晶体管、集成电路；后电容、电阻。

通常加温有两种含义：①加速元器件的损坏，使故障尽快出现；②由于印制电路板受潮，利用加热的办法可直接排除故障。与升温法相反的方法是降温法，这种方法通常和升温法联合使用。例如在变频器出现故障时用棉花蘸上酒精贴在怀疑有问题的元器件上，让其冷却，如果冷却到某个元器件时故障消失，则这个元器件就是有故障的元器件。降温法对于刚开机时正常，用一段时间后出现故障的变频器特别实用。

十四、敲击法

敲击法是用小起子柄、木槌轻轻敲击印制电路板上某一处，观察故障变频器的状态变化来判定故障部位（高压部位一般不易敲击）。此法尤其适合检查虚假焊和接触不良的故障。变频器是由各种印制电路板和模块用接插件组成的，各个印制电路板都有很多焊点，任何焊点虚焊和接触不良都会造成故障。打开变频器机壳后，用绝缘的橡胶棒敲击有可疑的不良部位，如果变频器的故障消失或再现，则问题很可能就山在那里。

十五、逻辑推理分析法

逻辑推理分析法是根据变频器出现的故障现象，由表及里，寻根溯源，层层分析和推理的方法。变频器中各组成部分和功能都有其内在的联系，如连接顺序、动作顺序、电流流向、电压分配等都有其特定的规律，因而某一元器件的故障必然影响其他部分，表现出特有的故障现象。在分析故障时，常需要从这一故障联系到对其他部分的影响或由某一故障现象找出故障的根源，这一过程就是逻辑推理过程。逻辑推理分析法又分为顺推理法和逆推理法。顺推理法一般是根据故障现象，从外围电路、电源、控制电路、功率电路来分析和查找故障。逆推理法则采用与顺推理法相反的程序来分析和查找故障。

采用逻辑推理分析法对故障现象做具体分析，划出可疑范围，可提高维修的针对性，并可收到判断故障准而快的效果。分析电路时先从主电路入手，了解各单元电路之间的关系，结合故障现象和电路工作原理，进行认真的分析排查，即可迅速判定故障发生的可能范围。当故障的可疑范围较大时，不必按部就班地逐级进行检查，而在故障范围的中间环节进行检查，来判断故障究竟是发生在哪一部分，从而缩小故障范围，提高检修速度。

十六、原理分析法

原理分析法是故障排除的最根本方法，在其他检查方法难以奏效时，可以从电路的基本原理出发，一步一步地进行检查，最终查出故障原因。运用这种方法必须对电路的原理有清楚的了解，掌握各个时刻各点的逻辑电平和特征参数（如电压值、波形），然后用万用表、示波器测量，并与正常情况相比较，分析判断故障原因，缩小故障范围，直至找到故障。运用这种方法要求维修人员有较高的水平，对整个系统或各部分电路有清楚、深入的了解才能进行。

总的来说，对有故障的变频器检查要从外到内，由表及里，由静态到动态，由主回路到控制回路。检查变频器故障的方法很多，实际检修中到底采用哪一种检查方法更有效，要看故障现象的具体情况而定。

在检修变频器时通常先采用直观法，一些典型的故障往往用直观法检测就能一举奏效，对于较隐蔽的故障可以采用波形法。对不便于测试的故障，常采用替换法、短路法和分割法。这些方法的应用，往往能把故障压缩到较小范围之内，使维修工作的效率提高。要强调的是每一种检测方法都可以用来检测和判断多种故障；而同一种故障又可用多种检测方法来进行检修。检修时应灵活地运用各种检测方法，才能保证检测工作事半功倍。

当找出变频器的故障点后，就要着手进行修复、试运行、记录等，然后交付使用，但必须注意以下事项。

（1）在找出故障点和修复故障时，应注意不能把找出的故障点作为寻找故障的终点，还必须进一步分析查明产生故障的根本原因。

（2）找出故障点后，一定要针对不同故障情况和部位采取正确的修复方法。

（3）在故障点的维修工作中，一般情况下应尽量做到复原。

（4）故障修复完毕，需要通电试运行时，应按操作步骤进行操作，避免出现新的故障。

（5）每次排除故障后，应及时总结经验，并做好维修记录。记录的内容包括：变频器型号、编号、故障发生的日期、故障现象、部位、损坏的元器件、故障原因、修复措施及修复后的运行情况等。记录的目的是对维修经验的总结，以作为档案以备日后维修时参考，并通过对历次故障的维修过程经验的积累，提高维修水平和维修的实际操作技能。

总之，变频器的检修过程是一种综合性分析的过程：它建立在对电路结构的深刻理解、正确无误地逻辑思维判断和熟练的操作技能之上。因判定故障要有良好的技术知识作为基础，只有认真掌握检修的一般规律，并不断地总结积累经验，才能准确、及时发现问题和解决问题。另外，在查找故障时，尽量拓宽自己的思路，把各方面能造成故障的因素都想到，仔细地分析和进行排除。在实际检修工作中，寻找故障原因的方法多种多样，这些方法的使用可根据设备条件、故障情况灵活掌握，对于简单的故障用一种方法即可查找出故障点，但对于较复杂的故障则需采取多种方法互相补充、互相配合，才能迅速准确找出故障点。

第3章　变频器故障分析与维修测试

3.1　变频器的故障率与故障测试

3.1.1　变频器的故障率与引发故障的外部因素

一、变频器的故障率

变频器是由众多的半导体电子元器件、集成电路、电力电子器件和电子元器件组成的复杂装置，结构多采用单元化或模块化形式。变频器由主电路、逻辑控制电路、电源电路、IPM 驱动及保护电路、冷却风扇等几部分组成。由于变频器印制电路板多采用 SMT 表面贴装技术，在变频器故障诊断中，因检测仪器、技术资料及技术水平等因素，维修一般只限于根据故障情况找出故障的单元板或模块，即只作单元级或板级检查维修。

尽管变频器已采用多种新型元器件和优化结构，但从目前的元器件技术水平和经济性考虑，仍不可避免要采用寿命相对较短的元器件。与此同时，还不排除元器件受到安装环境的影响，其寿命可能比预期的要短。变频器的可靠性遵循着"浴盆曲线"特性，即故障率与使用时间的关系曲线状似浴盆。变频器的故障率与使用时间的关系曲线如图 3-1 所示。

图 3-1　变频器的故障率与使用时间的关系

在图 3-1 中，初期故障是指变频器在安装调试和初期运行阶段，由于元器件的某种缺陷或某种外部原因而发生的故障。因变频器所用的元器件经过元器件制造厂家出厂检测，变频器生产厂家进厂入库前的抽样检测，以及变频器出厂前经过严格的整机检测，能使变频器故障率降低到最低程度。由于个别元器件存在隐患和现场安装及初期运行时的误操作，致使这一期间变频器故障率较高。

当变频器投入正常使用后，在较长的一段时间内出现故障的情况明显减少，这时的故障可能有变频器内部某个元器件发生突发性故障，也可能是由于使用环境差，使变频器内部进水或金属屑以及灰尘潮湿引起的故障。由于偶然性强、较难预料，故称为偶发故障。一般来说，在开发设计阶段有针对性地增加元器件的额定余量，在使用阶段加强维护保养是解决偶发故障的主要手段。

　　磨损故障是临近变频器使用寿命时发生的故障，主要特征是随着时间的推移故障率明显增加。为了延长变频器的使用寿命，需要对变频器进行定期的检查和保养，在预计元器件即将到达使用寿命时进行更换，做到有备无患。

　　由于使用方法不正确或参数设置不合理，将容易造成变频器误动作及发生故障，无法满足预期的运行效果。在变频调速系统发生故障时，应对故障原因进行认真分析，在排除变频器外围电路和机械部分故障后，针对变频器的电路结构，结合故障现象和的变频器硬件回路框图。按单元电路对故障进行分析和诊断，变频器硬件回路框图如图 3-2 所示。

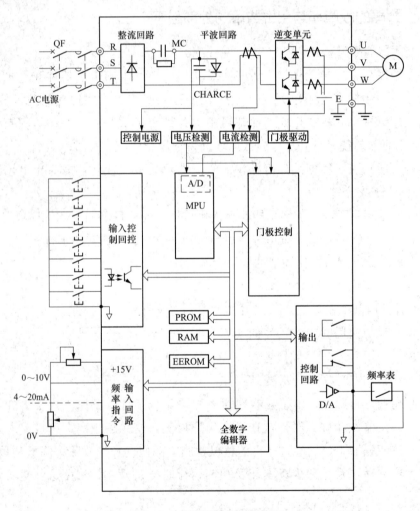

图 3-2　变频器硬件回路框图

　　变频器由多种元器件组成，其中一些元器件经长期工作后其性能会逐渐降低、老化，这也是变频器发生故障的主要原因，为了保证变频器长期的正常运转，易损元器件若超出使用周期则必须进行更换，易损元器件更换主要依据变频器使用年限以及日常检查的结果决定，变频器易损元器件更换项目见表 3-1。

表 3-1　　　　　　　　　　　　　　　　变频器易损元器件更换项目

	器件状况判别	更换方法	更换后的检验
风扇	风扇是变频器的常用备件，风扇损坏分为电气故障和轴承故障。风扇发生电气故障后风扇会不运转或转速不正常，这在日常检查中就可以发现，发现后立即更换。风扇发生轴承故障后现风扇在运转时的噪声和震动明显增大，这时要尽快予以更换。也可以根据变频器说明书的建议，在风扇使用到达一定年限后（一般风扇的寿命为 10～40kh，一般 3 年左右）统一予以更换	推荐使用原装的风扇备件，但有时原装的备件很难买到或订货周期长，则可以考虑使用替代品。替代品必须保证外形与安装尺寸与原装的完全一致，电源、功耗、风量和质量与原装的接近。直接冷却风扇有二线和三线之分，二线风扇其中一线为正极，另一线为负极，更换时不要接错；三线风扇除了正、负极外还有一根检测线，更换时千万注意，否则会引起变频器过热报警。交流风扇一般有 220V、380V 之分，更换时电压等级不要搞错	更换以后要试运行，观察风扇的风量、运行噪声和振动情况，连续运转大约半小时，再观察整机的温升，如果一切正常，则可以判定更换或替换成功
主滤波电容	主滤波电容是变频器的常用备件，如果电容有漏液、膨胀、防爆孔破裂的现象应立即更换。也可以根据变频器说明书中给出的电容使用年限进行强制更换。中间电路的滤波电容主要作用就是平滑直流电压，吸收直流中的低频谐波，它的连续工作产生的热量加上变频器本身产生的热量都会加快其电解液的干涸，直接影响其容量的大小，每年定期检查电容容量一次，一般其容量减少 20％以上应更换。主回路滤波电解电容的使用寿命与变频器的环境温度有较大关系，如果平时使用注意，变频器安装环境良好，则可以大大延长电解电容的使用寿命	推荐使用原装的电容备件，但有时原装的备件很难买到或订货周期长，则可以考虑使用替代品。替代品必须保证安装尺寸与原装的完全一致，长度小于或等于原装的，耐压和标称工作温度大于或等于原装的，总电容量与原来的相近	更换以后要试运行，满载运行 2 小时，如果电容本体没有严重发热，则可以确认更换成功
大功率电阻	观察大功率电阻的表面颜色，如果是水泥电阻要观察电阻表面是否有裂缝，如果电阻老化现象明显（颜色变黑、严重开裂）则应更换	推荐使用原装的电阻备件，但也可以用替代品。替代品首先功率和电阻值要与原装的电阻相近，其次要求安装方式和安装尺寸要与原来的一致	更换后要试运行，断电、送电重复 3 次，注意断电再送电之间的时间间隔，再带满载运行半小时，如果一切正常则可以确认更换成功
接触器或继电器	接触器或继电器一般有累计动作次数寿命，超过应予以更换，日常检查发现有触点接触不良，要立即更换	推荐使用原装的备件，但也可以用替代品，替代品的触点容量和线圈要与原装的一致，安装方式和安装尺寸也要与原来的相同，质量也要相同	更换后要试运行，令接触器反复动作多次，再带满载运行半小时，如果一切正常则可确认更换成功

	器件状况判别	更换方法	更换后的检验
结构件	变频器的塑料外壳有可能被损坏，视具体情况决定是否更换，结构件的内部安装螺丝如有打滑或生锈等情况，应当予以更换	外壳更换一定要用原装备件，螺丝等结构件则可以用相同规格相同质量的替代产品	螺钉更换以后一定要拧紧，并做满载试验，确保不会因为接触电阻太大而引起发热
操作显示单元	变频器的操作显示单元如果有显示缺失或按键失效的现象，则要予以更换	更换要用原装的产品或兼容的升级替代产品	更换后要上电检查显示和动作是否完全正常
印制线路板	印制线路板原则上不需更换，但如在日常检查中发现有严重发热烧毁的现象，则可以考虑予以更换	在定期检修中最好进行喷膜处理，可以增强抗腐蚀性，增强绝缘性能。在进行喷膜处理时，特别要注意保护好各类接插件口，不要让膜层保护剂喷入，以免引起接触不良。具体做法，接插件口可先用遮盖剂或塑料胶带遮后再喷膜。更换一定要用原装备件	更换后要做满载试验1小时，一切正常才能确认更换成功

二、引发变频器故障的外部因素

1. 外部的电磁感应干扰

如果变频器周围存在干扰源，干扰源将通过辐射或电源线、信号线侵入变频器内部，引起控制回路误动作，造成变频器工作不正常或停机，严重时甚至损坏变频器。提高变频器自身的抗干扰能力固然重要，但由于受装置成本限制，在外部采取噪声抑制措施，消除干扰源显得更合理和必要。以下几项是对造成变频器控制回路误动作的电磁干扰实施的具体措施。

(1) 变频器周围所有继电器、接触器的电磁线圈上需加装防止冲击电压的吸收装置，如 RC 吸收器。

(2) 尽量缩短控制回路的配线距离，并使其与主回路线路隔离。

(3) 指定采用屏蔽线的回路，必须按规定实施，若线路较长，应采用合理的中继方式。

(4) 变频器接地端子应按规定要求接地，不能与动力回路的接地混用。

(5) 变频器输入端安装噪声滤波器，避免由电源进线引入干扰。

2. 安装环境

变频器属于电力电子器件装置，在其规格书中有详细安装使用环境要求。在特殊情况下，若确实无法满足这些要求，必须尽量采用相应抑制措施。

(1) 振动是对电力电子器件造成机械损伤的主要原因，对于振动冲击较大的场合，应采用橡胶等减振措施。

(2) 潮湿、腐蚀性气体及尘埃等将腐蚀电力电子器件，造成电力电子器件性能下降、接触不良、绝缘性能降低而形成短路，作为防范措施，应对控制板进行防腐防尘处理，变频器柜应采用封闭式结构。

（3）温度是影响电力电子器件寿命及可靠性的重要因素，特别是半导体器件，若开关器件结温超过规定值将立刻造成开关器件损坏，因此应根据变频器要求的环境条件安装空调或避免日光直射，并定期检查变频器的空气滤清器及冷却风扇。

（4）对于特殊的高寒场合，为防止变频器内的微处理器因温度过低而不能正常工作，应采取设置柜内加热器等必要措施。

3. 电源异常

电源异常表现为各种形式，常见的有缺相、电压波动、停电等。有时也出现它们的混合形式。引发这些异常现象的主要原因多半是输电线路遭受风、雪的侵袭和雷击，有时是由于同一供电系统内出现对地短路及相间短路。电源系统除电压波动外，有些电网或自行发电单位也会出现频率波动，并且这些现象有时在短时间内重复出现，为保证变频器正常运行，对变频器供电电源有以下要求。

（1）如果附近有直接启动的电动机和电弧炉等设备，为防止这些设备投入时造成的电压降低，变频器的供电系统应与其分离，以减小相互影响。

（2）对于要求瞬时停电后仍能继续运行的场合，除选择合适规格的变频器外，还应预先考虑系统的降速比。变频器和外部控制回路应采用瞬停补偿方式，当电压恢复后，通过速度追踪和测速电动机的检测来防止在系统加速中的过电流。

（3）对于要求必须连续运行的传动系统，要对变频器加装自动切换的不间断电源装置。

（4）电源系统应有缺相报警装置，虽然二极管输入及使用单相控制电源的变频器，在缺相状态也能继续工作，但在电源缺相时，整流器中个别器件电流过大及电容器的脉冲电流过大，若长期运行将对变频器的寿命及可靠性造成不良影响，在变频器的电源回路应设有缺相保护。

4. 雷击、感应雷电

雷击或感应雷击形成的冲击电压有时也能造成变频器损坏，此外，当电源系统一次侧带有真空断路器时，断路器在开断过程中也可能产生较高的操作过电压，由真空断路器操作产生的"操作过电压"将通过电磁耦合在变压器的二次侧形成很高的电压冲击尖峰，直接威胁变频器的安全运行。图 3-3 所示为电源电压冲击示意图。为防止因冲击电压造成过电压损坏变频器，应在变频器输入端采取抑制或吸收过电压的措施，具体如下。

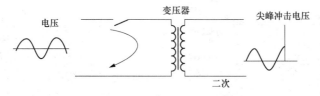

图 3-3　电源电压冲击示意图

（1）通常是在变频器的输入端加压敏电阻等吸收器件，保证输入电压不高于变频器主回路所允许的最高电压，如图 3-4 所示。

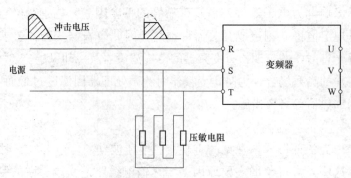

图 3-4　在变频器的输入端加压敏电阻

（2）当使用真空断路器时，应在真空断路器断口处装设 RC 浪涌吸收器或氧化锌避雷器。

（3）在变频器的控制时序上，保证真空断路器动作前先将变频器电源开关断开。

5. 电源高次谐波

目前在电力系统中有大量非线性负载（如整流器、电弧炉、高压灯具等），致使在供电网络中存在着高次谐波电流和电压闪变，而变频器自身也是高次谐波的发生源，其产生的高次谐波会对电源系统产生严重影响，为此，为了抑制供电网高次谐波电流和电压闪变对变频器的影响，同时抑制变频器产生高次谐波电流影响供电网中的其他用电设备，通常采用以下处理措施。

（1）采用专用变压器对变频器供电，以使其与其他用电设备有电的隔离。

（2）在变频器输入侧加装滤波电抗器或采用多相整流桥回路，降低变频器产生高次谐波的分量，输入侧接线图如图 3-5 所示。

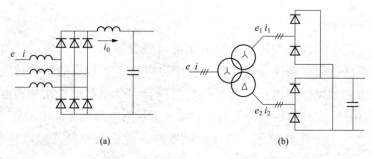

图 3-5　输入侧接线图

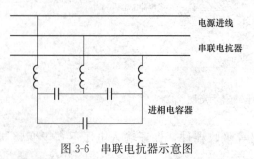

图 3-6　串联电抗器示意图

（3）对于有进相电容器的系统，因高次谐波电流将使电容电流增加造成发热严重，必须在电容前串接电抗器，以减小谐波分量，如图 3-6 所示。要对电抗器的电感合理分析计算，避免形成 LC 振荡。

6. 电动机温度过高

对于采用通用电动机的变频调速系统，

由于自冷电动机在低速运行时冷却能力下降造成电动机过热。此外，因为变频器输出波形中含有的高次谐波将增加电动机的铁损和铜损，因此在确认电动机的负载状态和运行范围之后，应采取以下的相应措施。

（1）对电动机进行强冷通风或提高电动机规格等级。

（2）更换变频专用电动机。

（3）限定运行范围，避开低速区。

7. 振动、噪声

振动通常是由于电动机的脉动转矩及机械系统的共振引起的，特别是当脉动转矩与机械共振频率恰好一致时更为严重。噪声通常分为变频器噪声和电动机噪声，在分清噪声性质后应采取以下不同的处理措施。

（1）变频器在调试过程中，在保证控制精度的前提下，应尽量减小脉冲转矩成分。

（2）共振。在调试中确认机械共振点，利用变频器的频率屏蔽功能，使这些共振点排除在运行范围之外。

（3）变频器噪声。由于变频器噪声主要有冷却风机、电抗器产生，应选用低噪声器件。

（4）在电动机与变频器之间合理设置交流电抗器，减小因 PWM 调制方式造成的高次谐波。

8. 高频开关形成的尖峰电压对电动机的影响

在变频器的输出电压中含有高次谐波冲击电压，这些高次谐波冲击电压将使电动机绕组的绝缘强度降低，尤其以 PWM 控制型变频器更为明显，对此应采取以下措施。

（1）尽量缩短变频器到电动机的配线距离。

（2）采用阻断二极管或浪涌电压吸收装置对变频器输出的电压进行处理。

（3）对 PWM 型变频器应尽量在电动机输入侧加装如图 3-7 所示的滤波器，图 3-7（b）所示为无滤波器时变频器的输出电压波形，在输出电压波形的上升沿有着明显的冲击电压，若不采取抑制措施很容易造成电动机绝缘损伤。

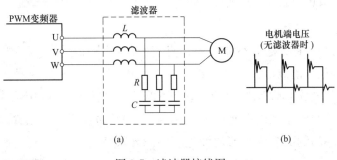

图 3-7　滤波器接线图

3.1.2　变频器故障的自诊断与测试

一、变频器的故障自诊断

由于电子元器件制造技术、功率半导体技术及微处理器技术的迅速发展，变频器内部都设置了完善的自诊断及故障防范功能，对变频器内部整流、逆变部分，CPU及外围电路与电动机等故障进行保护。变频器内主功率器件的自保护是变频器主功率器件工作不正常而发生的自我保护，很多原因都会导致自保护。自保护发生时，变频器的逆变器部分已经流过了不适当的大电流，电流在很短的时间内被检测出来，并在没有使功率器件损坏前发出保护控制信号，停止功率器件继续被驱动继而产生大电流，从而保护功率器件，也有因过热使热敏元器件动作而发生的自保护。自保护发生的现象一般有：一通电就自保护；运行一段时间发生自保护；不定期出现自保护。自保护发生时应检查以下器件是否损坏并作相应处理。

（1）功率模块（开关功率器件）是否已损坏。

（2）驱动集成电路、驱动光耦是否已损坏。

（3）由功率开关器件（IGBT）集电极到驱动光耦传递电压信号的高速二极管是否损坏。

（4）因逆变模块过热造成热继电器动作，这类故障一般冷却后可复位，在冷却后自保护不发生，可再运行。对此要改善冷却通风，找到引起过热的原因。

变频器在保护跳闸后故障复位前，将一直显示故障信息。根据故障指示信息确定故障原因，可缩小故障查找范围，大大减少故障查找时间。图3-8所示的为变频器故障解析流程图，由图3-8可知，如果使用矢量控制变频器中的"全领域自动转矩补偿功能"，其中"启动转矩不足""环境条件变化造成出力不足"等故障原因将得到很好的克服。该功能是利用变频器内部的微处理器的高速运算，计算出当前时刻所需要的转矩，迅速对输出电压进行修正和补偿，以抵消因外部条件变化而造成的变频器输出转矩变化。

目前变频器的软件开发更加趋于完善，可以预先在变频器的内部设置各种故障防止措施，并使故障化解后仍能保持继续运行，如：①对自由停车过程中的电动机进行再启动；②对内部故障自动复位并保持连续运行；③负载转矩过大时能自动调整运行曲线，避免过载保护动作；④能够对机械系统的异常转矩进行检测。

二、变频器测试

1. 变频器的静态测试

变频器静态测试主要是对整流电路、直流中间电路和逆变电路中的大功率晶体管（功率模块）的一般性能测试，测试工具主要是万用表。整流电路的测试主要是对整流二极管的正反向电阻测试，以判断整流二极管的好坏，当然还可以用绝缘电阻表来测试，但应根据二极管的耐压等级选择绝缘电阻表，以免电压过高损坏二极管。

直流中间电路的测试主要是对滤波电容器的容量及耐压的测量，并观察电容器上的安全阀是否爆开，有否漏液现象等来判断电容器的好坏。功率模块的测试主要是对功率模块内的续流二极管的好坏进行判断，对于IGBT模块还需判断在有触发电压的情况下能否导通和关断。

2. 变频器的动态测试

在静态测试结果正常以后，方可进行动态测试，即上电测试。在上电前必须注意以下几点。

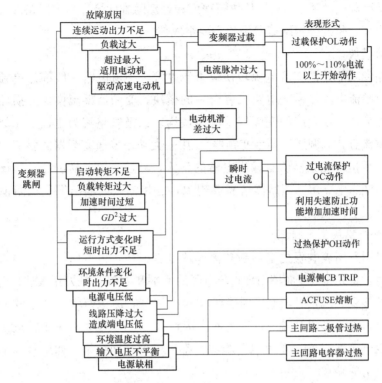

图 3-8　变频器故障解析流程图

（1）上电之前，须确认输入电压是否有误。

（2）检查变频器各接口是否已正确连接，连接是否有松动，连接异常有时可能导致变频器出现故障。

上电后检测故障显示内容，并初步判定故障及原因。如未显示故障，首先检查参数是否有异常，并将参数复归后，在空载（不接电动机）情况下启动变频器，并测试 U、V、W 三相输出电压值。如出现缺相、三相不平衡等情况，则可初步判断模块或驱动板等有故障。在输出电压正常（无缺相、三相平衡）的情况下，带载测试，测试时应在满负载的条件下进行测试。

3.2　变频器故障分析

3.2.1　变频器主回路故障分析

变频器主回路主要由三相或单相整流模块、平波电解电容器、滤波电容器、IPM 逆变桥、限流电阻、接触器等元器件组成。其中对变频器寿命最有影响的是平波电解电容器，它的寿命主要由加在其两端的直流电压和内部温度所决定。在主回路设计时已经根据电源电压选定了电容器的型号，所以内部的温度对电解电容器的寿命起决定作用。

根据对变频器实际故障发生次数和停机时间统计，主电路的故障率占 60% 以上；运行参数设定不当，导致的故障占 20% 左右；控制印制电路板出现的故障占 15%；操作失误和外部异常引起的故障占5%。从故障程度和处理困难性统计，主回路故障发生必然造成元器件的损坏，是变频器维修费用的主要组成部分。

一、整流模块

整流电路的功能是把交流电源转换成直流电源，整流电路一般都是单独的一块整流模块，但也有整流电路与逆变电路二者合一的模块。变频器整流模块的损坏也是变频器的常见故障之一，早期生产的变频器整流模块均以二极管整流为主，目前部分整流模块采用晶闸管整流方式（调压调频型变频器）。中、大功率普通变频器的整流模块一般为三相全波整流，承担着变频器所有输出电能的整流，易过热，也易击穿，其损坏后一般会出现变频器不能送电、熔断器熔体熔断等现象，三相输入或输出端呈低阻值（正常时其阻值达到兆欧以上）或短路。

1. 判断整流模块是否损坏

在静态可用万用表电阻挡来判断整流模块是否损坏，也可以用电压表来测试。在测试整流电路时，首先找到变频器内部直流电源的 P 端和 N 端，把万用表选择开关置到 $R \times$ 10 挡，红表笔接到 P 端，黑表笔分别接到 R、S、T 端，应该有大约几十欧的电阻值，且基本平衡。将黑表笔接到 P 端，红表笔依次接到 R、S、T 端，有一个接近于无穷大的电阻值。将红表笔接到 N 端，重复以上步骤，都应得到相同结果。如果有以下结果，可判定整流电路已出现异常。

（1）所测得的电阻值三相不平衡，可初步判断整流模块有故障。

（2）红表笔接 P 端时，所测得的电阻值无穷大，可以判定整流模块有故障或启动电阻出现故障。

有的变频器整流电路的上半桥为晶闸管，下半桥为二极管。判断晶闸管好坏的简易方法是在控制极加上直流电压（10V 左右）看它正向能否导通，这样可基本能判断出晶闸管的好坏。整流模块只要有一相损坏，就应更换。

2. 整流模块损坏的原因

（1）器件本身质量不好。

（2）后级电路的逆变功率开关元器件损坏，导致整流模块流过短路电流而损坏。

（3）电网电压太高，电网遇雷击和过电压浪涌。电网内阻小，用于过电压保护的压敏电阻已经烧毁不起作用，导致全部过电压加到整流模块上。

（4）变频器与配电变压器的距离太近，中间线路的阻抗很小，变频器没有安装直流电抗器和输入侧交流电抗器，使整流模块处于电容滤波的高幅度尖脉冲电流的冲击状态下，使整流模块损坏。

（5）三相输入缺相，使整流模块负担加重而损坏。

3. 更换新的整流模块

找到引起整流模块损坏的根本原因并消除后，才能更换新的整流模块，以防止换上新整流模块又发生损坏。更换新整流模块时要确保焊接可靠。确保与周边元器件的电气安全间距，安装螺栓要拧紧，防止因接触电阻大而发热。整流模块与散热器之间要涂硅脂以降低热阻。对并联的整流模块要用同一型号、同一厂家的产品，以避免因电流不均匀而损坏。

二、充电电路故障

通用变频器一般为电压型，当变频器刚上电时，由于直流侧的平波电容容量非常大，充电电流很大，通常采用一个启动电阻来限制充电电流，常见的变频启动电路如图 3-9 所示。平波电容充电完成后，控制电路通过继电器触点或晶闸管将电阻短路，变频器启动电路故障一般表现为启动电阻损坏，变频器故障信息显示为直流母线电压故障，变频器启动电阻的阻值为 $10\sim50\Omega$，功率为 $10\sim50\mathrm{W}$。导致变频器启动电阻损坏的原因如下。

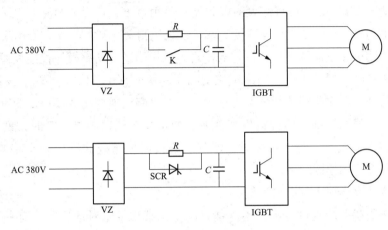

图 3-9　变频启动电路

（1）变频器的交流输入电源频繁接通。

（2）旁路接触器的触点接触不良或旁路晶闸管的导通阻值变大时。

（3）主回路接触器吸合不好造成通流时间过长或充电电流太大。

（4）在变频器重载启动时，主回路通电和 RUN 信号同时接通，使启动电阻既要通过充电电流又要通过负载电流而被烧坏。

启动电阻损坏的特征表现为烧毁、外壳变黑、炸裂等，可采用万用表测量其电阻值来判断其是否正常（不同型号、容量变频器的启动电阻的阻值不同，检测可参考同型号、同容量变频器的启动电阻的阻值）。测量启动电阻的阻值为零、无穷大或不在额定值范围内时，可确定启动电阻损坏，可采用同规格的电阻进行更换，在更换前必须找出引起启动电阻损坏的原因。如果故障是由旁路继电器触点或旁路晶闸管引起，则必须更换这些器件。

三、逆变功率模块

逆变电路同整流电路相反，逆变电路以所确定的时间使上桥、下桥的功率开关器件导通和关断，将直流电压变换为所要频率的交流电压。逆变电路通常采用 IGBT 模块（早期生产的变频器为 GTR 等功率模块），逆变功率模块损坏也是变频器常见的故障。

1. 逆变功率模块损坏

大多情况下逆变功率模块损坏会引起驱动电路中的元器件损坏，驱动电路中最容易损坏的器件是稳压管及光耦。反过来如驱动电路的元器件有问题，如电容漏液、击穿、光耦老化，也会导致逆变功率模块损坏或使输出电压不平衡。中、小型变频器一般采用一组逆变功率模块；大容量变频器则采用多组逆变功率模块并联，故测量检查时应分别逐一进行检测。逆变功率模块损坏将引起变频器操作控制面板显示"OC"故障信息，并跳停。

以六相逆变功率模块为例，测试方法如下：将负载侧 U、V、W 端的导线拆除，使用万用表的二极管测试挡，红表笔接 P 端（集电极 C1），黑表笔依次测 U、V、W 端，万用表显示数值应为最大；将表笔反过来，黑表笔接 P 端，红表笔测 U、V、W 端，万用表显示数值为 400Ω 左右。再将红表笔接 N 端（发射极 E2），黑表笔测 U、V、W 端，万用表显示数值为 400Ω 左右；黑表笔接 P 端，红表笔测 U、V、W 端，万用表显示数值为最大。各相之间的正反向特性应相同，若出现差别说明逆变功率模块性能变差。

用万用表的红、黑两表笔分别测试逆变功率模块的 IGBT 栅极 G 端与发射极 E 端之间的正反向特性，两次所测的数值都为最大，这时可判定逆变功率模块内的 IGBT 栅极正常。如果有数值显示，则说明栅极性能变差。当正反向测试结果为零时，说明所检测的一相栅极已被击穿短路，栅极损坏时，印制电路板保护栅极的稳压管也将被击穿损坏。逆变功率模块损坏的原因如下。

（1）逆变功率模块本身质量不好。

（2）外部负载有严重过电流、不平衡、电动机某相绕阻对地短路、有一相绕阻内部短路、负载机械卡住、相间击穿、输出电路有相间短路或对地短路。

（3）负载上接有电容性的负载或因布线不当对地电容太大，使逆变功率模块中功率开关管有冲击电流。

（4）电网电压太高或有较强的瞬间过电压，造成过电压损坏。

（5）逆变功率模块中功率开关管的过电压吸收电路损坏，造成不能有效吸收过电压而使逆变功率模块损坏。

（6）滤波电容日久老化，容量减少或内部电感变大，对直流母线的过电压吸收能力下降，造成直流母线上电压过高而损坏逆变功率模块。

（7）变频器内部某组电源，特别是逆变功率模块驱动级的电源损坏、改变了输出值、或两组电源间绝缘被击穿。逆变功率模块的前级光电隔离器件因击穿导致功率器件击穿，或因印制板电路板上隔离器件部位因尘埃、潮湿造成打火击穿，导致逆变功率模块损坏。

（8）不适当的操作或产品设计软件中有缺陷，在干扰和开机、关机等不稳定情况下引起逆变功率模块中上下两功率开关元器件瞬间同时导通。

（9）雷击、水入侵、异物进入、检查人员误碰等意外。

（10）前级整流模块损坏，主电路前级进入了交流电，造成逆变功率模块损坏。

（11）在更换逆变功率模块时，因没有静电防护措施，在焊接操作时损坏逆变模块。或因维修中散热、紧固、绝缘等处理不好，导致短时使用就损坏。并联使用的逆变功率模块的型号、批号不一致，导致各并联元器件电流不均而损坏。

（12）变频器内部保护电路（过电压、过电流保护）的某元器件损坏，失去保护功能。

只有查到逆变功率模块损坏的根本原因，并首先消除再次损坏的可能，才能更换逆变功率模块。否则，换上的新逆变功率模块会再损坏。逆变功率模块内的 IGBT 同绝缘栅场效应管一样要避免静电损坏，在装配焊接中防止损坏的根本措施是把被要维修的变频器、逆变功率模块、电烙铁、人、操作工作台垫板等全部用导线连接起来，并可靠接地，保证在同一电场电位下进行操作。特别是电烙铁头上不能带有市电高电位，示波器电源要用隔离良好的变压器隔离。逆变功率模块在未使用前要保持模内的中 IGBT 栅极 G 与发射极 E 接通，不得随意去掉器件出厂前的防静电保护 G、E 被连通措施。

在逆变功率模块与散热器之间涂导热硅脂时，应保证厚度为 0.1～0.25mm，接触面 80% 以上，紧固力矩按紧固螺钉大小施加（M413kg/cm、M517kg/cm、M622kg/cm），以确保逆变功率模块散热良好。再装配时应处理好装配上的各类技术措施，不得简化、省略。如输入的双绞线、各电极连接的电阻阻值，绝缘件、吸收板或吸收电容都要维持原样，要对作了修复的驱动印制板电路板进行清洁，做防止爬电的涂漆处理，以保证绝缘可靠。注意不要少装和错装元器件。并联的逆变功率模块要求型号、编号一致，在编号无法一致时，要确保被并联的全部逆变功率模块性能相同。

2. 逆变功率模块质量差

判定逆变功率模块的质量也是维修变频器关键，首先要看逆变功率模块是否被拆开过（看外观痕迹），现在有很多逆变功率模块是维修的，参数正常但质量很差，耐压值是最重要的参数，可用耐压表测量，变频器的输入电压为 380V 的逆变功率模块耐压值要大于 1000V，输入电压为 220V 的耐压值要大于 600V。对于 IPM 模块，可用与逆变功率模块相同的方法确认。但是，IPM 有半坏半不坏的情况，而这用万用表难以测出，故出现下述情况，可认为是 IPM 故障。

（1）在输出（U、V、W）端处于开路状态下运行，操作控制面板显示"0CA""0Cn""0Cd"故障信息，并停止运行时。

（2）检测输出电压（U-V、V-W、W-U）是否极端不平衡（检测输出电压应选用整流型电压表）。

（3）输出电压波形（U-V、V-W、W-U）不正常。

（4）关闭输入电源，在确认充电灯熄灭后，将输出（U、V、W）置于开路，用万用表测量，在发现 P+(U、V、W) 或 N-(U、V、W) 间的任意一处，发生短路或断路时。

四、电解电容器

电解电容器相对温度的劣化特性直接影响到变频器的寿命，电解电容器相对温度的劣化特性如图 3-10 所示。变频器的工作温度每上升 10℃，电容器的寿命减半，这是因为电解电容器内部的化学反应随着温度的升高导致劣化速度加快。电容器的劣化速度与材料温度的关系遵循阿伦尼乌斯电离理论（电解液理论），电解电容器的内部温度实际上是电容器周围环境温度与脉动电流造成的温度之和。因此，一方面应该在安装时考虑适合的环境温度，另一方面可以采取一些措施减小脉动电流，如增设直流电抗器来减小脉动电流，从而延长电解电容器的寿命。另外，当变频器在递减转矩负载上使用时，由于脉动电流被大幅度降低，对电解电容器寿命的延长也有明显作用。

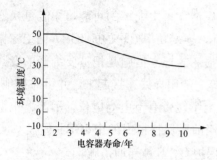

图 3-10　电解电容器相对温度的劣化特性

在电容器劣化过程中，会出现电容量减小，漏电流增大，等价电阻值增大，tanδ 值增大等现象。维护保养时通常测量电容量来判断电解电容器的劣化情况，当电容量低于初期值的 80%，绝缘阻抗在 5MΩ 以下时应考虑更换电解电容器。

1. 引起电解电容器损坏的原因

（1）电解电容器本身质量不好（耐压不足，含有氯离子等杂质，结构不好，寿命短），电解电容器质量不好的表现有漏液、漏电流大、损耗大、发热、鼓包、炸裂，由炸裂引起燃烧、容量下降，内阻及电感增加等。

（2）滤波前的整流模块损坏，有交流电直接进入了电解电容器。

（3）分压电阻损坏，分压不均造成某只电解电容器首先击穿，随后发生相关的其他电解电容器也被击穿。

（4）电解电容器安装不良，如外包绝缘损坏，外壳连到了不应有的电位上，电气连接处接触不良，发热而损坏。

（5）散热环境不好，使电解电容器温升太高，日久而损坏。

2. 电解电容器故障检查方法

（1）外观检查。铝壳鼓包，塑料外套管裂开，流出了电解液、保险阀开启或被压出，小型电解电容顶部分瓣裂开，接线柱严重锈蚀，盖板变形、脱落。

（2）用万用表测量开路或短路，容量明显减小，漏电严重（用万用表测最终稳定后的阻值较小）。

3. 更换电解电容器

更换滤波电解电容器最好选择与原来相同的型号，在一时不能获得相同的型号替代时，必须注意电解电容器的耐压、漏电流、容量、外形尺寸、极性、安装方式，并选用能承受较大纹波电流的长寿命的品种。在更换拆装过程中，注意电气连接（螺接和焊接）牢固可靠，正负极不得接错，固定用卡箍要能牢固固定电解电容器，并不得损坏电容外绝缘包皮，分压电阻照原样接好，并测一下电阻值，应使分压均匀。

已放置一年以上的电解电容器应测漏电流值，不得太大，装上前先加直流电进行老化试验，直流电压先加低一些，当漏电流减小时，再升高电压，最后在额定电压时，漏电流值不得超过标准值。

因电解电容器的尺寸不合适，而维修替换的电解电容器只能装在其他位置时，必须注意从逆变模块到电解电容器的母线不能比原来的母线长，两根＋、－母线包围的面积必须尽量小、最好用双绞线方式，这是因为电解电容器连接母线延长或＋、－母线包围面积大会造成母线电感增加，引起功率模块上的脉冲过电压上升，造成功率模块或过电压吸收器件损坏。可选用高频高压浪涌吸收电容用短线加装到逆变模块上，吸收母线的过电压，弥补因电解电容器连接母线延长带来的危害。

3.2.2　变频器辅助控制电路故障分析

通常把变频器的驱动电路、保护信号检测电路、控制电路、脉冲发生及信号处理电路等称为辅助电路，辅助电路发生故障的原因较为复杂，除固化程序丢失或集成电路损坏（这类故障的处理一般只能采用整体更换控制板或集成电路的方法）外，其他故障较易判断和处理。

一、驱动电路故障

变频器驱动电路的核心元器件是驱动 IC，常用型号有 TLP250、A3120、PC923、PC929、A316J 等。驱动 IC 实质上是光耦器件的一种，采用光耦器件的目的是实现对输入、输出侧不同供电回路的隔离；输出侧有一定的功率驱动能力，即兼有电气隔离和功率放大两种作用。

驱动电路发生故障一般有明显的损坏痕迹，诸如器件（电容、电阻、三极管及印制板等）爆裂、变色、断线等异常现象，但不会出现驱动电路全部损坏情况。处理方法一般是按照原理图对每组驱动电路逐级逆向检查、测量、替代、比较；或与另一块正品（新的）驱动板对照检查、逐级寻找故障点。处理故障时首先对驱动电路板清灰除污，如发现驱动电路断线，则作补焊处理；对怀疑的元器件，采用测量、对比、替代等方法进行判断，有的器件需要离线测定。驱动电路修复后，还要应用示波器观察各组驱动电路信号的输出波形，如果三相脉冲大小、相位不相等，则说明驱动电路仍然有异常处（更换的元器件参数不匹配，也会引起这类现象），应重复检查、处理。

造成驱动电路损坏的原因有各种各样的，一般来说出现的问题无非是 U、V、W 三相无输出、输出不平衡，或者输出平衡但是在低频时抖动，还有启动报警等。当变频器的快速熔断器熔体或是逆变功率模块损坏的情况下，驱动电路基本都不可能完好无损，切不可换上好的快速熔断器熔体或者逆变功率模块就给变频器上电，这样很容易造成刚换上的好的器件再次损坏。这时应该着重检查驱动电路上是否有打火的痕迹，这里可以先将逆变功率模块的驱动脚连线拔掉，用万用表电阻挡测量 6 路驱动电路是否阻值都相同，如果 6 路阻值都基本相同还不能完全证明驱动电路是完好的，还需要使用示波器测量 6 路驱动电路上的电压，看给定一个启动信号时 6 路驱动电路的波形是否一致。也可以使用数字式万用表测量驱动电路 6 路的直流电压，一般来说，未启动时每路驱动电路上的直流电压约为 10V，启动后的直流电压为 2～3V，如果测量结果一切正常的话，基本可以判断此驱动电路是好的。接着可将逆变功率模块连接到驱动电路上，为了可靠应将逆变功率模块的 P 端从直流母线上断开，中间接一组串联的灯泡或一个大功率电阻，这样能在电路出现大电流的情况下，保护逆变功率模块不被大电容的放电电流损坏。

二、开关电源电路故障

开关电源损坏是变频器最常见故障，通常是由于开关电源的负载发生短路造成的，开关电源损坏的一个比较明显的特征就是变频器通电后操作控制面板无显示。变频器内的开关电源电路采用两级降压的工作原理是：将主直流回路的直流电压（500V）降为300V 左右，然后再经过一级开关降压后输出 5V、24V 等多路电源。开关电源的损坏常见的有开关管击穿，脉冲变压器烧坏，以及二次输出整流二极管损坏，滤波电容使用时间过长，导致电容特性变化（容量降低或漏电电流较大），稳压能力下降，也容易引起开关电源的损坏。开关电源损坏的原因如下。

（1）环境恶劣，由灰尘、水气等造成绝缘损坏。开关电源因局部高温已使印制电路板深度发黄、碳化或印制线损坏，印制电路板的绝缘和覆铜箔、导线已不能使用时，只能整体更换该印制电路板。查出损坏的元器件后，更换的新元器件型号应与原型号一致，在不能一致时，要确认元器件的功率、开关频率、耐压以及尺寸能否安装上，并要与周边元器件保持绝缘间距。

（2）元器件本身寿命问题，特别是开关管或开关集成电路因电流电压负担大，更易损坏。

（3）开关变压器的绕组长期在高温下使用出现发黄、焦臭、变压器绕组间有击穿，特别是开关变压器的高压线圈有断线、骨架有变形和跳弧痕迹，开关变压器绕组的导线因氧化、助焊剂腐蚀而日久断路。

（4）开关电源变压器本身漏感大，运行时一次绕组的漏感造成过电压，若吸收元器件（阻容元器件、稳压管、瞬时电压抑制二极管）在吸收过电压能量时发生严重过载，时间一长吸收元器件就容易损坏。

三、反馈、电流检测电路故障

在使用变频器过程中，经常会碰到变频器无输出现象，驱动电路损坏、逆变模块损坏都有可能引起变频器无输出，此外输出反馈电路出现故障也能引起此类故障现象。在实际检修中遇到变频器有输出频率，没有输出电压（实际输出电压非常小，可认为无输出），这时则应考虑一下是否是反馈电路出现故障所致。在反馈电路中用于降压的反馈电阻是较容易出现故障的元器件之一。电流检测电路的损坏也将导致变频器操作控制面板显示"OC"故障信息，并使变频器跳停。检测电流的霍尔传感器由于受温度、湿度等环境因素的影响，工作点容易发生飘移，导致变频器操作控制面板显示"OC"故障信息，并使变频器跳停。

四、欠电压检测电路故障

欠电压故障发生的主要原因是快速熔断器或整流模块损坏，以及电压检测电路损坏。电压检测采样信号是从主直流回路直接取样，经高阻值电阻降压，并通过光耦隔离后送到CPU处理，由高低电平判断是欠电压还是过电压，对于欠电压故障，在检查快速熔断器或整流模块正常时，可判断故障出现在电压检测电路，应对电压检测电路的取样电阻和光耦进行检查。

五、参数设置类故障

一旦发生了参数设置类故障，变频器就不能正常运行，最好把变频器所有参数恢复到出厂值，然后按照使用说明书参数设置步骤重新设置相关参数。对于不同型号的变频器其参数恢复方式也不尽相同。参数设置类故障常出现在恒转矩负载的变频调速系统中，遇到此类问题时应重点检查加、减速时间设定或转矩提升设定值。

六、印制电路板

一般变频器上的印制电路板主要有开关电源板、IPM 板（驱动板、缓冲板、过电压、缺相检测板）、主控板、显示板等，印制电路板影响变频器寿命的因素有：开关电源板的平波电容器和 IPM 板中的缓冲电容器的寿命特性，平波电容器和缓冲电容器中通过的脉动电流是一定的，基本不受主回路负载的影响，故其寿命主要由温度和通电时间决定。与主回路不同的是，由于平波电容器和缓冲电容器都焊接在印制电路板上，通过测量静电容量来判断其性能劣化情况是比较困难的，一般根据环境温度以及通电使用时间来推算是否接近年限，确定是否需要更换新板。

控制电路板是变频器的核心，它集中了中央微处理器、高速数据处理器、ROM、RAM、EEPROM 等大规模集成电路，由于采用 SMT 贴片技术，具有很高的可靠性，本身出现故障的概率极小，只有在应用中的误操作，使启动时使全部控制端子同时闭合，从而使变频器操作控制面板上显示 EEPROM 故障信息，此时只要对 EEPROM 重新置位就可以消除。需要注意的是，由于集成芯片的各引脚之间的距离极小，尤其要注意防止金属屑掉入，在粉尘大、湿度大的场合要注意除尘。

开关电源板提供变频器逻辑控制电源、控制端子用电源、IPM 驱动用电源和操作控制显示板电源以及风扇用电源，这些电源都是从主电路的直流电压取出后经开关变换后由变压器输出再经整流得到的。因此，某一路电源短路除了使本路的整流电路受损外，还可能影响其他部分的电源，如由于误操作将本机提供的控制端子用 24V 电源与公共地短接，致使电源电路板上的变压器或开关电源部分损坏；风扇电源的短路导致其他电源掉电等，一般通过观察开关电源板的外观就比较容易发现。

IPM 电路板包含驱动和缓冲电路以及过电压、缺相等保护电路。从逻辑控制板来的PWM 信号通过光耦将电压驱动信号输入 IPM 模块，所以在静态测试中，在检测模块的同时，还应测量 IPM 电路板上光耦，以判断 IPM 电路板是否正常。

排除了主回路器件的故障后，如还不能使变频器正常工作，最为简单有效的判断是拆下印制电路板看一下正反面是否有明显的印制线变色、局部烧毁。根据变频器故障表现特征，使用替换法判断哪块印制电路板有故障。对吸收板、GE 板、风扇电源板等，因电路简单可用万用表迅速查出故障。

在有电路图时，可按图检查印制电路板各电源电压，用示波器检查各点波形，先从后级逐渐往前级检查，在没有电路图时，采用比较法对相同电路部分进行比较。印制电路板损坏的原因如下。

（1）元器件本身质量和寿命造成的损坏，特别是功率较大的器件损坏的概率更大。

（2）元器件因过热或过电压损坏，变压器断线、电解电容干枯、漏电、电阻因长期高温而变值。

（3）因环境温度、湿度、水露、灰尘引起印制电路板腐蚀而导致绝缘击穿漏电等损坏。

（4）因模块损坏导致驱动板上的元器件和印制线损坏。

（5）因接插件接触不良、微处理器、存储器受干扰、晶振失效。

（6）原有程序因用户自行调乱，不能工作。

操作控制显示面板包含参数设定和显示接口电路，以及发光二极管或液晶显示屏。接口电路内的 IC 芯片和辅助回路一般不易出现故障，只有当发光二极管变暗或显示出现缺损，液晶显示屏的显示明显变淡时才需更换新的操作控制显示面板，这些故障一般不会对变频器整机的运行造成致命的影响。

印制电路板表面都有防护漆等涂层，检测时要仔细用针状测笔接触到被测金属，防止误判。由于元器件过热和过电压容易造成元器件损坏，应首先检查开关电源的开关管、开关变压器、功率器件、脉冲变压器、高压隔离用的光耦、过电压吸收或缓冲吸收板上的元器件、充电电阻、场效应管或 IGBT、稳压管或稳压集成电路。

印制电路板的更换会有版本不同的问题，在确定要更换印制电路板时，要检查印制电路板的板号标识是否一致，如不一致则需要制造商的技术指导。微处理器编号不一样内部的程序就不一样，在使用中某些项目的表现可能会不一样，因此，使用中如确认程序有问题，应向制造商询问。

印制电路板维修后要通电检查，此时不要直接给变频器主回路上电，而要使用辅助电源对印制电路板加电，并用万用表检查各电压、用示波器观察波形，确认完全无误后才能给主回路上电调试变频器。

七、变频器的冷却系统

变频器的冷却系统主要包括散热片和冷却风扇，冷却风扇是工作寿命比较短的器件，临近工作寿命时，风扇产生振动，噪声开始增大，最后停转，导致变频器的逆变功率模块无法散热，导致变频器 IPM 过热保护跳闸。其原因是风扇的轴承寿命较短，因此在风扇出现上述异常或风扇到达一定的运行时间后就应考虑更换新的风扇。

为了尽可能地延长风扇的寿命，一些变频器厂家设计的冷却系统只在变频器运行时工作而不是电源开启时运转。风扇损坏的判断方法是：测量风扇电源电压是否正常，如风扇电源不正常首先要处理风扇电源回路的故障；确认风扇电源正常后，风扇若不转或慢速转，则表明风扇已有故障，需更换。风扇的损坏的原因如下。

（1）风扇本身质量不好，线圈烧毁、局部短路，直流风扇的电子线路损坏，风扇引线断路，机械卡死，含油轴承干涸，塑料老化变形卡死。

（2）环境不良，有水气、结露、腐蚀性气体、脏物堵塞、温度太高使塑料变形。

更换的新风扇最好选择与原型号或比原型号性能优良的风扇，同样尺寸的风扇包含不同的风量和风压品种，就同一厂家而言就有多种转速和功率。

风扇在拆卸时要做好记录和标识，防止装回时发生错误。风扇在安装螺钉时，力矩要合适，不要因过紧而使塑料件变形和断裂，也不能太松而因振动松脱。风扇的风叶不得碰风罩，更不得装反。选用风扇时注意风扇的轴承，滚珠轴承风扇寿命比含油轴承风扇的机械寿命长，就单纯轴承寿命而言，使用滚珠轴承时风扇寿命会提高 5～10 倍。电源连接要正确良好，转子风叶不得与导线相摩擦，装好后要通电试一下。要及时清理风道和散热片内的堵塞物，不少变频器因风道堵塞而引起过热保护动作，甚至损坏。

3.3　变频器典型故障原因及处理方法

3.3.1　变频器过电流故障原因及处理方法

变频器的过电流故障可分为短路、轻载、重载、加速、减速、恒速过电流，分析变频器出现过电流故障的原因应从外部原因和变频器本身的原因两方面来考虑。变频器常见的 3 类过电流故障如下。

（1）在变频器重新启动时，一升速就跳闸。这是过电流十分严重的现象。主要原因有负载短路，机械部位有卡住；逆变模块损坏；电动机的转矩过小等。

（2）变频器上电就跳。这种现象一般不能复位，主要原因有模块损坏、驱动电路损坏、电流检测电路损坏等。

（3）变频器重新启动时并不立即跳闸，而是在加速时跳闸。主要原因有加速时间设置太短、电流上限设置太小、转矩补偿（U/f）设定较高等。

一、短路故障

变频器的短路故障是最具有危险性的故障，在处理短路故障时应注意观察和分析。变频器过电流保护动作可能在运行过程中发生，但如复位后再启动变频器无时限过电流保护迅速动作，由于保护动作十分迅速，难以观察其电流的大小。如果断开负载变频器过电流保护还是动作，说明故障在变频器内部，应首先检查逆变模块，可以断开输出侧的电流互感器和直流侧的霍尔电流检测点，复位后运行，看是否出现过电流现象，如果出现的话，很可能是 IPM 模块出现故障，因为 IPM 模块内含有过电压、过电流、欠电压、过载、过热、缺相、短路等保护功能，而这些故障信号都是经模块控制引脚的输出引脚传送到微控器的，微控器接收到故障信息后，一方面封锁脉冲输出，另一方面将故障信息显示在操作控制面板上。

如果断开负载变频器运行正常，说明变频器的输出侧短路，如图 3-11 所示。故障可能在变频器输出端到电动机之间的连接电缆发生相互短路，或电动机内部发生短路、接地（电动机烧毁、绝缘劣化、电缆破损而引起的接触、接地等）。

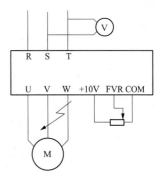

图 3-11　变频器的输出侧短路

变频器检测电路损坏也会在操作控制面板上显示过电流报警，其中霍尔传感器受温度、湿度等环境因素的影响，工作点漂移。若在不接电动机运行的时候变频器的操作控制面板上有电流显示，应测试一下变频器的 3 个霍尔传感器，为确定那一相传感器损坏，可以每拆一相传感器后开一次机，看操作控制面板上是否会有过电流显示，以判断出故障的传感器。

变频器主电路接口板的电流、电压检测通道损坏，也会出现过电流。印制电路板损坏的原因是：环境太差，导电性固体颗粒附着在印制电路板上造成静电损坏，或有腐蚀性气体使电路被腐蚀。印制电路板的零电位与变频器外壳连在一起，由于变频器外壳与柜体是与保护地相连的，保护地上的地电位会影响印制电路板上电路的工作性能。严重时印制电路板的零电位点电位升高，也会造成印制电路板损坏。

二、轻载过电流

变频器的负载很轻却过电流跳闸，这是变频器所特有的故障现象。在U/f控制模式下，存在着一个十分突出的问题是，电动机在变频运行过程中，电动机磁路系统不稳定。造成电动机磁路系统的不稳定的原因如下。

（1）变频器在低频运行（f_X下降）时，由于电压U_X的下降，电阻压降$I_1 r_1$所占比例增加，而反电动势E_1所占的比例减小，E/F值和磁通也随之减小。为了能带动较重的负载，常需要进行转矩补偿（即提高U/f值，也叫转矩提升）。而当负载变化时，电阻压降$I_1 r_1$和反电动势E_1所占的比例、E/F值和磁通量等也都随之变化，而导致电动机磁路的饱和程度也在随负载的轻重而变化。

（2）在进行变频器的功能预置时，通常是以重载时也能带得动负载作为依据来设定U/f值。显然，重载时电流I_1和电阻压降ΔU_r都大，需要的补偿量也大。但这样一来，在负载较轻，I_1和电ΔU_r都较小时，必将引起"过补偿"，导致磁路饱和。

当电动机磁路饱和时，磁通和励磁电流的波形如图3-12所示，由于磁路饱和的原因，磁通波形的上面被"削平"了，变成了平顶波。在图3-12（c）中，励磁电流的波形的横坐标是励磁电流i_0，与磁化曲线的横坐标对应。励磁电流波形的纵坐标是时间t，它和磁通曲线的横坐标相对应。因此，它是由图3-12（a）和图3-12（b）综合绘出的。由图3-12可以看出，励磁电流i_0的波形将发生严重畸变，是一个峰值很高的尖峰波。磁路越饱和，励磁电流的畸变越严重，峰值也越大。

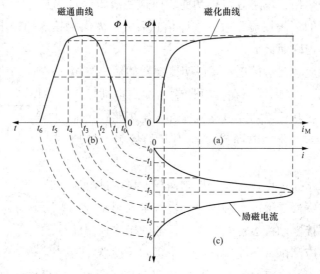

图3-12 磁路饱和时的磁通和励磁电流

由于尖峰波的电流变化率di/dt很大，但电流的有效值不一定很大。结果是往往在负载很轻时导致变频器发生过电流跳闸。这种由电动机磁路饱和引起的过电流跳闸，主要发生在低频、轻载的情况下。

三、重载过电流

重载过电流故障现象表现在有些生产机械在运行过程中负荷突然加重，甚至"卡住"，电动机的转速因带不动而大幅下降，电流急剧增加，过载保护来不及动作，导致过电流跳闸。针对变频器重载过电流故障的解决方法如下。

（1）针对电动机遇到冲击负载或传动机构出现"卡住"而引起的电动机电流突然增加，首先了解机械本身是否有故障，如果有故障，则处理机械部分的故障。对于负载发生突变、负荷分配不均。一般可通过延长加减速时间、减少负荷的突变、外加能耗制动元器件、进行负荷分配设计。

（2）如果变频器重载过电流在正常运行过程中经常出现，则首先考虑能否加大电动机和负载之间的传动比，适当加大传动比可减轻电动机轴上的阻转矩，避免出现带不动负载情况。但这时电动机在最高速时的工作频率必将超过额定频率，其带负载能力也会有所减小。因此，传动比不宜加大得过多。同时还应注意；应根据计算结果重新预置变频器的"最高频率"。若无法加大传动比，则只有考虑增大电动机和变频器的容量。

四、升降速中过电流

当负载的惯性较大，而升速时间或降速时间又设定得太短时，也会引起过电流。在升速过程中，变频器工作频率上升太快，电动机的同步转速迅速上升，而电动机转子的转速因负载惯性较大而跟不上去，结果造成升速电流过大而产生过电流；在降速过程中，降速时间太短，同步转速迅速下降，而电动机转子因负载的惯性大，仍维持较高的转速，这时同样可以使转子绕组切割磁力线的速度太大而产生过电流。针对变频器在升降速过程中的过电流可采取的措施有如下。

（1）若为升速时间设定太短，首先了解根据生产工艺要求是否允许延长升速时间，如允许，则可延长升速时间。

（2）若为减速时间设定太短，首先了解根据生产工艺要求是否允许延长降速时间，如允许，则可延长降速时间。

（3）转矩补偿（U/f 值）设定太大，引起低频时空载电流过大，重新设定转矩补偿参数。

（4）电子热继电器整定不当，动作电流设定得太小，引起变频器误动作，重新设定电子热继电器的保护值。

（5）正确预置变频器的升（降）速自处理（防失速）功能，变频器的升（降）速自处理（防失速）功能如图 3-13 所示。当升（降）电流超过预置的上限电流 I_{set} 时，将暂停升（降）速，待电流降至设定值 I_{set} 以下时，再继续升（降）速。如果采用了自处理功能后，因延长了升、降速时间而不能满足生产机械的要求，则应考虑适当加大传动比，以减小拖动系统的飞轮力矩，如果不能加大传动比，则只能考虑加大变频器的容量。

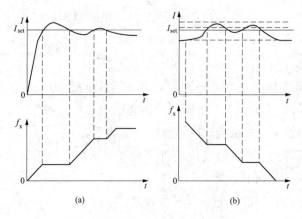

图 3-13　升（降）速自处理功能

（a）升速自处理；（b）降速自处理

五、振荡过电流

变频调速系统振荡过电流一般只在某转速（频率）下运行时发生，发生的主要原因有：电气频率与机械频率发生共振；中间直流回路电容电压的波动；电动机滞后电流的影响及外界干扰源的干扰等。找出发生振荡的频率范围后，可利用跳跃频率功能回避该共振频率。

六、总结

综上所述，过电流故障的判断流程如图 3-14 所示。

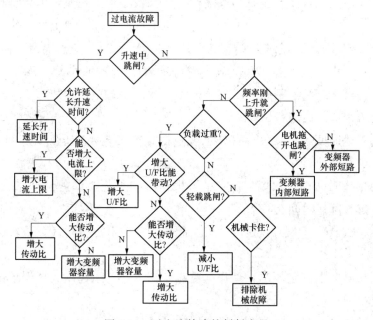

图 3-14　过电流故障的判断流程

3.3.2　变频器过载、过热故障原因及处理方法

一、过载与过电流的区别

过载保护由变频器内部的电子热保护功能承担，在预置电子热保护功能时，应该准

确地预置"电流取用比",即电动机额定电流和变频器额定电流之比的百分数,有

$$I_M = (I_e / I_N) \times 100\% \tag{3-1}$$

式中 I_M——电流取用比;

     I_e——电动机的额定电流,A;

     I_N——变频器的额定电流,A。

变频器过电流和过载的区别如下。

(1) 保护对象不同。通用变频器的过电流保护主要用于保护变频器,而过载保护主要用于保护电动机。因为变频器的容量在选择时比电动机的容量有一定的可靠系数,在这种情况下,电动机过载时变频器不一定过电流。

(2) 电流的变化率不同。过载保护发生在生产机械的工作过程中,电流的变化率 di/dt 通常较小;除了过载以外的其他过电流,常带有突发性,电流的变化率 di/dt 往往较大。

(3) 过载保护具有反时限特性。过载保护主要是防止电动机过热,具有类似于热继电器的反时限特性。即在电动机发生过载时,如果电动机过载电流值与电动机额定电流值相比,超过得不多,则允许电动机运行的时间可以长一些,但如果超过得较多的话,允许运行的时间将缩短,过载保护的反时限特性如图 3-15 所示。此外,由于在频率下降时,电动机的散热状况变差,所以,在同样过载 50% 的情况下,频率越低则允许运行的时间越短。

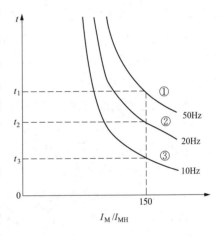

图 3-15   过载保护的反时限特性

过载也是变频器发生比较频繁的故障之一,对于过载故障应首先分析检查是电动机过载还是变频器自身过载,由于电动机过载能力较强,只要变频器参数表的电动机参数设置得当,一般不会出现电动机过载故障。由于变频器的过载能力较差,在运行中容易出现过载报警故障,对此可检测变频器输出电压、电流及电流检测电路。

二、过载保护动作的原因分析

1. 过载的主要原因

(1) 机械负载过重。负载过重的主要特征是电动机发热,并可从变频器操作控制面板上读取运行电流来发现。

(2) 三相电压不平衡。引起某相的运行电流过大,导致过载跳闸,其特点是电动机发热不均衡,从变频器操作控制面板上读取运行电流时不一定能发现(因在变频器操作控制面板上只显示一相电流)。

(3) 误动作。变频器内部的电流检测部分发生故障,检测出的电流信号偏大,导致过载保护动作。

(4) 变频器的电子热保护继电器的保护参数预置不正确。

2. 过载保护动作的检查方法

(1) 检查电动机是否发热。如果电动机的温升不高，则首先应检查变频器的电子热保护功能预置得是否合理，如变频器尚有余量，则应放宽电子热保护的预置值；如变频器的允许电流已经没有余量，不能再放宽，且根据生产工艺，所出现的过载属于正常过载，则说明变频器的容量选择不当，应加大变频器的容量，更换变频器。这是因电动机在拖动变动负载或断续负载时，只要温升不超过额定值，是允许短时间（几分钟，甚或几十分钟）过载的，而变频器则不允许。如果电动机的温升过高，而所出现的过载又属于正常过载，则说明是电动机的负载过重。这时，首先应考虑能否适当加大传动比，以减轻电动机轴上的负载。如能够加大，则加大传动比。如果传动比无法加大，则应加大电动机的容量。

(2) 检查电动机侧三相电压是否平衡。如果电动机侧的三相电压不平衡，则应再检查变频器输出端的三相电压是否平衡，如也不平衡，则问题在变频器内部，应检查变频器的逆变模块及驱动电路。

1) 如果变频器输出端的电压平衡，则问题在从变频器到电动机之间的线路上，应检查所有接线端的螺钉是否都已拧紧，如果在变频器和电动机之间有接触器或其他电器，还应检查有关电器的接线端是否都已拧紧，以及触点的接触状况是否良好等。

2) 如果电动机侧三相电压平衡，则应查询过载保护动作时变频器的工作频率。如工作频率较低，又未用矢量控制（或无矢量控制），则首先降低 U/f 值，如降低后能带动负载，则说明原来预置的 U/f 值过高，励磁电流的峰值偏大，可通过降低 U/f 值来减小电流；如果 U/f 值降低后带不动负载，则应考虑加大变频器的容量；如果变频器具有矢量控制功能，则应采用矢量控制方式。

(3) 检查是否误动作。在经过以上检查，均未找到引发过载保护动作的原因时，应检查是不是误动作。判断的方法是在轻载或空载的情况下，用电流表测量变频器的输出电流，与变频器操作控制面板上显示的运行电流值进行比较，如果变频器操作控制面板上显示的电流读数比实际测量的电流大得较多，则说明变频器内部的电流测量部分误差较大，"过载"跳闸有可能是误动作。

综上所述，过载跳闸的判断流程如图 3-16 所示。

三、变频器过热故障原因分析及处理

变频器过热故障也是一种比较常见的故障，发生过热故障应检查变频器控制端子 (13～11) 之间是否短路；检查温度传感器检测电路是否正常；另外还应检查变频器的冷却风扇运行是否正常；散热片通风情况，散热通道是否有堵塞现象；周围环境温度是否过高。

四、电动机过热故障原因及处理方法

1. 电动机过热故障原因

(1) 高次谐波引起电动机的效率和功率因数变差，电动机损耗增加。由于普遍电动机是按正弦波电源设计制造的，当有高次谐波流过电动机绕组时，铜损增大，并引起附加损耗，从而引起绕组发热。有资料表明，变频器驱动与工频电源驱动电动机相比，电

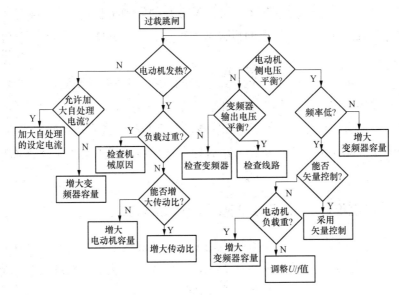

图 3-16　过载跳闸的判断流程

动机的电流约增加 10%，温升约增加 20%。

（2）对于现有电动机进行变频调速改造时，变频器常在低频段工作，而没有考虑到在低频段工作的电动机散热变差问题，致使电动机工作一段时间后发热过载，这是自冷电动机在低速运行时冷却能力下降造成的。

（3）电动机通风不良。电动机长期运行在粉尘含量较高的环境中，未定期清扫，造成定转子风道堵塞，致使气流不畅，散热效果降低，尤其是夏季，环境温度高，电动机工作温度大大增加，导致电动机过热。

（4）电压变化率 $\mathrm{d}u/\mathrm{d}t$ 增高。变频器的逆变部分将直流电压转换为三相交流电压是通过控制 6 个桥臂的开关元器件导通、关断来实现三相交流电压的输出。变频器输出电压虽与正弦波电压幅值等效，但实际上是由一系列矩形波组成，而使电动机绕组匝间的电压变化率 $\mathrm{d}u/\mathrm{d}t$ 很高，电动机绕组的电压分布变得很不均匀，使绕组匝间短路的故障增加。

（5）设定的 U/f 特性和电动机特性不适配。对于已经投入运行的变频器如果出现电动机发热，变频器的操作控制面板上显示过载故障，就必须检查负载的状况；对于新安装的变频器如果出现这种故障，应检查 U/f 曲线和电动机参数设置的是否正确。变频器在无速度传感器矢量控制方式时，没有正确设置电动机的额定电压、电流、容量等参数也会导致电动机热过载，变频器的载波率设置过高时也会导致电动机发热过载。

2. 电动机过热故障处理方法

（1）对电动机进行强冷通风或提高电动机规格等级。

（2）更换变频专用电动机。

（3）限定运行范围，避开低速区。

（4）合理选用变频调速系统的电动机，电动机如果工作频率达不到 30Hz，在峰值电流不致引起过电流保护动作的情况下，可用极数高的电动机替代，尤其对于恒转矩负载要适当加大电动机的功率等级与电动机极数，以提高其带载能力；有条件的地方，应采用变频专用电动机。

（5）加强电动机的计划检修，尤其在夏季来临前，要对电动机定转子风道进行清扫，改善电动机的散热条件。在夏季时应采用外加风扇对电动机强迫风冷。

（6）提高电动机的绝缘材料等级，如在电动机检修时，将 B 级绝缘提高为 F 级绝缘，以提高匝间绝缘性能及绕组的耐热能力，这样可从根本上解决变频调速系统电动机使用寿命短问题。

3.2.3 变频器过电压、欠电压故障原因及处理方法

所谓变频器的过电压是指由于各种原因造成的变频器电压超过额定电压，变频器的过电压集中表现在直流母线的直流电压上，正常情况下，变频器直流电为三相全波整流后的平均值。若以 380V 线电压计算，则平均直流电压 $U_D = 1.35V_{AC} = 513V$。在过电压发生时，直流母线的储能电容将被充电，当电压上升至 760V 左右时，变频器过电压保护动作。

一、输入侧电源过电压

1. 输入侧交流电源过电压

输入交流电源过电压是指变频器输入电压超过正常范围，一般发生在供电系统负载较轻时，使供电系统电压升高，对此采用有载调压电力变压器是有效的解决措施。而对电力系统故障时引起的电压升高，如电力系统由于谐振而引起的电压升高，此时应断开变频器电源，检查电力系统故障，待故障排除后在投入变频器的电源开关。

正常情况下对于电源电压为 380V 变频器，允许误差为 $-5\% \sim +10\%$，经三相桥式全波整流后中间直流的峰值为 591V，个别情况下电源线电压达到 450V，其峰值电压也只有 636V，一般不会使变频器的过电压保护动作。

2. 输入侧瞬间电源过电压

输入侧瞬间电源过电压主要是指电源侧的冲击过电压，如雷电引起的过电压、补偿电容在合闸或断开时形成的过电压等，主要特点是电压变化率 du/dt 和幅值都很大。如由于雷电过电压串入变频器的电源端，使变频器直流侧的电压检测器动作而跳闸，在这种情况下，通常只须断开变频器电源 1min 左右，再合上电源，即可复位。

二、再生过电压

再生过电压主要有加速时过电压、减速时过电压、恒速时过电压 3 种。当由于某种原因使电动机处于再生发电状态时（电动机处于实际转速比变频频率决定的同步转速高的状态），负载的传动系统中所储存的机械能经电动机转换成电能，通过逆变器的 6 个续流二极管回馈到变频器的中间直流回路中。此时的逆变器处于整流状态，如果变频器中没采取消耗这些能量的措施，这些能量将会导致中间直流回路电容器的电压上升，达到过电压限值而使保护动作，这就是再生过电压。

1. 产生再生过电压的主要原因

(1) 当变频器拖动大惯性负载时，其减速时间设置的比较小。在这种情况下，变频器的减速停止属于再生制动，在停止过程中，变频器的输出频率按线性下降，负载电动机处于发电状态，机械能转化为电能，并被变频器直流侧的平波电容吸收，当这种能量足够大时，就会产生所谓的"泵升现象"，变频器直流侧的电压会超过直流母线的最大允许电压而使过电压保护动作。对于这种故障，若工艺条件允许的情况下，可将减速时间参数设置长些或将变频器的停止方式设置为自由停车，在系统中按负载特性增加制动单元，对已设置制动单元的系统可增大制动电阻的能耗容量。

(2) 电动机受外力（风扇、牵伸机）或为位能负载（电梯、起重机）的影响而引起的过电压，当位能负载下放时的下降速度过快，使电动机实际转速高于变频器的给定转速。也就是说，电动机转子转速超过了同步转速，这时电动机的转差率为负，转子绕组切割旋转磁场产生的电磁转矩为阻碍旋转方向的制动转矩。所以电动机实际上处于发电状态，负载的动能被"再生"成为电能。再生能量经逆变器的续流二极管对直流储能电容器充电，使直流母线电压上升，回馈能量超过中间直流回路及其能量处理单元的承受能力，过电压保护将动作。因在再生过电压的过程中，产生的转矩与原转矩相反，为制动转矩，因此再生过电压的过程也就是再生制动的过程。如果再生能量不大，因变频器与电动机本身具有 20% 的再生制动能力，这部分电能将被变频器及电动机消耗掉。若这部分能量超过了变频器与电动机的消耗能力，直流回路的电容将被过充电，变频器的过电压保护动作，使运行停止。处理这种过电压故障可在系统中按负载特性增加制动单元，对已设置制动单元的系统可增大制动电阻的吸收容量。或修改变频器参数，把变频器减速时间设的长一些。

(3) 多个电动机在拖动同一个负载时出现的再生过电压故障主要是因负荷匹配不佳引起的，以两台电动机拖动一个负载为例，当一台电动机的实际转速大于另一台电动机的同步转速时，则转速高的电动机相当于原动机，转速低的处于发电状态，而引起再生过电压故障。处理此类故障时需在传动系统增加负载分配控制装置。可以把处于传动速度链分支的变频器特性调节软一些。

2. 引起变频器过电压保护动作的原因

(1) 未使用变频器减速过电压自处理功能。大多数变频器为了避免过电压保护动作，专门设置了减速过电压的自处理功能，如果在减速过程中，直流电压超过了设定的电压上限值，变频器的输出频率将不再下降，暂缓减速，待直流电压下降到设定值以下后再继续减速。如果减速时间设定不合适，又没有利用减速过电压的自处理功能，就可能出现过电压保护动作。

(2) 变频器负载突降会使负载的转速明显上升，使电动机进入再生发电状态，从负载侧向变频器中间直流回路回馈能量，短时间内能量的集中回馈，使中间直流回路及其能量处理单元超出承受能力引发过电压保护动作。

(3) 工艺流程限定了负载的减速时间，合理设定相关参数也不能减缓再生过电压，系统也没有采取处理多余能量的措施，必然会引发过电压保护动作。

（4）变频器在运行多年后，中间直流回路电容容量下降将不可避免，中间直流回路对直流电压的调节程度减弱，在工艺状况和设定参数未曾改变的情况下，发生变频器过电压跳闸几率会增大，这时需要对中间直流回路电容器容量下降情况进行检查。

（5）制动电阻值过大，无法及时释放回馈的能量而造成过电压。在变频调速系统降速过程中制动单元没有工作或制动单元放电太慢，即制动电阻太大，变频器内部过电压保护电路有故障，来不及放电，制动电阻和制动单元放电支路发生故障，实际并不放电。

三、变频器过电压的危害

（1）变频器中间直流回路过电压主要危害在于引起电动机磁路饱和。对于电动机来说，电压过高必然使电动机铁心磁通增加，可能导致磁路饱和，励磁电流过大，从面引起电动机温升过高。

（2）变频器中间直流回路电压升高后，变频器输出电压的脉冲幅度过大，对电动机绝缘寿命有很大的影响。

（3）变频器中间直流回路电压升高后，将对中间直流回路滤波电容器的寿命有直接影响，严重时会引起电容器爆裂，故应将中间直流回路过电压值限定在一定的允许范围内，一旦其电压超过限定值，变频器将按限定要求动作保护。

四、过电压的防止措施

由于过电压产生的原因不同，因而采取的对策也不相同。在处理过电压时，首先要排除由于参数问题而导致的过电压保护动作。如减速时间过短，以及由于再生负载而导致的过电压等，然后可以检测输入侧电压是否有问题，最后可检查电压检测电路是否出现了故障，一般的电压检测电路的电压采样点，都是中间直流回路的电压。

对于在停车过程中产生的过电压现象，如果对停车时间或位置无特殊要求，那么可以采用延长变频器减速时间或自由停车的方法来解决。所谓自由停车即变频器将主开关器件断开，让电动机自由滑行停止。如果对停车时间或停车位置有一定的要求，那么可以采用制动功能。

对于过电压保护动作的处理，关键是对中间直流回路多余能量如何及时处理，如何避免或减少多余能量向中间直流回路馈送，并将过电压值限定在允许的限值之内。应采取的主要对策如下。

（1）在电源输入侧增加吸收装置，减少过电压因素。对于电源输入侧有冲击过电压、雷电引起的过电压、补偿电容在合闸或断开时形成的过电压，可以采用在输入侧并联浪涌吸收装置或串联电抗器等方法加以解决。

（2）从变频器已设定的参数中寻找解决办法，在工艺流程中如不限定负载减速时间时，变频器减速时间参数的设定不要太短，而使得负载动能释放得太快，该参数的设定要以不引起中间回路过电压为限，特别要注意负载惯性较大时该参数的设定。如果工艺流程对负载减速时间有限制，而在限定时间内变频器出现过电压保护动作，就要设定变频器失速自整定功能或重新设定在变频器不过电压情况下的频率值。

（3）增加泄放电阻。一般小于 7.5kW 的变频器在出厂时内部中间直流回路均装有制动单元和泄放电阻，大于 7.5kW 的变频器需根据实际情况外加制动单元和泄放电阻，为中间直流回路多余能量释放提供通道是一种常用的泄放能量的方法。其不足之处是能耗高，可能出现频繁投切或长时间投运，致使电阻温度升高、设备损坏。

（4）输入侧增加逆变电路。处理变频器中间直流回路能量最好的方法就是在输入侧增加逆变电路，可以将多余的能量回馈给电网。但由于逆变桥技术要求复杂，限制了它的应用。

（5）在中间直流回路上增加适当电容，中间直流回路电容对电压稳定、提高回路承受过电压的能力起着非常重要的作用。适当增大回路的电容量或及时更换运行时间过长且容量下降的电容器也是解决变频器过电压的有效方法。

（6）适当降低工频电源电压。目前变频器电源侧一般采用不可控整流模块，电源电压高，中间直流回路电压也高，电源电压为 380V、400V、450V 时，直流回路电压分别为 537V、565V、636V。有的变频器距离变压器很近，变频器输入电压高达 400V 以上，对变频器中间直流回路承受过电压能力影响很大，在这种情况下，如果条件允许可以将变压器的分接开关放置在低压挡，通过适当降低电源电压以达到相对提高变频器过电压能力的目的。

（7）多台变频器共用直流母线。两台同时运行的变频器采用共用直流母线可以很好地解决变频器中间直流回路过电压问题，因为任何一台变频器从直流母线上取用的电流一般均大于同时间从外部馈入的多余电流，这样就可以基本上保持共用直流母线的电压稳定。

（8）通过控制系统优化功能解决变频器过电压问题。在很多工艺流程中，变频器的减速和负载的突降是由控制系统控制的，可以利用控制系统的一些功能，在变频器的减速和负载的突降前进行控制，减少过多的能量馈入变频器中间直流回路。如对于规律性减速过电压保护动作，可将变频器输入侧的不可控整流模块换成半控或全控整流模块，在减速前将中间直流电压控制在允许值内，相对加大中间直流回路承受馈入能量的能力，避免发生过电压保护动作。而对于规律性负载突降过电压保护动作，利用控制系统的控制功能，在负载突降前，将变频器的频率作适当提升，减少负载侧过多的能量馈入中间直流回路，以减少其引起的过电压保护动作。

五、变频器过电压吸收电路故障

变频器的主要开关器件在快速切换电流时，由于被切换电路上往往有电感存在，电感上储存的磁场能量将迅速转变为电场能量，即

$$\frac{1}{2}Li^2 \rightarrow \frac{1}{2}C \times U^2 \tag{3-2}$$

特别当被切换电流 i 大，而电路分布电容 C 小的时刻，在电流切换器件的端子上将出现极高的过电压 U。因此，在变频器的功率开关器件（如 IGBT）的 C、E 端、开关电源管的 C 端、电源进线端等部位都设置了过电压吸收电路或保护器件。但这些保护器件失效、或具有相同作用的其他器件性能变差（如承担部分过电压吸收的滤波电容干枯），都有可能出现过电压、发生打火、击穿、或被保护的开关器件自身损坏。过电压吸收电路如图 3-17 所示。其中图 3-17（a）为功率开关器件的过电压吸收电路，图 3-17（b）为

电源进线端的过电压吸收电路。

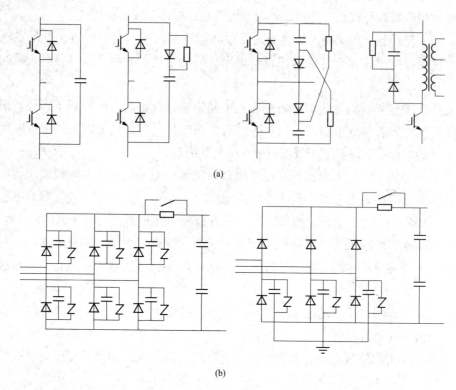

图 3-17　过电压吸收电路
（a）功率开关器件的；（b）电源进线端的

当这些吸收元器件损坏及安装它的印制电路板损坏时，就会产生过电压、跳火、烧蚀导致主器件立即损坏。更换这些元器件时要采用型号规格一致的备件，如二极管一定要用快恢复或超快恢复二极管，连接的接线要短，以减少分布电感量的危害。

变频器母线间出现尖端放电或打火时，应仔细检查主回路器件是否损坏，因主回路有一定量的电感，当主器件短路引起大电流突然变化时，就会造成直流母线间过电压。逆变桥的开关器件短路会造成正负母线间打火，整流模块短路或逆变模块短路有可能造成进线处打火或进线保护的压敏电阻损坏。

六、欠电压故障

欠电压故障也是变频器使用中经常碰到的故障，电源电压降低后，主电路直流电压若降到欠电压检测值以下，欠电压保护将动作。另外，电压若降到不能维持变频器控制电路工作，则全部保护功能自动复位。

当出现欠电压故障时，首先应该检查输入电源是否缺相，假如输入电源没有问题，就要检查整流回路是否有问题，假如都没有问题，在检查直流检测电路是否有问题。如果主回路电压太低，主要原因是整流模块某一路损坏或晶闸管三相电路中有一相工作不正常，都可导致欠电压故障出现，其次主回路断路器、接触器损坏，导致直流母线电压损耗在充电电阻上面而导致欠电压故障。

对于 380V 系列的变频器，直流母线电压下限为 400V，即是当直流母线电压降至 400V 以下时，变频器才报告直流母线低电压故障。当两相输入时，直流母线电压为 380 ×1.2＝452V＞400V。当变频器不运行时，由于平波电容的作用，直流电压也可达到正常值，新型的变频器都是采用 PWM 控制技术，调压调频的工作在逆变桥完成，所以在低频段输入缺相仍可以正常工作，但将造成异步电动机转矩低，频率上不去。

3.3.4　变频器电流显示误差的原因及处理方法

一、电流显示误差原因

由于变频器在电源侧采用不可控整流模块，中间直流回路安装有较大的滤波电容，导致变频器电源输入侧电流波形是输入电压波形峰值处带双尖峰的间断脉冲，电流脉冲宽度在负载较大时稍宽，负载小时很窄，这种畸变的电流波形含有大量的谐波，电流脉冲峰值比平均值大得多，这种畸变电流的波形系数为电流脉冲宽度百分比的平方根，由于小型变频器在中间直流回路一般没有加装用于功率因数校正的直流电抗器，电流有效值达到了平均值的 2～3 倍，而且呈非线性，负载较小时，电流有效值相对较平均值更大一些，为此造成变频系统的显示仪表不准确。

1. 电流表选型不正确

检测变频器电流若采用整流式电流表将产生电流表显示不正确的现象，原因是整流式电流表是按电流平均值原理来测量电流的，它在测量 50Hz 正弦波时，是按 1.11 倍的波形系数进行校正的，在 50Hz 正弦波或波形误差不是太大的情况下，能正确或基本上反映电流有效值的大小，对于变频器输入侧这种波形畸变的脉冲电流，将出现较大的误差，并且由于这种波形畸变电流的有效值与平均值呈非线性，不同的电流段有不同的误差，在电路上采取相应的补偿校正措施比较困难。

2. 电流互感器本身存在固有误差

电流互感器本身的磁化电流等于一次侧磁化电流和二次侧磁化电流的矢量和，即

$$I_{OWO} = I_{1W1} + i_{2W2} \tag{3-3}$$

电流互感器电流误差 ΔI 的大小与其本身所需的磁化电流、一次电流的大小及高频下相对较大的漏磁通、磁滞损耗有关。电流互感器本身所需的磁化电流越大，电流误差 ΔI 也越大；在电流互感器一次电流小时，电流误差 ΔI 会很大；电流互感器尺寸较大时，高频下的漏磁通、磁滞损耗会较大，电流误差 ΔI 也会变大。由于目前常用的如 LMZ、LMZJ 等型号的小变比单匝电流互感器的外形尺寸小、导磁用材料基本相同，当一次电流增大到额定电流附近时，电流互感器本身的磁化电流和高频下的漏磁通、磁滞损耗是可以相对减小到一定程度，可使电流误差 ΔI 最小。若一次电流仅为额定值 10% 左右时，一次电流在铁心中产生的磁化电流不足以维持电流互感器本身的磁化电流，另外，变频器电源侧含有的高次谐波使电流互感器的漏磁通、磁滞损耗也相对较大，反映到二次侧的电流就很小，在电流互感器二次负载并不大的情况下，将导致电流互感器的变比误差会增大。

3. 控制电缆的容抗使电流表数值降低

为了缩短变频器与电动机之间的动力电缆长度，变频器一般设置在距离电动机不远

的地方，相对来说控制电缆也不是太长，但因变频器电源输入侧的电流中含有大量高次谐波，控制电缆本身有一定的电容量，对于高次谐波来说，控制电缆的容抗相对比较小，反映到电流互感器二次回路中的部分高次谐波没有通过电流表，而直接通过了控制电缆电容返回了电源侧，实际通过电流表的电流减小了，这一点主要表现在变频器柜上电流表和现场控制箱上电流表指示值相差较大。

二、电流显示误差的解决对策

根据以上的分析，应结合现场的实际情况，采用相应对策。

1. 改变电流互感器的安装位置

将变频器电流的采样点从变频器输入侧移至输出侧，主要原因如下。

（1）变频器输出侧电流中虽然也含有大量的高次谐波，但由于变频器采用正弦波 SP-WM 调制，输出电流波形接近正弦波，有效值是平均值的 1.2～1.5 倍，采用整流式仪表显示时，可以通过适当的方式对其误差进行补偿。

（2）由于变频器电源输入侧电流波形是输入电压波形峰值处带双尖峰的间断脉冲，输出侧电压波形是等高而宽度按正弦波形变化的矩形脉冲，输入和输出侧的电流波形是在相同的电压（最大值）下形成的，在输入侧和输出侧的电流应基本相同，在输出侧对变频器电流进行测量不会引起大的误差，而且在输出侧对电流进行测量，从电动机角度来说更符合实际。

2. 电流表选型

随着检测和显示技术的发展，能够反映电流有效值测量仪表越来越多，变频器说明书上通常推荐使用电磁式电流表，它是利用电流信号产生的磁场使固定铁片和可动铁片相互吸引或排斥，带动测量机构偏转而指示电流值的，测量机构的偏转角近似与所测电流的平方成正比，基本上能反映含有高次谐波电流的有效值。但这种型号的电流表准确度相对较低，在电流较小时，误差较大；由于它利用磁场转动且本身磁场较弱，易受外磁场的影响，有时误差会大一些。在将电流互感器的位置移至输出侧后，由于电流波形趋于正弦波，有效值和平均值差值不是太大，在现场对电流显示要求不是太高的情况下可采用动圈式电流表或整流式仪表（但需进行补偿）均可。

3. 解决电流互感器本身固有误差

选用电流互感器一次侧电流是变频器额定电流的 1.5 倍左右，使电流互感器本身的磁化电流和漏磁通达到比较小的程度。在要求测量精度较高的场合可选用电流互感器一次侧电流是变频器额定电流的 1.1 倍左右。从而使电流互感器本身的磁化电流和高次谐波引起的漏磁通达到相对比较小的程度，而高次谐波引起的磁滞、涡流等各种损耗也由于二次回路的去磁作用不会明显增大，相对保持在一个较小的范围内。

4. 解决现场控制箱上电流误差

从变频器柜到现场控制箱安装地点的电缆一般都有一定的长度，为减小电缆带来的传输误差，可在现场控制箱内加装一个电流互感器，把主回路电缆穿入控制箱，从主回路的一相上取得电流信号，直接在控制箱上采用电流表进行显示，以减小由于电缆长度而产生的传输误差。

5. 解决主控室电流表误差

为减少变频器主电路输出的损耗，一般变频器柜都安装在接近电动机的地方，为此相对增加了变频器柜与主控室之间控制电缆的距离。为了减小长距离控制电缆带来的传输误差，在变频器柜内增加了 BS4I 型电流变送器，将检测变频器主回路电流的电流互感器二次回路的 0～5A（含有大量高次谐波）的电流信号转变为 4～20mA 直流信号，通过屏蔽控制电缆传输至主控室计算机柜，在计算机柜上采用 RZG-2100 信号隔离器（4～20mA/4～20mA）进行现场与主控室信号的隔离，以减少主控室电流表因长距离信号传输带来的误差。

3.4　变频器的测量与实验

3.4.1　变频器的测量

由于通用变频器的波形大都是斩波形，最常见的是 PWM 波形，这使变频器的输入和输出含有高次谐波，所以，在测量变频器参数时，应根据要求选择合适的仪表及合适的测量方法，以便得到较准确的数据。测量变频器的电路如图 3-18 所示。

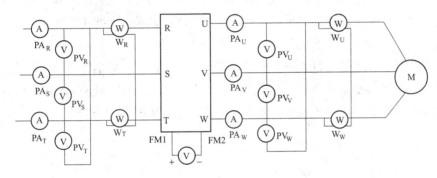

图 3-18　测量变频器的电路

一、输入侧参数测量及仪表选择

1. 输入电压

因是工频正弦电压，故各类仪表均可使用，但以采用电磁式交流电压表测量误差较小。

2. 输入电流

使用动圈式电流表测量电流有效值，当电流不平衡时，取其平均值，用式（3-4）计算，即

$$I_{1a}=(I_R+I_S+I_T)/3 \tag{3-4}$$

3. 输入功率

使用电动式仪表测量，通常采用图 3-18 所示的两个功率表测量即可。如额定电流不平衡超过 5%，则采用 3 个功率表测量，电流不平衡率计算式为

$$\gamma_1=\frac{I_{1max}-I_{1min}}{I_{1a}}\times100\% \tag{3-5}$$

式中　γ_1——电流不平衡率；

　　I_{1max}——最大电流；

　　I_{1min}——最小电流；

　　I_{1a}——三相平均电流。

4. 输入功率因数测量

由于输入电流包括高次谐波，测量输入电流时产生较大误差，因此输入功率因数用式（3-6）计算，即

$$\cos\varphi = \frac{P_1}{3 \times U_1 \times I_{1a}} \qquad (3-6)$$

式中　P_1——输入功率；

　　U_1——输入电压。

二、输出侧参数测量及仪表选择

1. 输出电压的测量

输出电压指变频器输出端子间的基波方均根电压，变频器的输出为 PWM 波形，含有高次谐波分量，所以在常用仪表中，应采用整流式电压表。图 3-19 所示为输出电压的测量结果比较，其中，曲线 1 为数字式交流电压表的测量结果；曲线 2 为 0.5 级电磁式电压表的测量结果；曲线 3 为快速傅里叶级数分析仪的测量结果；曲线 4 为 0.5 级整流式电压表的测量结果。整流式电压表测量的输出电压值接近于用 FFT 测量得的基波电压方均根值，并且相对输出频率呈线性关系。而数字式电压表不适合变频器输出电压的测量。

为了进一步改善输出电压的测量精度、可以采用阻容滤波器与整流式电压表配合使用，将会测得更精确的输出电压值。阻容滤波器的使用如图 3-20 所示。

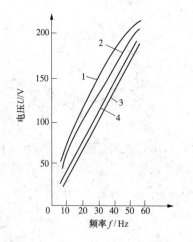

图 3-19　输出电压的测量结果比较

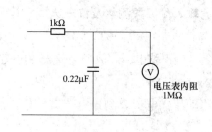

图 3-20　阻容滤波器的使用

2. 输出电流的测量

输出电流是指流过变频器输出端子的包括高次谐波在内的总的方均根电流值，可以使用 0.5 级电动式电流表，也可以使用 0.5 级电磁电流表。图 3-21 所示为电阻性负载下输出电流测量结果比较，其中曲线 1 为 0.5 级电磁式电流表的测量结果；曲线 2 为 0.5 级

电热式电流表的测量结果；曲线 3 为快速傅里叶级数分析仪的测量结果。由图 3-21 可见，用电磁式电流表测量与用电动式电流表测量，其结果相近。

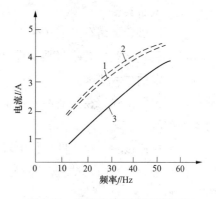

3. 输出功率的测量

输出功率测量同输入侧功率测量类似，选用电动式功率表，可用两个功率表测量，但当电流不平衡率超过 5% 时，应使用 3 个功率表测量。

4. 变频器效率

变频器的效率需要测量出输入功率 P_1 和输出功率 P_2，由 $\eta = (P_2/P_1) \times 100\%$ 计算。测量时电压综

图 3-21　输出电流测量结果比较

合畸变率应小于 5%，否则应加入交流电抗器或直流电抗器，以免影响输入功率因数和输出电压的测量结果。

三、电阻的测量

1. 外接线绝缘电阻的测量

为了防止绝缘电阻表的高压加到变频器上，在测量外接线路的绝缘电阻时，必须把需要测量的外接线路从变频器上拆下后再进行测量，并应注意检查绝缘电阻表的高压是否有可能通过其他回路施加到变频器上，如有，则应将所有有关的连线拆下。

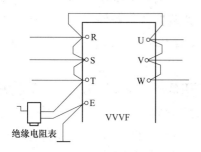

图 3-22　变频器绝缘电阻测量

2. 变频器主电路绝缘电阻的测量

首先将变频器的全部外部端子接线拆除，并把所有进线端（R、S、T）和出线端（U、V、W）都连接起来后，再测量其绝缘电阻。变频器绝缘电阻测量如图 3-22 所示。

3. 控制电路绝缘电阻的测量

采用万用表的高阻挡来测量，不要用绝缘电阻表或其他有高电压的仪器进行测量。

3.4.2　变频器试验标准及方法

一、变频器试验条件

1. 电气使用条件

在变频器试验时应考虑试验电源频率变化、电压变化、电压不平衡、电源阻抗、电源谐波及一些异常条件等，如频率为 $f_{LN} \pm 2\%$；额定输入电压的变化限值为 $\pm 10\%$；电源电压不平衡度不超过基波额定输入电压 U_{LN1} 的 3%。

2. 环境使用条件

环境使用条件主要包括使用气候条件和机械安装条件，如环境温度 $+5 \sim +40°C$；湿度应小于 90%，变频器应安装于室内坚固的基座上，在其安装区域内的其他装置或安装在柜内器件对变频器通风或冷却系统不会造成严重的影响。

二、试验类型

变频器试验类型有以下几种。

（1）型式试验。对按照某一设计制造的一个或数个部件进行的试验，用于说明该设计满足特定的技术要求。

（2）出厂试验。在制造期间或制造之后对各个部件进行的试验，用于确定其是否符合某一准则。

（3）抽样试验。在一批产品中对随机抽取的产品进行的试验。

（4）选择（专门）试验。除型式试验和出厂试验之外，经过制造厂和用户协商而进行的试验。

（5）车间试验。为了验证设计，在制造厂的实验室里对部件或设备进行的试验。

（6）验收试验。按合同上规定的、用以向用户证明该部件满足其技术规格中某些条件的试验。

（7）现场调试试验。在现场对部件或设备进行的试验，用于验证安装和运行的正确性。

（8）目击试验。在厂方和用户在场的情况下进行的上述任何一种试验。

三、试验标准和项目

1. 国家标准

全国半导体电力变流器标准化技术委员会从完善产品全过程的质量控制出发，针对相应的调速装置试验方法、调速装置环境条件规程、调速装置技术条件、调速装置验收规程、调速装置安全规程等制定的一些配套标准，如《交流电动机电力电子软起动装置》（JB/T 10251—2001）、调速电气传动系统（GB/T 12668）等。

《调速电气传动系统　第2部分：一般要求　绝缘电阻低压交流变频电气传动系统额定值的规定》（GB/T 12668.2—2002）适用于一般用途的交流调速传动系统，该系统由电力设备（包括变流器部分、交流电动机和其他设备，但不限于馈电部分）和控制设备（包括开关控制—如通/断控制，电压、频率或电流控制，触发系统、保护、状态监控、通信、测试、诊断、生产过程接口/端口等）组成。该标准不适用于牵引传动和电动车辆传动；适用于连接交流电源电压1kV以下、50Hz或60Hz，负载侧频率达600Hz的电气传动系统。该标准给出了关于变频器额定值、正常使用条件、过载情况、浪涌承受能力、稳定性、保护、交流电源接地和试验等性能的要求。

2. 变频器标准试验项目

变频器标准试验项目见表3-2。

表3-2　　　　　　　　　　　　　　变频器标准试验项目

试验	型式试验	出厂试验	专门试验	试验方法
绝缘（见注）	×	×		GB/T3859.1中6.4.1
轻载和功能	×	×		GB/T3859.1中6.4.2
额定电流	×			GB/T3859.1中6.4.3

续表

试验	型式试验	出厂试验	专门试验	试验方法
过电流能力			×	GB/T3859.1 中 6.4.10
纹波电压和电流的测量			×	GB/T3859.1 中 6.4.17
功率损耗的确定	×			GB/T3859.1 中 6.4.5
温升	×			GB/T3859.1 中 6.4.6
功率因数的测定			×	GB/T3859.1 中 6.4.7
固有电压调整率的测定			×	GB/T3859.1 中 6.4.8
检验辅助备件	×	×		GB/T3859.1 中 6.4.11
检验控制设备性能	×	×		GB/T12668.2 中 7.3.3
检验保护器件	×	×		GB/T3859.1 中 6.4.13
电磁干扰性	×			GB/T12668.3 中第 5 章
电磁发射	×			GB/T12668.3 中第 6 章
音频噪声			×	GB/T3859.1 中 6.4.16
附加试验			×	GB/T3859.1 中 6.4.21

（1）绝缘试验的目的在于检查变频器的绝缘状况，为了防止不必要的破坏，在试验之前，可先用 1000V 绝缘电阻表测量受试部分的绝缘电阻。在环境温度（20±5）℃和相对湿度为 90% 的情况下，其数值应不小于 1MΩ，但所测绝缘电阻只作为耐压试验的参考，不作考核。

（2）轻载和功能试验的目的是为了验证变频器电气线路的所有部分以及冷却系统的连接是否正确，能否与主电路一起正常运行，设备的静态特性是否能满足规定要求。本试验作为出厂试验时，变频器仅在额定输入电压下运行，而型式试验时，则应在额定电压的最大值和最小值下检验设备的功能。

（3）额定电流试验是为了检验变频器能否在额定电流下可靠运行。

（4）过电流能力试验是负载试验的一部分，是在额定运行情况下，在规定的时间间隔施加规定的短时过电流值，变频器均能正常工作。

（5）纹波电压和电流的测量是在用户提出要求时才予以实施，并按 GB/T3859.2 电气试验方法和产品分类标准的规定进行。

（6）功率损耗可以在测量的基础上进行计算，或者直接测定。间接冷却变流器的功率损耗可以从测得的热转移媒质所转移的热量（用量热的方法）和估算通过变频器机壳的热流量来计算。

（7）温升试验的目的在于测定变频器在额定条件下运行时，各部件的温升是否超过规定的极限温升。试验应在规定的额定电流和工作制，以及在最不利的冷却条件下进行。

（8）一般情况下，不需要测量功率因数，当要求测量时，应测定总功率因数。

（9）固有电压调整率测量是在变频器电压等于额定值下，根据轻载试验、额定电流试验取得的数据计算的（见 GB/T3859.2）。

（10）辅助部件的检验主要对变频器电气元件、风机等辅助装置的性能进行检验。但只要这些元件具备出厂合格证，可只检验其在变频器中的运行功能，不必重复进行出厂试验。

（11）控制设备的性能检验最好采用类似额定功率的电动机对设备进行检验，也可采用较低功率的电动机在反馈量适当换算的情况下来进行。

（12）保护器件的检验主要包括各种过电流保护装置的过电流整定；快速熔断器和快速开关的正确动作；各种过电压保护设施的正确动作；装置冷却系统的保护设施的正常动作；作为安全操作的接地装置和开关的正确设置以及各种保护器件的互相协调。

（13）电磁抗扰性的检验是通过试验验证变频器各个子部件的性能，如电力电子电路、驱动电路、保护电路、控制电路及显示和控制面板对电磁干扰的抗扰度。电磁干扰有低频干扰和高频干扰。低频干扰包括谐波、换相缺口电压畸变、电压波动、电压跌落和短时中断、电压不平衡和频率变化。高频干扰包括对公共环境、工业环境及对电磁场的抗扰度。

（14）对变频器电磁发射的要求是：应尽可能地与其实际的工作环境条件相适应，为了确保基本的保护要求，分别规定了对公共环境、工业环境的低频基本发射限值和高频基本发射限值。

（15）音频噪声试验应在周围2m内没有声音反射面的场所进行，测试时应尽可量避免周围环境噪声对测量结果的干扰。

（16）附加试验是上述试验项目未包括的其他性能有要求，应在定货时提出，并取得协议。

四、变频器相关试验

1. 稳态性能

变频器稳态性能试验包括试验变频器传动变量，如输出转速、转矩等的稳态性能，用选取的偏差带（稳态）来评价反馈控制系统的稳态性能，应满足规定的工作和使用偏差的变量范围。

2. 动态试验

（1）电流限值和电流环。这些试验用来表征变频器的动态性能，与被传动设备无关。应在接近0、50%、100%基本转速下进行，试验有以下3项。

1）电流限值。增大负载，使变频器达到其预设的电流限值点（另一种方法是：增大转速阶跃量至足够大的转动惯量，产生一个瞬态负载，使变频器达到设定的电流限值点）。这时就可对电流上升时间、超调量和持续时间以及阻尼特性进行分析。

2）电流环带宽。通过对电流设定和电流测量（反馈）之间响应的谐波分析，可以确定电流环的带宽。必须检查幅值和位移，该试验应在线性或准线性区域内进行。

3）对电流设定的阶跃响应。

（2）转速环。提供并正确选择转速给定的阶跃以适应下列试验，该测试可在空载或轻载条件下进行。

1）达到电流限值并进行检查。

2）在未达到任何限值情况下，测量传动输出转速响应（通常在50%、100%基本转速下进行)。

(3) 转矩脉动。若轴上耦合有相当灵敏的转速测量器件,通过在空载条件下转速的变化,可测量出气隙转矩脉动的相关等级。

(4) 自动再启动。若设有自动再启动功能的,则应在规定的断电期间对其进行检验。这种功能应与紧急停车相协调。

(5) 能耗制动和能耗减速。能耗制动和能耗减速是两个操作功能,其特性应由用户和制造厂来商定。

五、变频器负荷特性测试

1. 变频器负荷特性测试平台

测试部分的功能是对已维修完成的变频器性能测试,测试变频器的最佳负载是交流电动机。根据变频器的使用说明,一般要求变频器负载不低于额定功率的 10%,采用 3kW 左右的电动机来实现 15kW 以下等级变频器的负载测试。用 15kW 的电动机来实现 150kW 以下等级变频器的负载测试。电动机负载可使用一台磁粉制动机来模拟电动机负载,磁粉制动机可以通过改变输入电压来改变磁粉的间隙,从而达到改变负载的目的。以实现模拟变频器实际负载的目的,当然还需要检测其他一些辅助参数,如输入电压、电流、输出电压、电流,以及三相的平衡情况,输出波形的谐波分量。测试平台结构如图 3-23 所示,需要的设备如下。

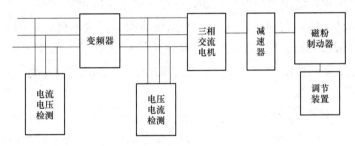

图 3-23　测试平台结构

(1) 三相交流电动机。主要参数:3kW、15kW。

(2) 磁粉制动器。主要参数:350N·m。

(3) 电流传感器。主要参数:测量范围内 0~50A,输出 0~50mA。

(4) 电压传感器。主要参数:测量范围内 0~1000V,输出 0~100mA。

(5) 模拟电流显示表头。主要参数:0~50A,输入 0~50mA。

(6) 模拟电压显示表。主要参数:0~1000V,输入 0~100mA。

(7) 1:3 减速器。

(8) 小水泵:用途:磁粉制动机的冷却。

(9) 16 位 16 通道 A/D 转换卡。主要参数:输入 0~10V。

(10) 16 位 D/A 转换卡。主要参数:输出 0~10V。

(11) 信号部分。输入、输出信号分别为 0~10V 电压信号、0~20mA 电流信号、开关量和脉冲信号。

（12）计算机和多功能打印机各 1 台。

2. 单台滑差电动机堵转负荷特性测试法

本方法是直接采用单台滑差电动机，将滑差电动机主轴输出通过机械与机座硬连接，此时，输出主轴的速度一直为零。单台滑差电动机堵转负荷特性测试法如图 3-24 所示。通过在励磁线圈上加载直流电压来调节励磁电流的大小和输出转矩大小。从而用于调节负载的大小。

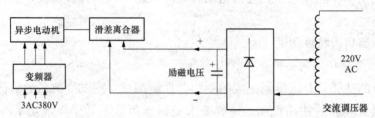

图 3-24　单台滑差电动机堵转负荷特性测试法

该方法需要一台 $0 \sim 60 \sim 90V/2 \sim 8A$（最大）的直流可调电压源，如果无合适的电源，可以采用调压器加整流滤波电路来实现，另外，由于滑差电动机一般附带了调速器，因此可以通过取消原滑差电动机调速器中的电压闭环控制部分改制成单相 SCR 调压电路来实现。这种方法的缺点是电压输出为非线性，在起始段，输出电压变化缓慢，加载较慢，在高输出电压时，输出电压变化较快，负载调整比较困难。

单台滑差电动机堵转负荷特性测试法的优点是简单，成本低，适用于中小功率变频器的中高速加载试验场合。由于不能够实现快速的加卸载，故不能实现动态性能测试，也不能实现发电状态的性能测试。由于在低速时滑差电动机的滑差离合器相对运行速度低，不能够实现低速加载。

3. 两台异步电动机通过滑差电动机对拖负荷特性测试法

本方法是采用一台滑差电动机与另外一台异步电动机同轴连接，两台电动机可以通过两台变频器分别来驱动。两台异步电动机通过滑差电动机对拖负荷特性测试法如图 3-25 所示。本方法可以通过在励磁线圈上加载直流电压来调节负载大小，也可以通过调节两台电动机的相对速度来调整负载大小，可以实现反向电动运行的加载，也可以实现同相发电运行的加载，并可以实现零速或者低速加载。缺点是由于滑差电动机加载采用电磁感应和滑差实现，加载响应速度慢，不能够实现快速加载，因此还不能够满足高精度、快速的性能测试。

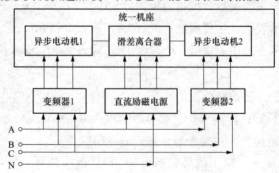

图 3-25　两台异步电动机通过滑差电动机对拖负荷特性测试法

4. 两台交流电动机对拖负荷特性测试法

本方法是采用两台同功率的异步电动机同轴连接，两台电动机通过两台变频器分别来驱动。两台交流电动机对拖负荷特性测试法如图 3-26 所示。其中一台电动机通过测试变频器驱动，另外一台电动机通过具有精确转矩控制功能的闭环矢量控制变频器来驱动。改变转矩的大小和方向，就可以实现作为被测电动机的负载，就可以验证被测试变频器的性能。

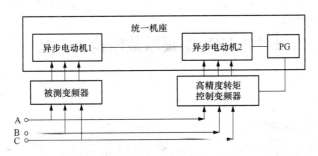

图 3-26　两台交流电动机对拖负荷特性测试法

本方法可以实现反向电动运行的加载，也可以实现同相发电运行的加载。由于为闭环转矩控制，可以实现零速、低速和高速的高转矩、高精度加载。由于电动机连接为机械硬连接，由于异步电动机的转矩响应相比滑差电动机快，加载响应速度也快，可以满足大多数场合的测试要求，但是对于高精度、快速的性能测试还不能够完全满足。

5. 交直流电动机对拖负荷特性测试法

本方法是采用一台直流电动机和另外一台异步电动机同轴连接，其中异步交流电动机通过被测变频器来驱动，直流电动机通过一台可以四象限运行的直流调速器来驱动。交直流电动机对拖负荷特性测试法如图 3-27 所示。直流电动机通过精确的转矩控制，改变测试转矩的大小和方向，就可以实现被测电动机负载任意变化，就可以验证被测试变频器的性能。

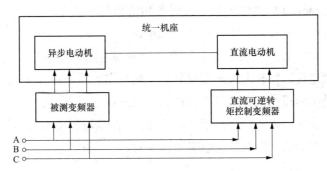

图 3-27　交直流电动机对拖负荷特性测试法

本方法可以实现反向电动运行的加载，也可以实现同相发电运行的加载。由于为直流电动机闭环转矩控制，可以实现零速、低速和高速的高转矩、高精度的加载。由于电动机连接为机械硬连接，直流电动机的转矩响应快，加载响应速度也快，基本可以满足绝大多数场合的测试要求，是目前最理想的测试方法。

第 4 章   变频器故障检修实例

4.1   ABB 变频器故障检修实例

故障实例 1

故障现象： 一台 ACS50022kW 变频器上电运行半小时，显示 OH 故障信息。

故障分析及处理： 因 CS50022kW 变频器是在上电运行半小时，才显示"OH"故障信息，所以判断温度传感器损坏的可能性不大，初步判断可能是变频器的温度确实高，对变频器进行检测发现变频器内风机转动缓慢，断电后检查发现变频器防护罩里面堵满了很多棉絮，经清扫完毕，变频器上电后风机运行正常，变频器运行数小时后没有再显示"OH"故障信息。

故障实例 2

故障现象： 一台 ACS600 变频器在上电运行时显示直流回路过电压故障信息，并跳停。

故障分析及处理： 因为变频器是在上电运行时显示直流回路过电压故障信息，并跳停，所以首先检查变频器配置的制动斩波器和制动电阻，检查发现变频器的电压控制器选择为 ON，即未使用制动斩波器和制动电阻。投入斩波器和制动电阻后，变频器上电运行，其直流回路过电压跳闸更加频繁。查阅变频器操作手册上对直流回路过电压原因的解释有两点：①进线电压过高；②减速时间太短。

在 ACS600 变频器的制动斩波器上设有 3 挡进线电压选择方式（400、500、690V）以适应不同的进线电压，检查发现该变频器的短接环实际选择在 690V 挡上，这样就造成制动斩波器和制动电阻投入工作的门槛值过高，在进线电压为 400V 时变频器的制动斩波器和制动电阻未起作用，将短接环移至 400V 挡后，给变频器上电后运行正常，并通过减少减速时间试验，制动斩波器和制动电阻工作正常。

故障实例 3

故障现象： 一台 ACS800-01-0100-7 变频器控制面板无显示，主风机不工作。

故障分析及处理： 针对变频器的故障现象，首先对变频器的输入输出模块进行测量，判定整流桥、充电电阻、充电二极管及逆变器正常。给变频器上电后，测量直流端电压及分压模块、输出端的直流电压。经检测直流端电压正常，经过分压模块后的直流电压不正常。初步判断故障在 RINT-6621 板或分压模块，对 RINT 板上的熔断器进行测量，发现 RINT 板上熔断器的熔体已熔断。更换一块新的 RINT 板，变频器的故障现象依然存在。判断故障在分压模块，更换一块新的分压模块，上电后变频器启动运行一切正常。分析分压模块的损坏可能是由于变频器停车时产生的直流电压过高造成的。

故障实例 4

故障现象： 一台 ACS800-01-0120-3 变频器上电运行，控制面板显示 DCOVERVOLT（3210）故障信息。

故障分析及处理： 针对变频器控制面板上显示的故障信息，初步判断故障原因可能是电源电压过高，加/减速时间过短；直流电压过高，负载变化。首先测量电源电压、直流电压值正常，负载无变化，初步判断为 RINT5611C 上的变压器故障，更换 RINT5611C 后，变频器上电正常启动后，电动机反转，反向启动后，电动机反转更快，说明输出模块无正向输出，初步判断为驱动电路有故障，判断可能是更换 RINT5611C 时的 U、V、W 端的焊点没焊好。用万用表测量 RINT5611C 上的 U、V、W 端焊点和与驱动连接的电阻，发现有一电阻不通，出现虚焊，重新焊接后，给变频器上电运行一切正常。

故障实例 5

故障现象： 一台 ACS800-07-0320-3 变频器上电运行，控制面板上显示 DC UNDER-VOLT（3220）故障信息。

故障分析及处理： 针对变频器控制面板上显示的故障信息，初步判断故障原因可能是电网缺相、熔断器熔体熔断或整流桥内部故障。对于此类故障首先检查主电源供电是否正常，如果变频器进线端有接触器，要检查接触器的控制回路是否误动作，如控制回路误动作，可能导致接触器短时间内频繁启动停止，造成变频器直流母线欠压故障。如出现直流母线欠压故障不能复位，应检查电容器是否泄露。如果变频器刚断电，迅速上电，也会引发此故障，所以在变频器断电后，要等电容放电完毕后（约 5min），再重新启动变频器。经静态检查发现电容器容量下降，且泄漏电流超标，更换电容器后，给变频器上电运行一切正常。

故障实例 6

故障现象： 一台 ACS800-02-0210-3 变频器，上电运行控制面板上显示 ACS800 TEMP（4210）故障信息。

故障分析及处理： 针对变频器控制面板上显示的故障信息，初步判断故障原因可能是逆变单元温度过高。对此应做如下检查：检查变频器的环境温度；变频器通风状况和变频器风机运行状况；并对散热器的散热片进行灰尘清扫；检查电动机功率是否超过变频器逆变单元功率。经检查发现逆变单元散热器的散热片被灰尘全部覆盖，清除逆变单元散热器的散热片上的灰尘后，变频器上电运行正常。

故障实例 7

故障现象： 一台 ACS800-01-0016-3 变频器，上电运行控制面板上显示 CURUNBAL（2330）故障信息。

故障分析及处理： 针对变频器控制面板上显示的故障信息，初步判断故障原因可能是逆变单元输出电流不平衡。引起该故障的原因可能是变频调速系统的外部故障（接地故障、电动机故障、电缆故障等）或变频器内部故障（逆变单元故障）。对此类故障应首先检查外部电路，拆下变频器端与电动机的连接电缆，测量电动机和电缆的绝缘电阻，测得的绝缘电阻值低于要求值，拆下电动机电缆，测量电动机绝缘电阻正常，判断为电缆故障，更换电缆后，变频器上电运行正常。

故障实例 8

故障现象： 一台 ACS800-01-0100-3 变频器上电运行控制面板上显示 BRWIRING（7111）故障信息。

故障分析及处理： 针对变频器控制面板上显示的故障信息，初步判断故障原因可能是制动电阻器连接错误。首先检查制动电阻器、内置的制动斩波器有无异常，若正常，检查制动电阻器接线是否正确，检查发现制动电阻器接线错误，更改接线后，变频器上电运行正常。

故障实例 9

故障现象： 一台 ACS800-02-0260-3 变频器上电运行控制面板上显示 SCNINV（2340）故障信息。

故障分析及处理： 针对变频器控制面板上显示的故障信息，初步判断故障原因可能是：外部电缆、电动机或逆变模块单元有接地或短路故障。对此类故障应首先检查外部电路，拆下变频器端及电动机端的连接电缆，测量电缆对地绝缘电阻正常，再测量电缆相间绝缘为零，判断为电缆相间短路，更换电缆后，变频器上电运行正常。

故障实例 10

故障现象： 一台 ACS800-02-0140-3 变频器上电运行控制面板上显示 SHORTCIRC（2340）故障信息。

故障分析及处理： 针对变频器控制面板上显示的故障信息，初步判断故障原因可能是电动机电缆或电动机内部绕组短路；逆变器单元故障，对此类故障应首先检查外部电路，在拆电动机端的连接电缆时，发现电动机接线盒的端子板已碳化，判断故障为电动机接线盒的端子板碳化引起，更换电动机接线盒的端子板后，变频器上电运行正常。

故障实例 11

故障现象： 一台 ACS800-01-0030-3 变频器一上电就跳闸，控制面板上显示 OVER-

CURRENT（2310）故障信息。

故障分析及处理：针对变频器控制面板上显示的故障信息，初步判断故障原因可能是：逆变模块损坏；驱动电路损坏；电流检测电路损坏，导致输出电流过大，超过过电流动作极限值。首先检查逆变模块正常，检查驱动电路也正常。判断故障在过电流信号检测电路，采用替换法替换过电流信号检测电路的传感器后，变频器上电运行正常。

故障实例 12

故障现象：一台 ACS800-02-0210-3 变频器重新启动时，一升速就跳闸，控制面板上显示 OVERCURRENT（2310）故障信息。

故障分析及处理：针对变频器控制面板上显示的故障信息，初步判断故障原因可能是机械传动装置卡住；逆变模块损坏；电动机的转矩过小。对此应首先检查电动机及电缆是否短路；机械传动装置是否卡住；检查逆变模块是否短路；启动转矩是否太小，做上述检查后均正常，由于该变频器采用编码器作为转速检测构成闭环控制系统，将变频器参数中的编码器设置去掉后，变频器上电运行正常。判断故障在编码器，更换编码器后，恢复变频器参数中的编码器设置，变频器上电运行正常。

故障实例 13

故障现象：一台 ACS800-07-0120-3 变频器重新启动时，并不立即跳闸，而是在加速时跳闸，控制面板上显示 OVERCURRENT（2310）故障信息。

故障分析及处理：针对变频器控制面板上显示的故障信息，初步判断故障原因可能是逆变单元、电流互感器和驱动回路异常；加速时间设置太短；电流上限设置太小。首先检测逆变单元、电流互感器和驱动板回路均正常，结合工艺流程，将变频器的加速时间延长到工艺流程的最长允许值，变频器上电运行正常。

故障实例 14

故障现象：一台 ACS800/110kW 变频器，上电运行一段时间就在控制面板上显示 ACS800 TEMP 故障信息，无法复位。

故障分析及处理：针对变频器控制面板上显示的故障信息，初步判断故障原因，分析如下。

（1）外部环境温度太高。检查外部环境温度，外部环境温度大约为 40℃，在变频器允许的工作范围之内，并且该变频器安装在电气室，同室的其他变频器没用出现此类故障。

（2）变频器散热风机不转。检查变频器散热风机，该变频器只要运行风机就运转，并且能听到风机转动的声音。将风机拆下测试，运转正常。

（3）温度检测线路出现故障。静态检查温度回路正常，但不能排除动态时可能异常，需上电测试后才能排除温度检测回路的故障。

（4）变频器和电动机不匹配。因变频器运行了好几年，也没有出现过该故障。并且在显示 ACS800 TEMP 故障之前也没用出现过电流、过载故障,因此该故障原因也不成立。

(5) 变频器散热通道堵住。将变频器完全拆开后,发现变频器的散热通道已堵住,导致变频器无法散热。

可确定散热通道堵住是变频器上电运行一段时间就显示 ACS800 TEMP 故障信息的原因。先清理变频器散热通道,然后将板卡及电容箱依次安装后测试,符合上电运行条件。给变频器上电,启动变频器运行后,检测输出电压平衡,带负载到额定电流,变频器运行正常。

故障实例 15

故障现象: 一台 ACS401 变频器上电运行控制面板上显示 8888 信息,并伴有继电器"咔咔"不停的吸合声,散热风机不工作。

故障分析及处理: 针对变频器控制面板上显示的故障信息及故障现象,首先测量 BSM100GD120DN2 模块是否正常,若正常,此故障可能在开关电源部分。因正常情况下此类变频器上电后风机应该工作,而现在风机不运转,判断为某路的电源异常或某处引起短路造成开关电源无法起振。拆下驱动板发现风机端子处有烧黑的痕迹。并且上电的时候,发现有火花冒出。用表测量两端子是导通的。由于 24V 通过烧黑的电路板短路,拉低了开关电源部分的电压。使得继电器绕组电压过低,造成继电器来回地不断吸合。清理短路的风机线路板,测量风机 24V 供电正常后,变频器上电运行正常。

故障实例 16

故障现象: 一台 ACS800-07-0120-3 变频器启动时,控制盘上显示 BRAKE FLT 故障信息。

故障分析及处理: 针对变频器控制面板上显示的故障信息,初步判断为:制动器故障,制动器打开超时或制动器打开不到位。首先打开制动器的罩子,强制打开制动器线圈,观察制动器限位打开状态,如果制动器打不开或机构卡劲,则更换制动器。如果限位打开距离限位感应片距离远,调整感应片的距离并确保其紧固。如果制动器打开超时,可采用两种方法:

(1) 制动器打开稍微缓慢的情况下,把制动器打开延时时间加长。

(2) 制动器打开非常缓慢,此时必须更换新的制动器液力推杆。

4.2 西门子变频器故障检修实例

故障实例 1

故障现象: 一台 6SE48 系列变频器的控制面板显示屏显示 power supply failure 故障信息。

　　故障分析及处理：针对变频器控制面板上显示的故障信息，初步判断故障原因，分析如下。

　　（1）电源故障。即电源和信号检测板有故障，但这又分为两种情况：①直流电压超过限制值，因正常供给的直流电压有一定的上下限，如 P24V 不能低于＋18V，P15V 为＋15V，N15V 为－15V，三者的绝对值均不能低于 13V，若低于此值信号检测板将不能正常工作，这块电源板上有整流滤波等大功率环节，因此使用时间长了以后，容易产生过热而损坏；②开关电源故障，首先用替换法检测信号检测板，若故障依旧，检查电源板各点电压，若电压异常，用替换法检查电源板。

　　（2）电容器容量发生变化。变频器经过一段时间的运行后，3300μF 的电容会有一定程度的老化，电容里的液体若泄漏，将导致变频器的储能有限。一般运行 5～8 年后才开始有此类问题，这时需要对电容进行检测，发现电容容量降低后，必须进行更换。在电容的更换过程中，也容易出现两个问题：①电容和电源板的间隙较近，中间有安装孔，电容较易通过安装孔对电源板放电而引起故障；②电容安装螺钉容易起毛刺，如果安装不牢固，也容易引起电容放电，导致变频器不能正常启动。

故障实例 2

　　故障现象：一台 6SE48 系列变频器的控制面板显示 INVETERU 或 INVETERVORW 故障信息。

　　故障分析及处理：针对变频器控制面板上显示的故障信息，初步判断故障原因可能是逆变模块中的一个开关管的峰值电流 I_M 大于 3 倍的额定电流，或者逆变模块的一相驱动电路有故障，发生这种故障发生后，可引起变频器输出端发生短路，也可因不正确的设定，导致电动机振动明显。初步判断故障原因，分析如下。

　　（1）驱动板故障。变频器在进行脉宽调制时，脉冲系列的占空比按正弦规律变化。调制波为正弦波，载波为双极性的等腰三角波，调制波和载波的交点给定逆变桥输出相电压的脉冲系列。驱动板包括一个分辨率可达 0.001Hz，最大频率为 500Hz 的数字频率发生器和一个生成三相正弦波的脉宽调制器，这个调制器在恒定脉冲频率 8kHz 下异步运行，它产生的电压脉冲交替地导通和关断同一桥臂的两个开关管。在驱动板发生故障时，就不能正常地产生电压脉冲，对此可用替换法检查驱动板是否正常。

　　（2）逆变模块故障。6SE48 系列变频器采用的逆变器件是 IGBT，IGBT 的控制特点是输入阻抗高，栅极电流很小，故驱动功率小，只能工作在开关状态，不能工作在放大状态。它的开关频率可达到很高，但抗静电性能较差。IGBT 是否出故障，可以用万用表电阻挡进行测量判断。具体测量的步骤如下。

　　1）断开变频器电源。

　　2）断开变频器与电动机的连接电缆。

　　3）用万用表测量输出端和 DC 连接的 A、D 端的电阻值，通过交换万用表表笔测量两次，若变频器的 IGBT 完好，则应是：从 U2 端到 A 端为低阻值，反之为高阻值；从 U2 端到 D 端为高阻值；反之为低阻值。其他相也是如此，当 IGBT 断路时，两次都是高阻值，若短路时都是低阻值。

故障实例 3

故障现象： 一台 6SE48 系列变频器的控制面板显示 PRE-CHARGING 故障信息。

故障分析及处理： 针对变频器控制面板上显示的故障信息，初步判断故障原因可能是变频器上电启动后，DC 直流电压在充电期间若发生不允许的情况，导致预充电停止。出现这种故障时应做以下检查。

（1）检查直流部分是否短路。将变频器电源断开，测量 A 端和 D 端之间的电阻值，因有续流二极管的并入，需注意万用表的极性。如果发现短路，将电容断开后，再测量 A 端和 D 端之间的电阻值，看是否是直流部分短路，还是变频器的某相故障。

（2）检查整流桥。将变频器电源断开，手动接通交流接触器 K1，在电源端测量 U1、V1、W1 端对 A 端和 D 端的电阻值，即测量整流桥的二极管是否正常。

（3）检查能耗电阻。断开负载电阻，检查能耗电阻是否正常。

（4）检查开关电源变压器。检查开关电源变压器是否短路。

故障实例 4

故障现象： 一台 6SE48 系列变频器的控制面板显示 PULSE DRESISTOR 故障信息。

故障分析及处理： 针对变频器控制面板上显示的故障信息，初步判断故障原因可能是能耗电阻过载。引起能耗电阻过载的原因有：再生制动电压过高，制动功率过高或制动时间过短。能耗电阻器是一个附加元件，通常在大惯性或位能负载时选用能耗制动单元，它的作用主要是在电源开启、关断状态或在加载状态时，动态地限制 D、A 端的过电压。该变频器选用 $7.5\Omega/30kW$ 的电阻。若变频器在使用多年后，由于变频器启停次数较多，引起电阻器发热，阻值可能有所下降。检查发现能耗电阻器的阻值约为 7.1Ω，判断为能耗电阻减小而导致上述故障而使变频器不能正常运行。改用同功率的阻值约为 8Ω 的电阻，变频器上电运行正常。

故障实例 5

故障现象： 一台 6SE48 系列变频器的控制面板显示 OVER TEMPERATURE 故障信息。

故障分析及处理： 针对变频器控制面板上显示的故障信息，初步判断故障原因可能是：因为变频器的温度过高，变频器的温升主要是由逆变器件引起的，逆变器件也是变频器中最重要而又最脆弱的器件，所以用来测温的温度传感器（NTC）也装在逆变器件上。当温度超过 60℃时，变频器通过一个信号继电器来预报警；当达到 70℃时，变频器自动停机而进行自我保护。变频器过热一般由以下 5 种情况引起。

（1）环境温度高。变频器安装地点的环境温度高，对此可将变频器的入风口加冷风管道，来帮助变频器散热。

（2）风机故障。变频器的风机由一个 24V 的直流电动机驱动，若出现风机轴承损坏或直流电动机绕组损坏，风机不运转，可引起变频器过热。

（3）散热片太脏。在变频器的逆变器背面装有铝片散热装置，长期运行的变频器在静电作用下，铝片散热装置外面会覆盖灰尘，严重影响散热器的散热效果，所以应对铝片散热装置定期吹扫和清理。

（4）负载过载。变频器所带负载长时间过载，引起发热，这时要检查电动机、传动机构和所带负载。

（5）温度传感器故障。NTC 温度传感器的阻值随着温度升高而降低，可用替换法检测温度传感器是否正常。

故障实例 6

故障现象： 一台 6SE48 系列变频器的控制面板显示 GROUND FAULT 故障信息。

故障分析及处理： 针对变频器控制面板上显示的故障信息，初步判断故障原因可能是：变频器的输出端接地，或者因为电缆太长，对地产生一个太大的电容而引起。变频器接地故障有以下几种情况。

（1）电动机接地。电动机在运转过程中，由于轴承或线圈发热的原因，使电动机绕组的某相绝缘性能变差造成接地故障，应对电动机进行检修。

（2）电缆接地。连接电动机和变频器的电缆破损或过热引起绝缘性能变差，也容易引起接地故障。

（3）变频器内部故障。在变频器长时间运行后，内部线路板绝缘性能变差，也会引起对地绝缘电阻偏小，这时需对变频器线路板作绝缘处理，断电后喷绝缘漆，可消除此故障。

故障实例 7

故障现象： 一台 6SE70 系列变频器上电自检完成后，内部继电器 K3 吸一下就跳。

故障分析及处理： 结合变频器故障现象，在变频器上电时，观察发现连接 X9 的 7 点与 9 点闭合一下马上断开（K3 的动合触点外接主电路接触器绕组），测量各点输出电压正常，变频器断电后测量电流检测板 A1 的第 4 引脚与第 6 引脚之间的电阻值为 2140Ω（正常电阻值为 3200Ω），更换电流检测板后，变频器上电运行正常。

故障实例 8

故障现象： 一台 SAMCO-I 变频器在停机时过电压跳闸。

故障分析及处理： 结合故障现象，初步判断故障原因可能是：减速时间太短（若无制动电阻及制动单元），因电动机转速大于同步转速，转子电动势和电流增加，使电动机处于发电状态，回馈的能量通过逆变单元中与开关管并联的二极管至直流环节，使直流母线电压升高，在工艺允许的前提下，调整减速时间参数后，故障可消除。

故障实例 9

故障现象： 一台 6SC3716-6FG03-Z 变频器的控制面板显示 126FUSEBLOWN 或
337BLOWNFUSEINV2 故障信息。

故障分析及处理： 6SC3716-6FG03-Z 变频器的主电路原理简图如图 4-1 所示，在图4-1
中 A1 与 A2，A3 与 A4，A6 与 A7 电路结构均完全相同。在故障检查或维修前须先切断
电源，将变频器的输入变压器进线侧的高压柜断路器分断后摇出，并将变频器 A1、A2
进线柜主开关断开，且须等电容放电完毕后（断电 8min）后，方可打开柜门进行维修，切忌
停机后立即进行检查。因变频器在正常运行运行时，其直流母排电压可达到 1000V 左右，
且滤波电容为电解电容，数量达 120 个，单个容量 6800μF，储存了大量的电能，停机后
须待电容模块前的电压平衡电阻将其放电，待电压降低后（其放电时间为 8min）方可开
柜进行检查。

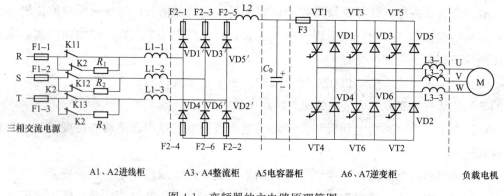

图 4-1 变频器的主电路原理简图

针对变频器控制面板上显示的故障信息，初步判断故障原因可能是逆变直流输入快
速熔断器两端的电压值超过 20V 或快速熔熔断安装不牢，导致接触电阻过大。检查 A6、
A7 柜中的 F3，发现快速熔断器 F3 熔体的已熔断，在检查逆变单元正常后，更换快速熔
断器 F3 后，静态检查变频器正常后，变频器上电运行正常。

故障实例 10

故障现象： 一台 6SC3716-6FG03-Z 变频器的控制面板显示 332BLOWNFUSERECT2
故障信息。

故障分析及处理： 针对变频器控制面板上显示的故障信息，初步判断故障原因可能
是：A3、A4 柜整流模块中至少有一个快速熔断器的熔体已熔断，致使其相应的快速熔断
器监视器输出动作，致使变频器停机并显示 332BLOWNFUSERECT2 故障信息，此时应
首先仔细检查 A3、A4 柜中整流模块的 F2-1、F2-2、F2-3、F2-4、F2-5、F2-6 快速熔断
器的熔体是否熔断（见图 4-1），同时还须检查以下项目。

（1）对整流模块中的整流二极管 VD1′、VD2′、VD3′、VD4′、VD5′、VD6′进行检
查，用万用表的二极管挡测量上述二极管的正向、反向电阻值，看二极管有无反向击穿，

若发现反向电阻值变小或接近零，应对其进行更换。

（2）仔细检查整流后的直流电路有无短路或异常，直流回路中的正负极母排间绝缘板有无绝缘击穿、老化、烧焦等痕迹，正负极母排尖角及转变处有无拉弧短路，母排是否因长期发热变形或因短路电流的热致使母排碰壳或对地短路。

（3）仔细检查 A5 柜中的各电容有无发热，变形、鼓泡，其顶部橡胶安全阀有无破裂。

（4）仔细检查快速熔断器两端连接是否牢固，快速熔断器监视器输入、输出线接头插入是否牢固。

（5）仔细检查控制柜中的线路板各插头联接是否可靠，有无松动，线路板中的熔断器的熔体有无熔断，若熔断更换熔断器的熔体。

故障实例 11

故障现象：一台 6SC7316-6FG03-2 变频器的控制面板显示 125INVOVERCURRENT、329OVERCURRENTINV2 故障信息。

故障分析及处理：针对变频器控制面板上显示的故障信息，初步判断故障原因可能是变频器一相或多相输出电流在 15ms 内连续或两次超过设定过电流值的允许次数。此时应认真对以下项目进行检查（见图 4-1）。

（1）A6 柜、A7 柜电流检测部分，即输出电抗器 L3-1、L3-2、L3-3 的极性是否接反。

（2）输出电抗器 L3-1、L3-2、L3-3 至控制柜中的线路板之间的连接线是否牢固，插头有无松动。

（3）对控制柜中的元器件的进行系统的检查。

故障实例 12

故障现象：一台西门子 6SC3716-6FG03-Z 变频器的控制面板显示 129Ud＞max、335Ud2＞max、VALUE 故障信息。

故障分析及处理：针对变频器控制面板上显示的故障信息，初步判断故障原因可能是：主电路滤波部分的直流母线电压已超过其最大电压值；逆变部分直流母线电压已超过其最大电压值。此时应对以下项目进行检查。

（1）检查取样反馈回路有无故障。

（2）检查变频器内部相应参数设置，检查电动机最大转矩是否设置太高，如果太高，进行相应调整。

（3）用万用表检查输入电源电压，看输入电压是否在允许范围内，是否存在输入电压过高问题，如输入电压长期过高，可通过调整变压器高压侧分接开关抽头位置，改变变压器的输出电压。

（4）电网电压是否稳定，是否存在瞬时高电压现象，部分故障报警可能是由瞬时高电压所造成的。

故障实例 13

故障现象：一台西门子 6SC3716-6FG03-Z 变频器的控制面板显示 137INV. OVERTEMP、340OVERTEMP. INV. 2 故障信息。

故障分析及处理：针对变频器控制面板上显示的故障信息，初步判断故障原因可能是：整流柜内、逆变柜内温度开关或整流柜、逆变柜冷却风机温度检测电路板输出继电器动作超过 4min。此时应对以下项目进行检查。

（1）冷却风机三相电源连接是否正常，接头是否松脱，电动机有无反转。

（2）冷却风机转动时，机械噪声是否过大，冷却风机转速是否偏慢，如果出现此种情况，停机后用手试转，看其轴承转动是否灵活，有无机械卡死或杂音，如存在此种情况，应及时更换轴承或冷却风机。

（3）环境温度是否过高（高于 40℃），房间门窗是否封闭过于严密，致使房间整体通风量不够，热量不易散发，此时应注意加强通风，改善周围环境温度，有条件的可采用墙侧底部进风，房屋顶部排风方式，以加强空气对流。

（4）整流柜、逆变柜内温度开关老化，致使其误动作，应检查更换。

（5）整流柜、逆变柜冷却风机温度检测电路板损坏，应检查更换。

（6）整流柜、逆变柜冷却风机温度检测元件老化，致使冷却风机温度检测电路板误动作，应检查更换。

故障实例 14

故障现象：一台 6SC3716-6FG03-Z 变频器的控制面板显示 132PRECHARGET＞max 故障信息。

故障分析及处理：针对变频器控制面板上显示的故障信息，初步判断故障原因可能是：在允许的预充电时间（可通过 S50 中的 P393 子程序进行设定）内直流母线电压没有达到预充电电压的设定值（此值与额定输入电压有关），此时应检查以下项目。

（1）仔细检查 A1、A2 柜内的预充电接触器 K2 和预充电电阻 R1、R2、R3 是否完好，电气连接是否正常（见图 4-1）。

（2）检查整流部分有无故障。

（3）检查直流部分有无短路或接线松脱。

（4）检查设定的额定电压是否高于实际输入电压，或电网电压波动致使电压偏低，输入电源电压是否低于设定额定电压（10％以上）。如额定电压设定不对，须对 S43 中的 P545 重新设定，如电网电压暂时偏低，须待电网恢复正常并且稳定后方可开机。

（5）检查预充电控制电路板是否损坏，若损坏应更换。

故障实例 15

故障现象：一台 6SC3716-6FG03-Z 变频器的控制面板显示 133M-CONTACTOR 故障信息。

故障分析及处理：针对变频器控制面板上显示的故障信息，初步判断故障原因可能是主接触器或风机合闸指令发出以后，控制线路无法检测到主接触器或风机合闸的反馈信号。此时应检查以下项目。

（1）检查进线柜 A1、A2 中的主接触器 K11、K12、K13 是否合闸，有无故障。或合闸后，其所有控制触头接触是否良好。

（2）检查相应的控制线或反馈线是否开路。

（3）检查控制柜 A8 内的 IST 电路板中的 X42 插头 3、4 端连接是否牢固。

（4）检查控制柜 A8 内的 IST 模块是否损坏，若损坏应更换。

故障实例 16

故障现象：一台西门子变频器不能与 PROFIBUS-DP 通信，变频器上的红灯一直常亮。

故障分析及处理：针对故障现象，首先检查变频器与 PROFIBUS-DP 相关的参数，即 P0700、P0719、P0918、P1000，若都设定正确。再对网线或网卡进行检查，检查网线正常，采用替换法替换网卡后，变频器上电运行，变频器与 PROFIBUS-DP 通信正常。

故障实例 17

故障现象：一台 MM430 型 7.5kW 变频器工作电源"打嗝"，控制面板无显示。

故障分析及处理：针对故障现象（控制面板无显示），初步判断为开关电源故障，因此从开关电源电路入手检查，先用排除法将负载电路逐一切除，开关电源还是不能良好起振，说明"打嗝"不是由负载过重而引起。检查振荡与稳压回路也无异常。检查开关管截止分流回路，发现两只 200V 稳压管击穿损坏。

一般的分流（也称反峰电压吸收）回路是采用一只二极管和阻容并联电路串联后，再与开关变压器一次绕组并联的，其二极管接法相似于一般线圈回路的续流二极管接法，作用也是在开关管趋于截止期间，将一次绕组回路的电能快速释放，以使开关管更快地截止。但该电路是从 P＋端串联两只正向连接的 200V 稳压管，再串联两只阻值为 360kΩ 的热敏电阻到开关管的漏极，其回路也是并联在一次绕组上。当开关管趋于截止，一次绕组中的电流急剧减小引起绕组反电势的急剧上升，与电源电压相叠加高于 P＋电压 400V 以上时，此保护回路击穿导通，将此能量泄放回电源。当反电势能量较小时，流过两只热敏电阻的电流较小，其温升也较小，阻值较大，对能量的泄放也较慢。当反电势能量较大时，随泄放电流的增加，电阻温升上升，阻值减小，又加快了能量的泄放。

因没有同型号备件，采用 4 只 110V 的稳压管代用两只 200V 稳压管后，给变频器上电后，开关电源工作正常，启动变频器运行正常。

故障实例 18

故障现象：一台 MM440-200kW 变频器上电后，控制面板显示"-----"故障信息。

故障分析及处理：针对变频器控制面板上显示的故障信息，初步判断故障原因可能是主控板有故障。原因可能是在安装的过程中没有严格遵循 EMC 规范，强弱电缆没有分开布线、接地不良并且没有使用屏蔽线，致使主控板的某些元件（如贴片电容、电阻等）或 I/O 口损坏，但也有个别问题出在电源板上。用替换法替换一块主控板后，检查变频器外部布线正常，变频器上电后运行正常。

故障实例 19

故障现象：一台 MM4/MM3 变频器上电后，控制面板显示正常，但一运行控制面板即显示过电流 F0001（MM4）或 F002（MM3）故障信息，即使空载也一样。

故障分析及处理：针对变频器控制面板上显示的故障信息，初步判断故障原因可能是 IGBT 模块损坏或驱动板有故障，需对 IGBT 模块和驱动电路进行检查。经检查发现 IGBT 模块已损坏，发生这种故障的原因一般是因为变频器多次过载或电源电压波动较大（特别是偏低）使得变频器脉动电流过大，主保护电路来不及反应而造成的。更换 IGBT 模块后，检查驱动电路无异常，变频器上电运行正常。

故障实例 20

故障现象：一台 MM3-30kW 变频器在使用的过程中经常"无故"停机，再次开机可能又是正常的。

故障分析及处理：结合故障现象，对变频器主电路进行检查，发现上电后主接触器吸合不正常，有时会掉电或抖动。结合故障现象初步判断故障在主接触器控制回路，在对主接触器控制回路检查时发现由变频器内开关电源引出到主接触器线圈电源的滤波电容漏电造成电压偏低，这时如果供电电源电压偏高还问题不大，如果供电电压偏低就会致使接触器吸合不正常造成无故停机。更换此滤波电容器后，变频器上电运行正常。

故障实例 21

故障现象：一台 MM4-22kW 变频器上电后，控制面板显示正常，一给运行信号就显示出"P----"或"-----"故障信息。

故障分析及处理：针对变频器控制面板上显示的故障信息，初步判断故障原因可能是冷却风机，在对变频器检查中发现冷却风机的转速不正常，把风机停掉后，变频器控制面板显示 F0030 和 F0021、F0001、A0501 故障信息，并发出报警信号。

结合故障信息判断故障在风机供电回路，在故障查找中先给了变频器运行信号然后再把风机接上去就不显示"P---"故障信息，但是，接上第一个风机时，风机的转速是正常的，输出三相也正常，第二个风机再接上时风机的转速明显不正常。进一步确认故障部位为风机电源板。经对风机电源板检查发现由变频器内开关电源引出来的电源回路的滤波电容漏电造成风机电源电压降低，更换此滤波电容器后，变频器上电运行正常。

故障实例 22

故障现象：一台 75kW 的 MM440 变频器上电运行一切正常，但在运行半个多小时后电动机停转，可是变频器的运转信号并没有丢失却仍在保持，控制面板显示 A0922 故障信息。

故障分析及处理：变频器控制面板显示 A0922 故障信息的原因是变频器没有负载。针对该故障信息，首先测量变频器三相输出，测量结果是变频器无电压输出，将变频器手动停止，再次运行又恢复正常。正常时面板显示的输出电流是 40～60A。过了二十多分钟，同样的故障现象出现，这时面板显示的输出电流只有 0.6A 左右。结合故障现象判断故障在驱动板上的电流检测单元，用替换法替换驱动板后，变频器上电运行正常。

故障实例 23

故障现象：一台 MM3 变频器上电后，控制面板显示 F231 或 F002 故障信息。

故障分析及处理：针对变频器控制面板上显示的故障信息，初步判断故障可能在驱动板或主控板上，采用替换法先替换驱动板后，变频器上电后控制面板仍显示 F231 或 F002 故障信息，判断主控板有故障，替换主控板后，变频器上电运行正常。

故障实例 24

故障现象：一台 MDV 变频器的控制面板显示 F231 故障信息。

故障分析及处理：针对变频器控制面板上显示的故障信息，首先拆下变频器与电动机的连线（U、V、W）后启动变频器，如果正常，则是外部问题，如果故障依旧的话，一般为逆变模块或驱动电路故障，应对逆变模块和驱动电路进行全面检查。

常见故障是驱动电路损坏造成逆变模块损坏，其主要原因是：光电隔离器 4506 输出的上拉电阻损坏短路，使得 4506 的输入无论是高电位还是低电位，输出送到 T95 的信号始终是高电位。在变频器运行时，造成逆变模块同一桥臂二个开关元件同时导通而损坏逆变模块。

西门子 MDV 变频器从 15kW～37kW 的变频器的驱动板是通用的，45kW～90kW 变频器的驱动板驱动板也是通用的，其驱动电路一般选用 HCNW4506 的驱动光耦，这个光耦的故障率比较高，同时还有其周边的二极管、三极管，如 TG92、Z2Y2Y4 等，如果损坏或性能不好，都会影响到逆变模块。

故障实例 25

故障现象：一台 MM4 变频器上电后，控制面板无显示，面板的绿灯不亮，黄灯快闪。

故障分析及处理：针对故障现象初步判断变频的整流器和开关电源工作基本正常，问题可能在开关电源的某一路整流二极管击穿或开路，用万用表测量开关电源的几路整流二极管，确认故障二极管后更换一个同规格的整流二极管后，变频器上电后运行正常。引起这种故障的原因一般是整流二极管的耐压偏低，电源脉冲冲击造成二极管击穿。

故障实例 26

故障现象：一台 MM4 变频器上电运行有时控制面板显示 F0022、F0001、A0501 故障信息，在敲击机壳或动一动面板和主板时能恢复正常。

故障分析及处理：针对变频器控制面板上显示的故障信息和故障现象，初步判断为接插件或焊接点接触不良，首先检查各部位接插件的接触是否良好，可对接插件进行重新插接。并检查线路板上的电子元器件的焊接质量，对怀疑有焊接质量问题的部位进行补焊，通常可以排除故障。

故障实例 27

故障现象：一台 MM440-200kW 变频器，由于负载惯量较大，启动转矩大，设备启动时频率只能上升到 5Hz 左右就再也上不去，并且报警，显示故障信息 F0001。

故障分析及处理：针对变频器控制面板上显示的故障信息和故障现象，首先对变频器硬件进行检查，若没有发现问题，再对设置的参数进一步检查时，发现参数设置不当，因控制方式采用矢量控制方式，需要正确地设置电动机参数。在正确设定电动机的参数，建立电动机模型后，变频器上电运行一切正常。

故障实例 28

故障现象：一台 MM440 变频器上电后，控制面板显示 F0001 故障信息，并跳停。

故障分析及处理：针对变频器控制面板上显示的故障信息和故障现象，首先区分过电流跳闸是由负载原因还是变频器的原因引起的，首先查询变频器的故障历史记录，若查询到跳闸时的电流超过了变频器的额定电流或者电子热继电器的设定值，而三相电压和电流是平衡的，则应考虑是否过载或负载突变，如电动机堵转等。在负载惯性较大的场合，可适当延长加速时间。若跳闸时的电流在变频器的额定电流或者电子热继电器的设定值范围内，可判定是变频器相关部分发生故障。

如果是减速时 IGBT 模块过电流或是变频器对地短路跳闸，通常是逆变桥的上半桥的模块或其驱动电路部分发生故障，而加速时 IGBT 模块过电流则是下半桥的 IGBT 模块或其驱动电路部分发生故障。因故障表现为上电后过电流跳闸，故对下半桥的 IGBT 模块或其驱动电路进行检查，首先通过测量变频器主回路端子输出三相 U、V、W 分别与直流侧的 P、N 端子之间的正、反向电阻来判断 IGBT 模块是否损坏，检查发现 IGBT 模块已损坏；再对驱动电路进行检查，驱动电路工作正常。更换下半桥的 IGBT 模块后，变频器上电后运行正常。

故障实例 29

故障现象：一台 MM420/MM440 变频器的 AOP 控制面板仅能存储一组参数。

故障分析及处理： MM420/MM440 系列变频器的 AOP 控制面板中能存储 10 组参数，但在用 AOP 面板作第二台变频器参数的备份时，提示"存储容量不足"。造成这种现象的原因可能是 AOP 面板中的内存不够。对此类问题的解决办法如下。

（1）在菜单中选择"语言"项。

（2）在"语言"项中选择一种不使用的语言。

（3）按 Fn＋△键选择删除，经提示后按 P 键确认。

这样，AOP 面板就有了足够的内存，可存储 10 组参数。

故障实例 30

故障现象： 一台西门子 MIDIMASTERVector（22kW）变频器在上电启动后控制面板显示过电流故障信息，并跳停。

故障分析及处理： 针对变频器控制面板上显示的故障信息和故障现象，经检查发现电动机的实际功率为 30kW，存在变频器和电动机容量不匹配现象。首先将变频器的控制模式选为矢量控制，在输入电动机参数后，变频器自动将电动机的额定电流 60A 限定在 45A，因电动机铭牌上无功率因数值，按变频器手册的要求，将其设定为 0，在作自动辨识（P088＝1）后启动电动机时，变频器过电流跳闸。再将变频器控制模式改为 U/f 控制，情况依旧。为此对设定的电动机参数进行检查，发现功率因数设置为 1.1，将其改为 0.85 后，变频器上电后运行正常。

故障实例 31

故障现象： 一台 6SE7036 变频器启动后运行一段时间后跳闸，控制面板显示 F023 故障信息。

故障分析及处理： 变频器控制面板上显示 F023 故障信息的原因是逆变器超出极限温度。针对该故障，首先检查冷却风机电源熔断器，发现冷却风机电源熔断器的熔体已熔断，因为冷却风机电源熔断器熔体熔断导致冷却风机不工作，而使变频器温度过高而跳闸，在对冷却风机电源回路检查无异常后，更换冷却风机熔断器熔体后，变频器上电后运行正常。

故障实例 32

故障现象： 两台 440 变频器（5.5kW）实现同步运转，其中一台 5.5kW 变频器在运行中控制面板经常显示 F0011 或 A0511 故障信息，并跳停。

故障分析及处理： 变频器控制面板上显示 F0011 或 A0511 故障信息，说明电动机过载。针对该故障首先脱开电动机传动皮带，用手盘动电动机及设备，没有异常沉重现象，将两台变频器拖动的电动机互换，发现还是原来那台变频器报警，则确定故障出在变频器。对故障变频器拆机检查发现电流检查电路传感器故障，更传感器换后，变频器上电后运行正常。

故障实例 33

故障现象：一台 6SE7023-4TA61-Z 变频器的控制面板显示 008 故障信息。

故障分析及处理：针对变频器控制面板上显示的故障信息和故障现象，首先检测 15V 电压（正常为 15V），若没有 15V 电压，K1 已经闭合，再检测 V3（Q3）的发射极，若有 15V 电压，基极电压正常，可初步判断为 V3 损坏，更换 V3 后，给变频器上电运行一切正常。

故障实例 34

故障现象：一台 6SE7022-4TA61-Z 变频器的控制面板显示 008 故障信息。

故障分析及处理：针对变频器控制面板上显示的故障信息和故障现象，初步判断故障在 CUVC 板，离线检测 CUVC 板，发现电阻 R652 和 R658 损坏，更换电阻 R652 和 R658 后，给变频器上电运行一切正常。

故障实例 35

故障现象：一台 6SE7036 变频器电源侧失电后，再次上电后，控制面板显示 F008 故障信息。

故障分析及处理：6SE7036 变频器在电源侧失电后，再次上电后，若变频器控制面板显示 F008 故障信息，按 P 健复位即可。

故障实例 36

故障现象：一台西门子变频器启动自检完毕，开机控制面板显示 008 故障信息。

故障分析及处理：针对变频器控制面板上显示的故障信息和故障现象，初步判断是启动封锁，变频器在故障复位后，要将"使能"、ON/OFF1 置 0，如果仍然处于 008 状态，要检查系统的 OFF2 是否置 0；或硬件的"紧急停车"端子是否开路，或功率定义是否错误（例如功率定义应为 43，结果定义成 36）；若上述检查正常，则检查比较状态字参数是否有问题，如果状态字正常，应检查变频器驱动电路板。在检查驱动电路板 A21 集成电路 9 引脚外接的 $7.5k\Omega$ 电阻时，发现该电阻的阻值变值为 $298k\Omega$。更换同规格电阻后，变频器上电运行正常。

故障实例 37

故障现象：一台 6SE7023-4TC61-E 变频器的控制面板显示 008 故障信息。

故障分析及处理：针对变频器控制面板上显示的故障信息和故障现象，首先检查底板电源 N3 正常，N2 第 20 引脚输出电压为 14.50V，稍微偏低，正常值为 15.30V，N5 第二引脚电压为 5.6V，在测量时，电源发出"嗞嗞"响声，检查发现第 1 引脚处外接 $100k\Omega$ 电阻、CUVC 板连接器 X239A 第 20 引脚接 $3.3k\Omega$ 电阻损坏，更换同规格电阻后，变频器上电运行正常。

故障实例 38

故障现象：一台 6SE7021-OTA61-Z 变频器的控制面板显示 F008 故障信息，复位后显示 009 开机准备，变频器启动，加入给定频率 20s 后，控制面板仍显示"F008"故障信息。

故障分析及处理：针对变频器控制面板上显示的故障信息和故障现象，首先检查发现变频器电压、电流检测集成块 N1（TL084）3 引脚的电阻 R209 的阻值由 4.7Ω 变为 888kΩ，14 引脚电阻 R203 的阻值由 4.7Ω 变为 185kΩ。更换同规格电阻后，变频器上电运行正常。

故障实例 39

故障现象：一台变频器上电自检完后，控制面板显示 F008 故障信息，复位后显示 009，但不能启动。

故障分析及处理：针对变频器控制面板上显示的故障信息和故障现象，首先检查发现驱动电路三极管 V17（5C）的集电极电阻 R152 的阻值为 1.69kΩ，正常时的电阻值应为 1.275kΩ（4 只 5.1kΩ 贴片电阻并联），其中一只电阻烧坏，更换同规格电阻后，变频器上电运行正常。

故障实例 40

故障现象：一台变频器的控制面板显示 F008 故障信息，上电自检显示 009 开机准备状态，但是随后显示 F008 故障信息不能启动。

故障分析及处理：针对变频器控制面板上显示的故障信息和故障现象，首先检查底板电压、电流检测电路部分，在线测量 R56 的阻值为 4.3kΩ，正常值为 900Ω，用热风枪拆下测量阻值为 1MΩ，已经烧坏。更换同规格电阻值后，变频器上电运行正常。

故障实例 41

故障现象：一台变频器控制面板显示 008 故障信息

故障分析及处理：针对变频器控制面板上显示的故障信息，首先检查触发板 A21 的集成块 9 引脚外接 7.5kΩ 电阻，发现其阻值变为 298kΩ，更换同规格电阻后，变频器上电运行正常。

故障实例 42

故障现象：一台变频器控制面板显示 008 故障信息，不能复位。

故障分析及处理：针对变频器控制面板上显示的故障信息和故障现象，首先将变频器重新初始化，输入参数，显示 009 开机准备状态。变频器带负载上电，加入给定频率，输出正常。5min 后，K3 继电器带外接主接触器出现断续的掉电声，停电检查变频器主板，在检测 N5（MC33167T）集成块时，发现接 1 引脚 100kΩ 电阻损坏，三极管 V12 基极电阻的阻值为 4kΩ，正常值应为 2.2kΩ。更换损坏的电阻后，变频器上电运行正常。

故障实例 43

故障现象： 一台 6SE70 系列变频器的控制面板显示 F011 故障信息。

故障分析及处理： 针对变频器控制面板上显示的故障信息，检查电压检测集成电路 N1（TL084）引脚 7 外接电阻的阻值为 15Ω，正常值为 47Ω，V2（IRF520）G 极保护电阻的阻值 340kΩ，正常值为 10Ω，更换两故障电阻后，变频器上电运行正常。

故障实例 44

故障现象： 一台 6SE70 系列变频器的控制面板显示 F011 故障信息，并跳停，且变频器有焦煳味。

故障分析及处理： 针对变频器控制面板上显示的故障信息和故障现象，首先测量集成电路 N2 引脚 20 输出电压，发现只有 5.1V，引脚 1 输出电压为 16.5V，检查发现 N2 引脚 9 接的 1kΩ 电阻损坏，N5 引脚 1 接的电阻的阻值为 20MΩ，正常值为 100kΩ，引脚 3 外接电阻的阻值 2MΩ，正常值为 10Ω，触发板 A22 引脚 3 与引脚 4 接 4.7kΩ 电阻损坏，更换故障电阻后，变频器上电检测 N2 各引脚电压正常，恢复接线后，变频器上电运行正常。

故障实例 45

故障现象： 一台 6SE7023-4TA61-Z 变频器的控制面板显示 F011 故障信息。

故障分析及处理： 针对变频器控制面板上显示的故障信息，首先替换 CUVC 板，替换后故障依旧，说明故障在底板，用万用表电阻挡测量 TL084Z 周边电阻，发现引脚 7 输出电阻 R44（47Ω）的阻值变为无穷大，致使信号阻断，更换同规格电阻后，变频器上电运行一切正常。

故障实例 46

故障现象： 一台 6SE7023-8TA61-Z 变频器的控制面板显示 F011 故障信息。

故障分析及处理： 针对变频器控制面板上显示的故障信息，初步判断故障在 CUVC 板，用万用表检查 CUVC 板，将万用表黑表笔接触 2 端，红表笔接触 1 端，测其阻值偏大，正常值应为（2.91kΩ），再查 R521、R523、R526 阻值也变大，更换故障电阻后，变频器上电运行一切正常。

故障实例 47

故障现象： 一台 MM440 变频器的控制面板显示 F0001 故障信息。

故障分析及处理： MM440 变频器通常在使用一段时间后，由于现场环境的原因（粉尘、腐蚀、潮湿等）会出现上电显示 F0001 故障信息，按 Fn 键不能复位的现象。F0001 故障信息为变频器有过电流，结合变频器在没有启动、运行的情况下显示过电流信息，分析有以下几点可能（首先将电动机脱开，排除电动机短路、接地故障的可能）。

（1）IGBT 损坏，这种故障最好判断，用普通万用表对 IGBT 进行静态阻值测量就能大致确定。

（2）接插件腐蚀、氧化，接触不好，这种故障也不难判断。只要将变频器打开，将接插件重新插拔几次，并且在上电的情况下，一边动一边按 Fn 键，看能否复位，如果偶尔出现过能复位的情况，则可判断故障为接插件接触接触不良。

（3）电路板上有元器件损坏、变值。这种情形是在排除以上两种可能的情况下做出的判断，既然是过电流，当然要从电流检测电路单元查起。首先检测 IGBT 模块，将负载侧 U、V、W 端的导线拆除，使用万用表二极管测试挡，红表笔接 P（集电极 C1），黑表笔依次测 U、V、W 端，记下万用表显示的数值；将表笔反过来，黑表笔接 P，红表笔测 U、V、W 端，记下万用表显示的数值。再将红表笔接 N（发射极 E2），黑表笔测 U、V、W 端，记下万用表显示的数值；黑表笔接 P，红表笔测 U、V、W 端，记下万用表显示的数值，对测量结果进行分析比较，发现各相之间的正反向特性差别较大，初步判断为 IGBT 模块损坏，更换新 IGBT 模块后，检查驱动电路正常，变频器上电运行一切正常。

故障实例 48

故障现象：一台 6SE7016-1TA61-Z 变频器的控制面板显示 F002 故障信息。

故障分析及处理：针对变频器控制面板上显示的故障信息，首先检查母线直流电压是否正常，若正常，可初步判断故障出现在底板的电压检测系统，该变频器的直流母线电压经串联电阻通过 TL084 传输信号给 CUVC 板，如果检测电压低于参数 P071 所设置的数值将会停止变频器运行，并发出故障信息，用万用表电压挡测 TL084 端没有电压（正常值因为 2.38V），再用万用表电阻挡测量 TL084 输出端的串电阻，发现有两个电阻因腐蚀已经断路，致使信号无法传递，更换同规格电阻后，变频器上电运行一切正常。

故障实例 49

故障现象：一台 6SE7022-6TA61-E 变频器上电初始运行正常，10s 后就跳闸，控制面板显示 F006 故障信息。

故障分析及处理：针对变频器控制面板上显示的故障信息，首先检查变频器底板，测量各点电压正常，未发现问题，初步判断为驱动电路板 A21、三极管 V17 的各个引脚可能有接触不良状况，重新焊接后，变频器上电运行正常。

故障实例 50

故障现象：一台 6SE70 变频器驱动 600V/1200kW 电动机拖动 3 缸泥浆泵，当泥浆泵压力达到 20MPa 以上泵压开始下降时，变频器显示 F015（电动机已堵转或失步）故障信息，变频器停机，复位后试验多次都是这一过程。

故障分析及处理：针对变频器控制面板上显示的故障信息和故障现象，先查看参数数据，检查发现 P493.1 选择读入转矩上限连接器的 BICO 参数是 K3003，正确的应是 K3004，连接器选择错误，改正后，变频器上电带载运行正常。

故障实例 51

故障现象： 一台 6SE70 变频器有时工作正常，有时停机控制面板显示 F023 故障信息。

故障分析及处理： 针对变频器控制面板上显示的故障信息和故障现象，首先检查变频器周围温度不高，冷却风机运转正常，也没有过载现象。于是先检查温度传感器，拆下温度传感器，用万用表测两端的压降，两个方向压降正常（0.86V），判断故障可能在信号处理回路中，检查信号处理回路的电阻 R1、R2、R3，阻值正常，用替换法替换电容 C1 后，变频器上电显示正常，变频器带载运行正常。

故障实例 52

故障现象： 一台 6SE7023-4TA61-Z 变频器的控制面板显示 E 故障信息。

故障分析及处理： 针对变频器控制面板上显示的故障信息，初步判断故障在底板，用万用表检测底板各电源电压，发现 15V 电压明显偏低，测量 8 引脚软启动电压为 0.5V（正常值为 3.85V），经查 5V 电压正常，V2Q2 触发电压正常，判断为 V2 有故障，更换 V2 后，测量 8 引脚软启动电压回复正常，15V 输出正常，恢复变频器接线，输入参数，变频器上电运行一切正常。

故障实例 53

故障现象： 一台西门子 6SE7016-1TA61-Z 变频器控制面板显示字母 E 故障信息，按 P 键及重新停、送电均无效。

故障分析及处理： 该故障有以下几种情况，对应的处理方法也不同。

（1）针对变频器控制面板上显示的故障信息和故障现象，初步判断故障在 CUVC 板，更换 CUVC 板送电开机，变频器运行一切正常，说明故障就在 CUVC 板，检测与 CUVC 板相关电路的 3 个 1kΩ 电阻，有一个已经变值，更换同规格电阻或，插上修复的 CUVC 板，变频器上电运行一切正常。

（2）针对变频器控制面板上显示的故障信息和故障现象，初步判断故障在 CUVC 板，更换 CUVC 板送电开机，一切正常，用万用表电阻挡测量更换下的 CUVC 板 1 端，2 端（5V 电源端），阻值为 320Ω（正常为 486Ω），判断有短路的地方，经检查发现 V5 击穿，更换 V5 后，插上修复的 CUVC 板，变频器上电运行一切正常。

（3）针对变频器控制面板上显示的故障信息和故障现象，初步判断故障在 CUVC 板，将 CUVC 板上 CBT 通信板拆下，装在新 CUVC 板上，插上新 CUVC 板后，变频器上电启动，控制面板仍显示 E 报警。判断故障可能在 CBT 通信板，检查 CBT 通信板，发现板上一电阻损坏。将新 CBT 通信板插到原 CUVC 板上后，在插上 CUVC 板后，变频器上电运行一切正常。

（4）针对变频器控制面板上显示的故障信息和故障现象，首先检查外接 DC24V 电源，检查发现外接 DC24V 电源电压不正常，在更换外接 DC24V 电源后，变频器上电后运行一切正常。

（5）针对变频器控制面板上显示的故障信息和故障现象，初步判断故障在底板，6SE7016-1TA61-Z 变频器底板的集成电路 N2、N3 的相关电路如图 4-2 和图 4-3 所示。

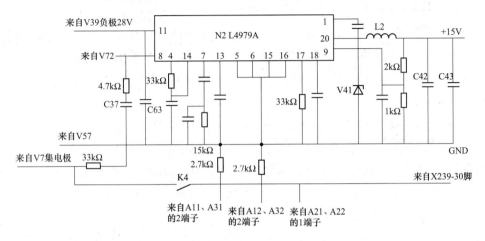

图 4-2　集成电路 N2 的相关电路

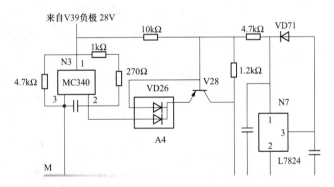

图 4-3　集成电路 N3 的相关电路

用万用表检测集成电路 N3 的基准电压不正常，N2 的引脚 20 输出电压仅为 0.1V，正常值应为 15V。检查 N2 的引脚 1 为 11.3V，引脚 8 为 0.20V，引脚 11 电源输入为 27.5V（正常）。与表 4-1 所示的 N2（L4979）各引脚电压数据对比，确认 N2 的引脚 1、引脚 8、引脚 20 电压都不正常。

表 4-1　　　　　　　　　　　　N2（L4979）各引脚电压数据

引脚	1	2	3	4	7	8	9	10
电压	26.7V	3.1V	15V	5.1V	4V	3.85V	5V	0.8V
引脚	11	12	13	14	17	18	19	20
电压	27.7V	0.45V	5V	12V	10.5V	2.3V	0.3V	15V

测量 N3 的引脚 1 电压为 0.31V，引脚 2 电压为 1.8V，与表 4-2 所示的 N3（MC340）各引脚电压数据对比，N3 的引脚 1、2 电压值也都偏低。

表 4-2   **N3（MC340）各引脚电压数据**

引脚	1	2	3
电压	2.15V	501V	0V

拆下 N3（MC340），测量引脚 2 与引脚 3 之间的电阻为 84Ω。更换 N3（MC340）后，测各引脚电压，引脚 1 为 2.1V，引脚 2 为 5.1V。测 N2 各引脚电压也都恢复正常。故障为 N3 的输出电压不正常，引起 N2 各引脚电压也出现偏移。恢复变频器接线，输入参数，变频器上电后运行一切正常。

（6）针对变频器控制面板上显示的故障信息和故障现象，首先用万用表检测底板 N2、N3 各引脚电压，N3 的引脚 1、N2 的引脚 8 电压都偏低，测 V28 三极管的 4.7kΩ 基极偏置电阻已变值为 150kΩ。更换同规格电阻后，测 N2、N3 各引脚电压正常，给变频器上电，变频器运行一切正常。故障是因 V28 基极偏置电阻变值，导致 V28 三极管截止，造成 N2、N3 集成块不能正常工作。

（7）针对变频器控制面板上显示的故障信息和故障现象，首先检查 N2（L4974A）引脚 1 的电压为 11.32V，正常值为 26.7V；引脚 20 输出电压为 0.117V，正常值为 15.31V；N3（MC340）引脚 1 电压为 0.315V，正常值为 2.1V；引脚 2 的电压值在 1.5～1.8V 之间变化，而正常值为 5.1V。检查继电器 K4 线圈串联的两支二极管 V16、V15 的电阻值分别为 3.67Ω 和 5.5Ω，已经短路，V28（5C）三极管基极电阻由正常值 4.7kΩ 变为 150kΩ，已经变质损坏。更换同规格电阻和二极管后，变频器上电运行一切正常。

故障实例 54

故障现象：一台西门子 6SE7021-0TA61-Z 变频器的控制面板显示 E 故障信息。

故障分析及处理：针对变频器控制面板上显示的故障信息，首先检查底板 15V 电压不正常（电压低），并发现底板有明显的过热现象，断开 15V 负载后，电压恢复正常，显然故障在其负载，经检查发现 MOS 管短路，将 MOS 管和与之并联的稳压管更换后，电压恢复，启动变频器上电运行一切正常。

故障实例 55

故障现象：一台 6SE70 系列变频器的控制面板无显示。

故障分析及处理：针对变频器的故障现象，结合图 4-4 所示 X9 端子与继电器 K4 的相关电路，检查发现与 K4 继电器线圈并联续流二极管 V20，与 K4 线圈串接二极管 V16 击穿短路，进一步检查发现检测 N7（L7824）损坏，N4（UC3844AN）的引脚 1 对地电阻 500Ω（正常值应为 15kΩ）。更换同型号二极管、N4（UC3844AN）、N7（L7824）后，再根据表 4-3 所列的 N4（UC3844AN）各引脚电压数据、表 4-4 所列的 N7（L7824）各引脚电压数据，测试 N4、N7 各引脚电压正常，恢复接线，变频器上电运行一切正常。

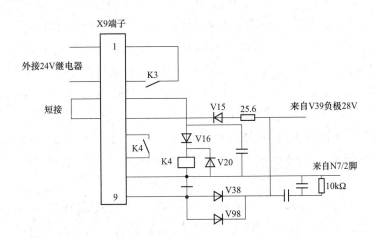

图 4-4 X9 端子与继电器 K4 的相关电路

表 4-3   N4（UC3844AN）各引脚电压数据

引脚	1	2	3	4	5	6	7	8
电压（V）	1.7	2.48	0	1.83	0	1.8	16	4.97

表 4-4   N7（L7824）各引脚电压数据

引脚	1	2	3
电压（V）	27.5	0	23.5

故障实例 56

故障现象：一台 6SE7016-1TA61-Z 变频器的控制面板"黑屏"。

故障分析及处理：该故障有以下几种情况，对应的处理方法也不同。

（1）针对变频器控制面板"黑屏"故障现象，首先检查底板 V34 场效应管 K2225 的栅极保护贴片电阻，检查发现 24Ω 的栅极保护电阻的阻值变为 500kΩ，已损坏。检测 N2 的引脚 20 无电压，引脚 1 为 11.3V，N3（MC340）引脚 3 为 4V，引脚 2 为 3.3V。用热风枪将 N3（MC340）拆下测量，引脚 1 与引脚 3 之间的阻值为 9kΩ，正常应为 500kΩ，说明 N3 已损坏。更换新的 N3（MC340）和 24Ω 贴片电阻。上电测试 N2、N3 各引脚电压正常。恢复接线，变频器上电运行一切正常。

（2）针对变频器控制面板"黑屏"故障现象，首先检测底板上 N4（UC3844AN）引脚 4～8 之间的 7.5kΩ 电阻已损坏，V34 场效应管 K2225 栅极限流电阻 R133 的阻值变为 720kΩ，将已损坏的贴片电阻拆下，更换同规格电阻。上电测试各点电压正常。恢复接线，变频器上电运行一切正常。

（3）针对变频器控制面板"黑屏"故障现象，检查发现底板上 V34 场效应管 K2225 的栅极保护贴片电阻的阻值已由 24Ω 变为 430kΩ，检查电源变压器 T6 二次绕组之间，经

V58 串联连接的 5 只相并联的 100Ω 电阻值为 33Ω，拆下分别检测，发现其中一只阻值已变为 10MΩ，另一只阻值变为 1MΩ。更换同规格电阻后，变频器上电运行一切正常。

（4）针对变频器控制面板"黑屏"故障现象，检查发现底板上 25A 正负熔断器 F1、F2 的熔体已熔断，测量 IGBT 模块输出端 U 相与 V 相之间的电阻值为 11Ω，已经短路（正常阻值应该为 210kΩ），IGBT 模块触发部分的触发板 A12、A32、A22 的引脚 3 与引脚 4 和引脚 7、引脚 5、引脚 8 的电阻阻值变为 1.9Ω，已经短路。更换同型号 6 单元 IGBT 模块（型号为 BSM15G120DN12）与驱动电路板 A12、A32、A22 后，恢复接线，变频器上电，测量各个电源输出电压正常，IGBT 模块 6 个触发电路引脚电压为 -5.1V，变频器上电运行一切正常。

（5）针对变频器控制面板"黑屏"故障现象，检查发现底板上集成电路 N4（UC3844）引脚 4 外接振荡电阻的阻值为 420kΩ，正常应为 7.5Ω。更换振荡电阻后，变频器上电运行一切正常。

（6）针对变频器控制面板"黑屏"故障现象，检查发现底板上电源开关管 V34（K2225）栅极限流电阻 R133（100Ω 和 24Ω）已损坏，测量 N4（UC3844）引脚 3 过电流保护外接电阻的阻值已由正常时的 100Ω 变为 400kΩ，更换同规格电阻后，变频器上电运行一切正常。

（7）针对变频器控制面板"黑屏"故障现象，检查发现底板上 N4 的引脚 4 与引脚 8 振荡电阻的阻值已由正常时的 7.5kΩ 变为 420kΩ，引脚 6 输出电阻 R133 的阻值已由正常时的 100Ω 变为 300Ω；电压检测部分 N1（TL084）引脚 14 输出外接电阻 R203 的阻值已由正常时的 47Ω 变为 544kΩ；驱动板引脚 11 接的电阻 R226 的阻值已由正常时的 9Ω（两支 18Ω 电阻并联）变为 144Ω，引脚 4 接电阻 R214 的阻值已由正常时的 18.5Ω 变为 21Ω，引脚 3 接电阻 R126 的阻值已由正常时的 9Ω 变为 18.3Ω，引脚 1 接电阻 R116 的阻值已由正常时的 9Ω 变为 12.6Ω。更换同规格电阻后，变频器上电运行一切正常。

（8）针对变频器控制面板"黑屏"故障现象，检查发现底板上开关电源的开关管 V34（K2255）栅极 2000Ω 限流电阻已损坏，V28（5C）三极管的 10kΩ 和 1.2kΩ 基极电阻均已损坏，N3（MC340）的引脚 1 接的 1000Ω 电阻已损坏，更换同规格电阻后，变频器上电运行一切正常。

（9）针对变频器控制面板"黑屏"故障现象，检查发现底板上开关电源的开关管 V34（K2255）和漏极电阻 R400（10Ω）已损坏，其他正常，更换损坏的元器件后，给变频器上电，控制面板显示 008 开机封锁故障信息，重新初始化，输入参数后，变频器上电运行一切正常。

（10）针对变频器控制面板"黑屏"故障现象，若在变频器上电时听到开关电源发出"吱吱"声音，则应先测量各输出点电压。发现 N2 的引脚 20 输出电压为 14.95V（偏低），正常值为 15.30V，其他各点输出电压正常。停电测量电流检测板 A1，发现引脚 4 与引脚 7 之间电阻值为 2.84Ω，正常值约为 3.1kΩ，更换一块电流检测板 A1 后，变频器上电显示 F029 故障信息，测量 A1 板的引脚 1 与引脚 4 之间的电阻值为无穷大，正常值为 25Ω，拆下 U 相电流变送器 T4，测量 T4 与电流检测板 A1 的引脚 1、引脚 4 并接的线绕电阻，阻值为无限大（正常应为 25Ω），判断为线绕电阻断路。更换同规格线绕电阻后，变频器上电运行一切正常。

（11）针对变频器控制面板"黑屏"故障现象，给变频器上电后，发现变频器上电自检完成后，内部继电器 K3 吸一下就跳，连接 X9 的 7 端与 9 端闭合一下马上断开（K3 的动合触点外接主电路接触器线圈），测量各点输出电压正常，断电测量电流检测板 A1 的引脚 4 与引脚 6 之间的电阻值为 2140Ω，正常应为 3200Ω，更换电流检测板后，变频器上电运行一切正常。

（12）针对变频器控制面板"黑屏"故障现象，检查发现底板上二次电源逆变开关管 V2（IRF520）的栅极限流电阻由原正常阻值 10Ω 变为 590kΩ，拆下测量为 11MΩ，更换同规格电阻后，变频器上电运行一切正常。

（13）针对变频器控制面板"黑屏"故障现象，首先用外接 24V 电源试机，控制面板显示正常，再用万用表测低压交流输出，无电压，判断故障在电源处，测 UC3844 的引脚 6 脉冲输出正常，到 Q36 栅极没有电压，测量电阻 R321 由 28Ω 变为无穷大，更换同规格电阻后，变频器上电运行一切正常。

故障实例 57

故障现象： 一台 6SE7023-4TA61-Z 变频器的控制面板无显示。

故障分析及处理： 针对变频器控制面板无显示故障现象，初步判断故障在电源部分，首先检查变频器供电电源正常，拆开变频器检查，发现变频器内部熔断器的熔体熔断，判断为有短路故障，检测发现 IGBT 内部短路，更换 IGBT 后，检测驱动电路正常，变频器上电运行一切正常。

故障实例 58

故障现象： 一台 ECO 变频器控制面板无显示。

故障分析及处理： 针对变频器控制面板无显示故障现象，初步判断故障在电源部分，首先检查变频器供电电源正常，拆开变频器后发现内部有严重的短路现象，整流模块和 IGBT 模块爆裂，短路造成的黑色积炭喷得到处都是，主回路两个继电器也损坏，检测主控板正常，但驱动电路损坏。储能大电容 1 已发胀，电容板上的两颗大螺丝接触处全部烧焦，这就是 ECO 变频器的通病，因为所有电流都是要经过这两颗螺丝，一旦螺丝生锈，很容易引起电容的充放电不良，导致电容发热、漏电、发涨到最后损坏重要器件，更换损坏器件后，变频器上电运行一切正常。为了防止再次接触不良打火，可在螺丝上焊接几股粗铜线，以确保接触可靠。

故障实例 59

故障现象： 一台西门子变频器的控制面板无显示。

故障分析及处理： 针对变频器控制面板无显示故障现象，初步判断为变频器开关电源故障，此变频器开关电源采用的脉宽调制集成电路 UC2844，首先将电源板取出与

IGBT 分离以避免因电源故障造成 IGBT 损坏，找到电源板输入 560VDC 正负极，上电后测量 UC2844 的脉冲输出端有断续脉冲，UC2844 的电源端引脚 11、12 有（80→10）锯齿波。因此可以判断 UC2844 是好的，是 UC2844 的供电不正常。UC2844 启振后的供电是靠变压器的一组反馈绕组，维持 UC2844 正常持续脉冲输出。测量开关管集成电极，有一脉冲与驱动脉冲互为反相，证明开关管是好的。初步判断故障原因可能是二次负载短路或是反馈绕组至 UC2844 电源端电路不正常，检查发现二次负载有一整流管短路，更换整流管后，变频器上电运行一切正常。

4.3 LG 变频器故障检修实例

故障实例 1

故障现象：一台 LGSV030IH-4 变频器，静态检查判断整流模块损坏，无其他不良之处，更换整流模块后，带负载运行良好，但运行不到一个月整流模块再次损坏。

故障分析及处理：根据故障现象初步判断为变频器某处绝缘不好，检查电容器正常，检查逆变模块正常，检查各个端子与地之间也未发现绝缘不良问题，检查直流母线回路，发现端子 P-P1 与 N 之间的塑料绝缘端子有炭化迹象，拆开端子查看，发现端子碳化已相当严重，更换损坏端子及整流模块后，变频器上电运行一切正常。

故障实例 2

故障现象：一台 LGIH55kW 变频器在运行时经常显示 OL 故障信息，并跳停。

故障分析及处理：针对变频器控制面板上显示的故障信息和故障现象，经询问用户得知，该台变频器原来是用在 37kW 的电动机上，现在改用在 55kW 的电动机上。参数也没有重新设置过，判断问题有可能出在参数上，经检查变频器的电流极限设置为 37kW 电动机的额定电流，将参数重新设置后，变频器上电运行一切正常。

故障实例 3

故障现象：一台 LG-IS3-43.7kW 变频器一启动就显示 OC 故障信息，并跳停。

故障分析及处理：针对变频器控制面板上显示的故障信息和故障现象，首先在线测量 IGBT（7MBR25NF-120），初步判断 IGBT 模块正常，为进一步判断故障，把 IGBT 模块拆下后测量各单元的 IGBT，均正常。在测量上半桥的驱动电路时发现有一路电阻值与其他两路有明显区别，经检查发现有一只光耦（A3120）输出引脚与电源负极短路，更换光耦 A3120 后，检测三路电阻值基本一样。装上后 IGBT 模块，变频器上电运行一切正常。

故障实例 4

故障现象：一台 LGSV030IH-4 变频器显示 FU（快速熔断器）故障信息，并跳停。

故障分析及处理：针对变频器控制面板上显示的故障信息和故障现象，分析变频器的快速熔断器熔体熔断的原因一般有：①快速熔断器后面的电路有短路故障；②过电流保护设置不正确；③快速熔断器配置不正确；④快速熔断器老化。

快速熔断器的分断时间通常在 5ms 左右，所以当有大电流经过变频器内部时，快速熔断器熔体熔断，从而保护大功率模块。LGSV030IH-4 变频器是对快速熔断器前面后面的电压进行采样检测，当快速熔断器熔体熔断以后，必然会出现快速熔断器一端没电压，此时隔离光耦动作，出现 FU 报警。对于快速熔断器熔体熔断故障处理时，应在分析和查找熔断原因后，并排除故障后才能更换快速熔断器熔体。

在更换快速熔断器熔体前必须检查变频器主回路是否有故障，确认变频器主回路正常后，方可更换快速熔断器熔体。在检查变频器主回路正常，过电流参数设置正确后，了解到该台变频器已运行 8 年，初步判断为快速熔断器老化，更换快速熔断器熔体后，变频器上电运行一切正常。

故障实例 5

故障现象：一台 LGIH55kW 变频器显示 OC 故障信息，并跳停。

故障分析及处理：针对变频器控制面板上显示的故障信息和故障现象，初步判断为 IGBT 模块损坏，因 IGBT 模块损坏是变频器损坏的常见故障之一，IGBT 模块损坏的故障现象表现为过电流保护动作、电动机抖动、三相输出电流和电压不平衡、有频率显示却无电压输出等。在排除加减速时间等参数设置的原因外，IGBT 模块损坏的原因如下。

(1) 外部负载发生故障而导致 IGBT 模块的损坏，如负载发生短路、堵转，负载波动大，导致浪涌电流过大而损坏 IGBT 模块。

(2) 驱动电路老化也有可能导致驱动波形失真，或驱动电压波动太大而导致 IGBT 损坏。

(3) 变频器供电电源缺相，导致 IGBT 损坏。

拆下 IGBT 模块，离线测量发现有一单元的 IGBT 损坏。在更换前对变频器主电路和驱动、控制电路进一步检查未见异常，判断为外电路故障引起变频器 IGBT 模块损坏，更换 IGBT 模块后，变频器上电运行一切正常。

故障实例 6

故障现象：一台 LGIH 变频器显示 HW 故障信息，并跳停。

故障分析及处理：针对变频器控制面板上显示的故障信息和故障现象，初步判断引起变频器显示 HW 故障信息的原因如下。

(1) 散热风机损坏。由于使用环境等原因而导致风机轴承摩擦力过大，引起风机负载偏大而显示 HW 故障信息。

(2) 功率模块内置的温度检测电路损坏也会显示 HW 故障信息。

(3) 主板故障也显示 HW 故障。

检查变频器散热风机，发现散热风机不工作，用万用表检测散热风机电源正常，停电后用万用表检测散热风机回路开路，判断为散热风机损坏，更换散热风机后，变频器上电运行一切正常。

故障实例 7

故障现象：一台 LG 变频器显示接地故障信息，并跳停。

故障分析及处理：在分析和处理变频器显示接地故障时，在排除供电电源、电动机、传输电缆存在的接地故障后，最可能发生故障的部分就是霍尔传感器，霍尔传感器由于受温度，湿度等环境因素的影响，工作点很容易发生漂移，导致发出接地故障报警。

为判断接地故障范围，首先拆下变频器端的电动机电缆，变频器上电运行正常，可初步判断接地故障在电动机或电缆，拆除电动机端电缆，用 500V 绝缘电阻表测试电缆绝缘，发现电缆 A 相有接地故障点，更换电缆后，恢复接线，变频器上电运行一切正常。

故障实例 8

故障现象：一台 LG 变频器上电无显示。

故障分析及处理：针对 LG 变频器控制面板无显示故障现象，初步判断故障在变频器内的开关电源，LG 变频器内的开关电源与普通自激或他激式开关电源不同的是，它使用 TL431 来调整开关管的占空比，从而达到稳定输出电压的目的。当有负载短路时常会导致开关电源封锁输出，控制面板无显示。离线检查发现 TL431 异常，用替换法替换后，变频器上电运行一切正常。

4.4 富士变频器故障检修实例

故障实例 1

故障现象：一台 G9S11kW 变频器，输出电压相差 100V 左右。

故障分析及处理：针对变频器故障现象，首先在线检查逆变模块（6MBI50N-120）没发现故障，测量 6 路驱动电路也没发现故障，将其模块拆下测量发现有一路上桥大功率晶体管不能正常导通和关闭，判断功率模块已损坏，经确认驱动电路无故障后，更换新品后，变频器上电运行一切正常。

故障实例 2

故障现象：一台 FVR075G7S-4EX 变频器，显示 OC 过电流故障信息，并跳停。

故障分析及处理：针对变频器控制面板上显示的故障信息和故障现象，首先要排除由于参数问题而导致的故障，例如电流限制，加速时间过短都有可能导致显示过电流故障信息。然后再判断是否电流检测电路有故障。OC 过电流包括了变频器加速中过电流、减速中过电流和恒速中过电流，导致此故障产生的原因主要有以下几种。

（1）对于短时间大电流的 OC 故障信息，一般情况下是驱动板的电流检测回路出现故障，检测电流的霍尔传感器由于受温度，湿度等环境因素的影响，工作点很容易发生飘移，导致显示 OC 故障信息。若复位后，控制面板继续显示 OC 故障信息，原因可能为电动机电缆过长、电缆输出漏电流过大、输出电缆接头松动在负载电流升高时产生电弧效应、电缆短路等。

（2）送电显示过电流和按启动键后显示过电流的情况是不一样的，送电显示过电流，是霍尔检测元件坏。简单的判断方法是将霍尔元件同检测回路分离，送电不再跳过电流报警则是霍尔元件损坏，还有就是电源板损坏也会导致一送电就显示过电流。按启动键后显示过电流，对于采用 IPM 模块的变频器是模块损坏，更换新的模块即可解决问题。

（3）变频器的 24V 风机电源短路时，控制面板会显示 OC3 故障信息，此时主板上的 24V 风机电源会损坏，主板其他功能正常。若一上电就显示 OC3 故障信息，则可能是主板有故障。若一按 RUN 键就显示 OC3 故障信息，则是驱动板损坏。

（4）加速过程出现过电流现象是最常见的，其原因是加速时间过短，依据不同的负载情况相应地调整加减速时间，就能消除此故障。

（5）大功率模块的损坏也能引起显示 OC 故障信息，造成大功率模块的损坏的主要原因有：①输出电缆或负载发生短路；②负载过大，大电流持续出现；③负载波动很大，导致浪涌电流过大。

（6）驱动大功率模块工作的驱动电路损坏也是导致过电流报警的一个原因，G7S、G9S 系列变频器分别使用了 PC922、PC923 两种光耦作为驱动电路的核心部分，由于内置放大电路，线路设计简单。驱动电路损坏表现出来最常见的现象就是缺相，或三相输出电压不平衡。

故障实例 3

故障现象： 一台富士变频器一启动，控制面板就显示 OC1 故障信息，并跳停。

故障分析及处理： 富士变频器控制面板显示 OC1 故障信息为加速时过电流，在检查加速时间设置正常的情况下，判断为电动机故障，将变频器与电动机连接线断开，变频器运行正常，检查电动机绕组为匝间短路，更换电动机后，变频器上电运行一切正常。

故障实例 4

故障现象： 一台富士变频器的控制面板经常显示 U002 故障信息，并跳停。

故障分析及处理： 变频器控制面板显示 U002 故障信息为过电压，针对该故障，首先检查进线电压在 380±10％ 内，参数也正常，复位后正常，但过不了多久再显示同样的故障信息，检查发现变频器的电压不在参数中设置，而是通过跳线设置的，重新跳线后，变频器上电运行一切正常。

故障实例 5

故障现象：一台富士变频器在夏季运行时控制面板经常显示 OHl、OH3 故障信息，并跳停。

故障分析及处理：变频器控制面板显示 OH1、OH3 故障信息为过热保护。首先检查变频器内部的风机是否损坏，若正常，判断为变频器安装的环境温度偏高。该变频器安装在操作室内，因通风效果不良，环境温度较高，采取措施进行强制冷却后，变频器运行正常，不再显示 OH1、OH3 过热保护故障信息。

故障实例 6

故障现象：一台富士变频器在频率调到 15Hz 以上时，显示 LU 故障信息，并跳停。

故障分析及处理：变频器控制面板显示 LU 故障信息为欠电压。变频器欠电压故障是在使用中经常碰到的问题，主要是因为主回路电压太低（220V 系列低于 200V，380V 系列低于 400V），导致欠电压故障的主要原因如下。

（1）整流模块某一路损坏或有一路工作不正常，都会导致欠电压故障出现。

（2）主回路接触器损坏，导致直流母线电压损耗在充电电阻上，而导致欠电压。

（3）电压检测电路发生故障时。

结合故障现象，首先从整流部分向变频器电源输入端检查，检查发现电源输入侧缺相，由于电压表从另外两相取信号，电压表指示正常，没有及时发现变频器输入侧电源缺相。输入端缺相后，由于变频器整流输出电压下降，在低频区、因充电电容的作用还可调频，但在频率调至一定值后，整流电压下降较快造成变频器"欠电压"跳闸。排除变频器输入电源缺相故障后，变频器上电运行正常。

如果变频器经常发出 LU 故障信息，则可考虑将变频器的参数初始化（H03 设成 1 后确认），然后提高变频器的载波频率（参数 F26）。若显示 LU 故障信息且不能复位，则是电源驱动板故障。

在同一电源系统中，若有大的启动电流负载，在电源容量一定，电流突然间变大，电压必然下跌造成变频器欠电压报警，对此解决方法只能增大电源容量。还有一种情况就是变频器主电源失电，但变频器的运行命令仍在，此时也会报欠电压，这种情况不是变频器故障，而是电源容量不够或操作不当造成的。

故障实例 7

故障现象：一台 FRN160P7 变频器在电动机空载时工作正常，但不能带载启动。

故障分析及处理：这种故障通常出现在恒转矩负载，在提高了加减速时间后，若仍无法带载启动。应检查转矩提升值，将转矩提升值由 2 改为 7 后，提高低频时的电压输出，以改善变频器低频时的带载特性，调整参数后变频器带载启动运行一切正常。

故障实例 8

故障现象：一台 FRN90P9S-4CE 变频器，额定电流 176A，配用 90kW 电动机（额定电流 164A）。启动中约在 12Hz 时电动机堵转，随后过电流跳闸，启动失败数次。

故障分析及处理：结合故障现象检查变频器的设定参数，变频器转矩提升值为出厂设定值 0.1，转矩提升模式为强减转矩特性。经分析该工艺流程需要高的启动力矩，将转矩码提升值设定为 0.0，选择自动转矩提升模式，变频器上电启动、运行一切正常。

故障实例 9

故障现象：一台 FRN110P7-4EX 变频器，配套电动机型号为 JR127-10/115kW，U_e ＝380V，I_e＝231A，运行中发现有时虽然给定频率高，但频率调不上去、变频器跳闸频繁，显示 O11 故障信息。

故障分析及处理：变频器控制面板上显示 O11 故障信息说明变频器过载。在检查中发现电动机的运行电流在 220A 左右波动，而 FRN110P7-4EX 变频器的额定电流为 210A，驱动转矩已达到极限设定，致使频率不能上调。分析认为是变频器容量选择偏小（电动机运行电流大于变频器额定电流），更换大一级变频器后，变频器上电运行一切正常。

故障实例 10

故障现象：某回转窑篦式冷却机选用两台 Y250M-830kW 电动机分别驱动两级篦床，其控制原理如图 4-5 所示。选用的 FRNO37P7-4EX57kVA 变频频器安装于低压配电室内，可现场和控制室两地操作，KA 是窑篦式冷却机与破碎机联锁触点。在变频调速系统试车过程中，停车时由操作人员在主控室操作 SB4 断开变频器电源接触器 KM，使处于集中控制的窑篦式冷却机停车。重新开车时，两台变频器均进入 OH2（外部故障）闭锁状态，故障历史查询显示 OH2 和 LU（低电压）故障信息。

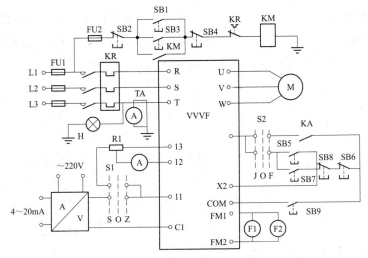

图 4-5 回转窑篦式冷却机控制原理图

故障分析及处理：针对变频器控制面板上显示的故障信息和故障现象，检查变频器电源电压正常，按 RESET 键复位无效，测量主电路直流电压为 518V。经分析故障前窑篦式冷却机工作于集中控制状态，参与系统联锁，操作员是操作 SB4 停车的（为停止变频器供电电源），计算机进行内部数据读操作并获取正转指令，此时变频器主回路直流电压尚未建立，CPU 检测后封锁输出，发出 OH2 故障信息，因此，导致故障的真正原因是错误操作所致。可针对工艺过程规定操作程序如下：开停车使用控制室内的 S2（集中控制时）或 SB5、SB6 开停车按钮，将集中控制室内变频器电源接触器控制按钮 SB3、SB4 仅在停机检修时启用，以避免误操作现象出现。

故障实例 11

故障现象：一台 FRN160P7-4 变频器在运行中突然发生跳闸。

故障分析及处理：针对变频器故障现象，检查变频器外围部分的输入、输出电缆及电动机均正常，变频器所配快速熔断器的熔体未熔断，可初步判断逆变回路无短路故障。

拆下变频器，发现整流模块输入端的铜母排之间有明显的短路放电痕迹，整流管阻容保护电阻的一个线头被烧断，而其他部分外观无异常。检查 L1 输入端 4 只整流管均完好。将阻容保护电阻端控制线重新焊好。用万用表检查变频器主回路输入、输出端正常；检测主控板正常；检查内部控制线，连接良好。

将电动机电缆拆除，给变频器上电启动，调节电位器，频率可以调至设定值 50Hz。重新接电动机电缆。在电动机启动后，调节频率的同时，测量直流输出电压，发现在频率上升时，直流电压由 513V 降至 440V 左右，使欠电压保护动作。在送电后，发现变频器内冷却风机工作异常，接触器 K73 触点未闭合（正常情况下，K73 应闭合，以保证对充电电容足够的充电电流）。

用万用表检测开关柜内给变频器供电的刀熔开关熔断器，发现一相熔断器的熔体已熔断，但红色指示器未弹出。更换刀熔开关熔断器已熔断的熔体后，变频器上电运行一切正常。因变频器内部控制回路电压由控制变压器二次侧提供，其一次电压取自 L1、L3 两相，L1 缺相后，造成接在二次侧的接触器和风机欠压。同时引起整流模块输出电压降低，特别在频率升至一定程度时，随着负载的增大，电容两端电压下降较快，形成欠电压保护跳闸。

故障实例 12

故障现象：一台 FRN11P11S-4CX 变频器在清扫后启动时，显示 OH2 故障信息，并跳停。

故障分析及处理：针对变频器控制面板上显示的故障信息和故障现象，在检查中发现用于短接端子 THR 与端子 CM 的短接片掉下。恢复短接片后，变频器上电运行正常。FRN11P11S-4CX 变频器在出厂时，连接外部保护信号的端子 THR 与端子 CM 之间用短接片短接，因这台变频器没有加装外部保护，故端子 THR 与端子 CM 端子应短接。

故障实例 13

故障现象：一台 FRN280G11-4CX 变频器在同一电源系统启动大功率设备时，显示 LU 故障信息，并跳停。

故障分析及处理：变频器控制面板显示 LU 故障信息为欠电压。在启动大功率设备时与其在同一电源系统上的其他两台 FRN5.5G11-4CX 变频器在运行时没有跳，唯独这台变频器在运行时跳停，并显示欠电压 LU 故障信息。断电后，打开变频器外壳，检查变频器内部一、二次回路中压接线无松动现象；检查电动机接线盒内部接线无接触不良现象。上电后，检查变频器的设定参数，F14 设定值为 1（瞬停再启动不动作），修改变频器的设定参数，将 F14 设定值改为 3（瞬停再启动动作），即在变频器检出欠电压后保护功能不动作，停止输出，电源恢复时自动再启动。自从修改完变频器的设定参数后，在同一电源启动大功率设备时，这台变频器在运行时没有发生欠电压"LU"跳停故障。

故障实例 14

故障现象：一台 FRN18.5G11-4CX 变频器上电显示 LU 故障信息，并跳停。

故障分析及处理：变频器控制面板显示 LU 故障信息为欠电压。针对变频器控制面板上显示的故障信息和故障现象，检查变频器的整流桥充电电阻正常，但是上电后没有听到接触器动作，因为这台变频器的充电回路不是利用晶闸管，而是靠接触器的吸合来完成限制充电电流过程的，因此认为故障可能出在接触器或控制回路以及电源部分，首先检查为 24V 直流接触器线圈供电的 24V 直流电源，经检查发现该 24V 电压是经过 LM7824 稳压管稳压后输出的，测量该稳压管已损坏，更换稳压管后，变频器上电运行一切正常。

故障实例 15

故障现象：一台 FRN11G11-4CX 变频器拖动一台 YL32S-6-7.5kW 电动机，投入运行时，跳停频繁，显示 OLU 故障信息。

故障分析及处理：针对变频器控制面板上显示的故障信息和故障现象，检查机械部分，盘车轻松，无堵转现象；在检查变频器的参数时，发现变频器的偏置频率设定为 3Hz，变频器在接到运行指令但未给出调频信号之前，电动机将一直接收 3Hz 的低频运行指令而无法启动。经测定该电动机的堵转电流达到 50A，约为电动机额定电流的 3 倍；变频器过载保护动作属正常。将"偏置频率"恢复出厂值，修改偏置频率为 0Hz，变频器上电运行一切正常。

故障实例 16

故障现象：一台 FRN15G11-4CX 变频器，上电显示 OL1 故障信息。

故障分析及处理：变频器控制面板上显示 OL1 故障信息为加速中过电流。检查变频器散热片无堵塞现象，冷却风机运行正常。断电后，用万用表测试模拟量输入回路，检查发现变频器控制端子（13、12、11）之间短路，其原因是模拟量输入回路中外接频率设定电位器电阻值过小所致，将外接频率设定电位器更换为 WXWXX0.25-1-0.25W47～4.7kΩ 后，变频器上电运行一切正常。

故障实例 17

故障现象： 一台 FRN11PS-4CX 变频器上电立即（有时为几秒）显示 OC3 故障信息，并且复位动作不正常（有时能复位有时不能复位）。

故障分析及处理： 变频器控制面板上显示 OC3 故障信息为恒速运行过电流。初步判断故障在主板或电源驱动板，替换主板后，变频器上电故障依旧，恢复原主板后，替换电源驱动板后，变频器上电运行一切正常。

故障实例 18

故障现象： 一台 E9 系列 3.7kW 变频器，在运行中突然显示 OC3 故障信息，断电后重新上电运行显示 OC1（加速中过电流）故障信息。

故障分析及处理： 变频器控制面板上显示 OC3 故障信息为恒速运行过电流。首先拆掉 U、V、W 端到电动机的电缆，用万用表测量 U、V、W 之间的电阻无穷大，空载运行，变频器没有报警，输出电压正常。可以初步断定变频器没有故障。用绝缘电阻表检查电动机电缆，其绝缘电阻接近为零，检查发现电缆中部有个接头绝缘胶布老化，造成输出短路。更换新电缆后，恢复接线，变频器上电运行一切正常。

小容量变频器的 24V 风机电源短路时也会显示 OC3 故障信息，此时主板上的 24V 风机电源会损坏，主板其他功能正常。若出现 OC2 故障信息且不能复位或一上电就显示 OC3 故障信息，则可能是主板出现故障，若一按 RUN 键就显示 OC3 报警，则是驱动板有故障。

故障实例 19

故障现象： 一台 G9 系列变频器上电控制面板无显示。

故障分析及处理： 针对变频器故障现象，初步判断为变频器开关电源损坏，打开变频器检查开关电源电路，未发现开关电源电路有器件损坏，上电检查开关电源 DC 正负输出端无直流电压，判断故障在开关电源的负载回路，首先检查驱动电路，发现驱动电路的电容漏液，更换新的电容后，变频器上电运行一切正常。

G9 系列的 3.7kW～7.5kW 变频器有一个共同的问题是其散热风机功率大转速高，当在尘多的工作环境中寿命会比较短，当风机坏了后，变频器不会马上跳"过热"保护（可能是保护温度值设置太高），这时整个变频器的内部温度很高，使得驱动电路及电源电路的电容容易老化，通常是开关电源最先停止工作。若变频器控制面板没有显示，应首先检查风机、电源电路及驱动电路的电容是否有问题。

故障实例 20

故障现象： 一台新投运的 FRN1.5G11-4CX 变频器，频率设置已经很大，但电动机转速明显比设定频率应有的转速低。

故障分析及处理： 针对变频器的故障现象，首先检查变频器的设定参数，经检查频率增益 F17，设定范围为 0.0～200％，出厂设定值为 100％，若设定频率为 50Hz，实际输出频率仅为 25Hz。将频率增益设定值改为出厂设定值 100％后，变频器上电运行一切正常。

故障实例 21

故障现象： 一台 G9S11kW 变频器上电有放电声，显示过电流故障信息，并跳停。

故障分析及处理： 针对变频器控制面板上显示的故障信息和故障现象，首先静态检查逆变模块正常，整流模块损坏。测量 P、N 之间的反向电阻值正常，初步认定直流负载无过载、短路现象。在拆开变频器后，发现主电路有过打火的痕迹，继而发现短接限流电阻的继电器触点打火后烧损连接在一起，这可能就是整流器损坏的原因。在变频器上电瞬间，充电电流经限流电阻后对滤波电容充电，当 P、N 间电压升到接近额定值时，继电器动作，短接限流电阻（俗称软启电阻）。由于继电器损坏而触点始终闭合，短接了限流电阻，导致整流器损坏。更换继电器，整流模块后，变频器上电运行一切正常。

故障实例 22

故障现象： 一台富士变频器在减速过程中显示过电流故障信息，并跳停。

故障分析及处理： 针对变频器控制面板上显示的故障信息和故障现象，首先静态检查逆变模块正常，整流模块损坏。整流器损坏通常是由于直流负载过载、短路和元件老化引起。测量 P、N 之间的反向电阻值（红表笔接 P 端，黑表笔接 N 端）150Ω，正常值应大于几十 kΩ，说明直流负载有过载现象。因已判断逆变模块正常，检查滤波大电容，均压电阻也正常，检测发现制动开关元件损坏（短路），拆下制动开关元件后检测 P、N 间电阻值正常。判断制动开关损坏可能是由于变频器减速时间设定过短，制动过程中产生较大的制动电流而损坏，而使整流模块长期处于过载状况下工作而损坏。更换制动开关元件和整流模块后，重新设定变频器减速时间后，变频器上电运行一切正常。

故障实例 23

故障现象： 一台富士变频器运行中显示欠压故障信息，并跳停。

故障分析及处理： 针对变频器控制面板上显示的故障信息和故障现象，静态检查逆变模块正常，打开变频器在检查主电路时，发现整流模块的三相输入端的 V 相有打火的痕迹；变频器上电后轻负载运行正常，当负载加到满载时运行一会就显示欠压故障信息。初步认为整流模块自然老化损坏，由于变频器不断的启动和停止，加之电网电压的不稳定或电压过高造成整流模块软击穿（就是处于半导通状态，没有完全坏，低电流下还可运行）。更换整流模块后，变频器上电运行一切正常。

故障实例 24

故障现象：一台富士变频器显示过电流故障信息，并跳停。

故障分析及处理：针对变频器控制面板上显示的故障信息和故障现象，静态检查整流模块正常，逆变模块损坏，再检查驱动电路未发现异常。给直流信号，检测驱动电路输出信号，发现有一路驱动输出无负压值。测量波形幅值明显大于其他 5 路波形。检测负压上的滤波电容正常，检测稳压二极管 VZ2 损坏，IGBT 模块因驱动信号电压过高而损坏。更换驱动电路损坏的稳压二极管、IGBT 模块后，变频器上电运行一切正常。

故障实例 25

故障现象：一台 5000G9S11kW 变频器的控制面板显示一固定字符，不能操作，出现死机现象。

故障分析及处理：针对变频器控制面板上显示的故障信息和故障现象，初步判断为 CPU 主板故障，上电测量 CPU 供电电源正常，测量 CPU 复位控制引脚静态电压正常，强制复位无效，用烙铁加热晶振引脚时，故障消失，更换晶振后，变频器上电运行一切正常。

故障实例 26

故障现象：一台富士变频器控制面板没有任何显示。

故障分析及处理：针对变频器故障现象，初步判断为变频器内开关电源工作不正常。首先检测开关管 K1317 漏极电压正常，测得控制极无脉冲信号，而只有一直流电压，说明 UC3844 输出信号不正常，经检查 UC3844 已经损坏，同时开关管 K1317 也损坏。更换已坏的元器件后，变频器上电运行一切正常。

故障实例 27

故障现象：一台富士变频器控制面板显示 OU1 故障信息。

故障分析及处理：变频器控制面板显示 OU1 故障信息为加速时过电压。首先应考虑电缆是否太长、绝缘是否老化，直流中间环节的电解电容是否损坏。可在变频器启动时用万用表测量中间直流环节电压，因测量仪表显示的电压与控制面板 LCD 显示电压不同，判断为主板的检测电路有故障，更换换主板后，变频器上电运行一切正常。

故障实例 28

故障现象：一台 E9 系列变频器控制面板显示 LU 故障信息，且不能复位。

故障分析及处理：变频器控制面板显示 LU 故障信息为欠电压。如果变频器经常发出 LU 故障信息，则可将变频器的参数初始化（H03 设成 1 后确认），然后提高变频器的载波频率（参数 F26）。对于 E9 系列变频器控制面板显示 LU 故障信息，且不能复位故障，初步判断故障在驱动板，替换驱动板后，变频器上电运行一切正常。

故障实例 29

故障现象：一台 G/P9 系列变频器控制面板显示 EF 故障信息。

故障分析及处理：G/P9 系列变频器控制面板显示 EF 故障信息为对地短路，可判断故障在主板或霍尔元件，对此类故障应先对霍尔元件进行检测或替换，替换霍尔元件后，变频器上电运行一切正常。

故障实例 30

故障现象：一台 G/P9 系列变频器控制面板显示 ER1 故障信息。

故障分析及处理：G/P9 系列变频器控制面板显示 ER1 故障信息为不复位。处理方法是：去掉 FWD-CD 短路片，在上电时一直按住 RESET 键，直到 LED 电源指示灯熄灭再松手，然后再重新上电，观察 ER1 故障是否解除，若通过这种方法也不能解除，则说明内部码已丢失，只能更换主板。

故障实例 31

故障现象：一台富士变频器控制面板显示 ER2 故障信息。

故障分析及处理：富士 11kW 以上的变频器，在 24V 风机电源短路时会在控制面板上显示 ER2 故障信息（主板问题），对于 E9 系列变频器，一般是显示面板的 DTG 元件损坏，该元件损坏时会连带造成主板损坏，表现为更换显示面板后上电运行时立即在控制面板上显示 OC 故障信息。而对于 G/P9 系列变频器一上电就显示 ER2 故障信息，则是驱动板上的电容失效，更换驱动板上的电容，故障可排除。

故障实例 32

故障现象：一台富士变频器控制面板显示 ER7 故障信息。

故障分析及处理：针对变频器控制面板上显示的故障信息，初步判断是充电电阻损坏（小容量变频器），在更换充点电阻后应检查内部接触器是否吸合（大容量变频器，30G11 以上，且当变频器带载输出时才会报警）、接触器的辅助触点是否接触良好，若内部接触器不吸合可首先检查驱动板上的 1A 熔断器的熔体是否熔断，若熔断，在更换前应对驱动板进行检查，并检查送给主板的信号是否正常。

故障实例 33

故障现象：一台富士变频器控制面板显示 OH1 或 OH3 故障信息。

故障分析及处理：OH1 和 OH3 故障信息实质为同一信号，原因是过热。该信号由 CPU 随机检测，将 OH1（检测底板部位）与 OH3（检测主板部位）的模拟信号串联在一起后再送给 CPU，而 CPU 随机报其中任一故障。出现 OH1 报警时，首先应检查环境温度是否过高，冷却风机是否工作正常，其次是检查散热片是否堵塞。若在采用模拟量给定时，一般在使用 800Ω 电位器时容易出现此故障，给定电位器的容量不能过小，阻值不能小于 $1k\Omega$，电位器的活动端接错也会出现此报警。若大容量变频器（30G11 以上）的 220V 风机不转时，肯定会在变频器控制面板上显示过热故障信息，此时可检查电源板上的熔断器 FUS2（600V/2A）的熔体是否熔断。

当出现 OH3 报警时，一般是驱动板上的电容因过热失效，电容失效可造成变频器的三相输出不平衡。因此应上电检查变频器的三相输出是否平衡。

若上述原因排除后还不正常，应检测主板和温度检测元件，因主板或温度检测元件出现故障时可能出现 OH1 或 OH3 过热报警信息，G/P11 系列变频器的温度检测元件为模拟信号，G/P9 系列变频器的温度检测元件为开关信号。

故障实例 34

故障现象：一台富士变频器控制面板显示 1、OH2 或 OH2 故障信息。

故障分析及处理：对于富士 G/P9 系列变频器，因为有外部报警定义端子（E 功能），当此外部报警定义端子没有短接或使用中该短路片虚接时，会在控制面板上显示 OH2 故障信息，此时若主板上的 CN18 插件（检测温度的电热计插头）松动，则会在控制面板上显示 1、OH2 故障信息，且不能复位。紧固虚接短路片和 CN18 插件后，变频器上电运行一切正常。

故障实例 35

故障现象：一台富士变频器低频输出振荡或在某个加速区间振荡。

故障分析及处理：变频器在低频输出（5Hz 以下）时，电动机输出正/反转方向频繁脉动，一般是变频器的主板有故障，应对主板进行检测，可采用替换法。当变频器出现在低频时三相不平衡（表现电动机振荡）或在某个加速区间内振荡时，可尝试一下修改变频器的载波频率（通常是降低）。

故障实例 36

故障现象：一台富士变频器运行频率不上升。

故障分析及处理：当变频器上电后，按运行键，运行指示灯亮（键盘操作时），但输出频率一直显示"0.00"不上升，此故障一般是驱动板出现故障，应对驱动板进行检测，可采用替换法。替换新驱动板后问题解决，说明故障在驱动板。

若为空载运行时变频器能上升到设定的频率，而带载时则停留在 1Hz 左右，则是因为负载过重，变频器的"瞬时过电流限制功能"起作用，这时应修改以下参数：F09→3，H10→0，H12→0。修改这 3 个参数后一般能够恢复正常。

故障实例 37

故障现象：一台富士变频器上电运行无输出。

故障分析及处理：富士变频器上电运行无输出故障分为两种情况。

（1）如果变频器运行后控制面板显示输出频率与电压上升，而测量输出端无电压，可初步判断为驱动板损坏，应对驱动板进行检测，可采用替换法。替换新驱动板后问题解决，说明故障在驱动板。

（2）变频器上电运行后，控制面板显示的输出频率与电压始终保持为零，则判断为故障在主板，可采用替换法检测主板。

4.5　三肯变频器故障检修实例

故障实例 1

故障现象：一台 SVF 7.5kW 变频器逆变模块损坏，在更换模块后，变频器正常运行。由于该台变频器运行环境较差，机器内部灰尘堆积严重，且该台变频器使用年限较长，决定对它进行除尘及更换老化电容器。以提高其使用寿命，器件更换后，给变频器上电，上电一瞬间，只听"砰"的一声响动，并飞出许多碎屑。

故障分析及处理：断开变频器电源，拆开变频器发现 C14 电解电容炸裂，初步判断可能电容装反，于是根据其标识再装一次，再次上电，电容又一次炸裂。于是进一步检查其线路，发现线路板电容极性标识错误，把电容反装后，变频器上电运行一切正常。

故障实例 2

故障现象：一台 SVF303 变频器控制面板显示过电压故障信息，并跳停。

故障分析及处理：在排除减速时间过短，因再生负载导致的过电压后。检查输入侧电压正常，初步判断故障在电压检测电路。SVF303 变频器的电压检测信号是由直流回路取样后（530V 左右的直流）通过大阻值电阻降压后，再由光耦进行隔离，当电压超过一定值时，则在控制面板上显示过电压故障信息，检查取样电阻时，发现取样电阻氧化变值，甽换取样电阻后，变频器上电运行一切正常。

故障实例 3

故障现象：一台 MF15kW 变频器上电控制面板显示过电流故障信息，并跳停。

故障分析及处理：针对变频器控制面板上显示的故障信息和故障现象，首先用万用表测量输入 R、S、T 端，除 R、T 端之间有一定的阻值以外，其他端子相互之间电阻无穷大，输入 R、S、T 端分别对整流桥的正极或负极之间是二极管特性。同样用万用表去检查 U、V、W 端之间阻值，三相平衡。接下检查输出各相对直流正负极的二极管特性时，发现 U 端对正极正反都不通，怀疑 U 相 IGBT 有问题，拆下检查 IGBT，已损坏。检查驱动电路的上桥臂三组驱动电路特性一致，下桥臂三组驱动电路特性一致，更换损坏的 IGBT 后，变频器上电运行一切正常。

故障实例 4

故障现象：一台 IF11kW 变频器偶尔上电时，控制面板显示 AL5（ALARM5 的缩写）故障信息。

故障分析及处理：IF11kW 变频器控制面板显示该故障信息，为 CPU 被干扰，在检查过程中，经多次观察发现是在充电电阻短路接触器动作时显示该故障信息。判断为接触器产生的干扰影响 CPU 正常工作，在控制引脚加上阻容滤波元件后，变频器上电运行一切正常，不再显示该故障信息。

故障实例 5

故障现象：一台三垦 55kW 变频器上电，控制面板无显示。

故障分析及处理：三垦变频器上电，控制面板无显示是较常见的故障，引起故障的原因大多数是开关电源。MF 系列变频器的开关电源采用的是较常见的反激式开关电源控制方式，而 IF、IHF 系列变频器则采用了一块型号为 HPS74 的厚膜电路来调整开关管的占空比。静态检查开关电源电路，发现 HPS74 异常，替换 HPS74 后，变频器上电运行一切正常。

故障实例 6

故障现象：一台三垦 MF 系列变频器无输出。

故障分析及处理：针对三垦 MF 系列变频器无输出故障现象，初步判断故障在驱动电路、逆变模块、输出反馈电路。若变频器有输出频率，没有输出电压，则判断故障在反馈电路，在反馈电路中用于降压的反馈电阻是较容易出现故障的器件。静态检查变频器主电路正常，检查反馈电路发现反馈电阻异常，替换后，变频器上电运行一切正常。

故障实例 7

故障现象：一台三垦变频器上电即在控制面板上显示 OC 故障信息，并跳停。

故障分析及处理：三垦变频器中的 IPM 模块损坏、驱动电路损坏，都能导致在控制面板上显示 OC 故障信息。小功率三垦 IF、IHF 系列变频器采用东芝的 TLP250 型号的光耦构成驱动电路，由于该型号光耦内置放大电路，所以驱动线路设计简单，但驱动光耦也比较容易出现故障，驱动光耦故障将在控制面板上显示 OC 故障信息。

静态测量 IPM 模块的大功率管及续流二极管正常，驱动电路波形也正常，但变频器一运行就出现"OC"故障信息，由于模块内置电流检测、电压检测以及温度检测等功能，所以不能单以测量功率管和续流二极管的好坏来判断 IPM 整个模块的好坏。更换 IPM 模块后，变频器上电运行一切正常。

故障实例 8

故障现象：一台三垦变频器控制面板显示 ERC，AL4 故障信息。

故障分析及处理："ERC，AL4"故障信息是三垦 MF 系列和 IF 系列变频器最常见的故障，此故障的原因主要是由于 EEPROM 出现故障，EEPROM 是一块可以在线读写程序的芯片，它的损坏可能导致内部数据的丢失或错乱，对于此故障的解决办法是更换 EE-

PROM 芯片。

故障实例 9

　　故障现象：一台三垦变频器控制面板显示 OPEN 故障信息。

　　故障分析及处理：三垦变频器控制面板显示 OPEN 故障信息为恒速运行中过载。在对变频器检查时，没有发现硬件故障，判断为参数设置问题，若恒速中的电流补偿不够将引起此故障，调整变频器恒速中的电流参数补偿值后，变频器上电运行一切正常。

故障实例 10

　　故障现象：一台三垦变频器启动时，听到内部发出"啪"的一声响，变频器的面板显示屏熄灭，电动机不能启动。

　　故障分析及处理：针对变频器故障现象，拆开检查发现逆变模块炸裂，输出 U、V、W 端子已短路；发现 $10\Omega/40W$ 电容充电电阻烧断。原因为逆变模块短路后（后查出此电阻短接继电器也已损坏）其浪涌冲击电流将其烧断，查出并接在主整流回路上的尖波电压抑制电路的二极管 RU4C21 短路，$10\Omega/5W$ 电阻已开路。

　　检查滤波电容器无短路，将损坏模块及其他损坏元器件更换新品后，检测控制电路、驱动电路正常无异常后，送电后有显示，说明电源及控制部分基本正常，测开关电源各路输出都正常，变频器上电运行一切正常。

4.6　安川变频器故障检修实例

故障实例 1

　　故障现象：一台 616PC5-5.5kW 变频器在运行中电动机行抖动。

　　故障分析及处理：结合故障现象首先考虑是输出电压不平衡，再检查功率器件无损坏，给变频器上电显示正常，变频器上电运行后，测量三相输出电压不平衡，测试 6 路输出波形，发现 W 相下桥波形不正常，依次测量该路电阻、二极管、光耦。检查发现提供反压的二极管击穿，更换二极管后，变频器上电运行一切正常。

故障实例 2

　　故障现象：一台 616G5-3.7kW 的变频器三相输出正常，但在低速时电动机抖动，无法正常运行。

　　故障分析及处理：结合故障现象初步判断故障在驱动电路，将 IGBT 逆变模块从印刷电路板上卸下，使用电子示波器观察 6 路驱动电路打开时的波形是否一致，找出不一致的那一路驱动电路，更换该驱动电路上的光耦（PC923）后，因该变频器使用年数超过 3 年，故将驱动电路的电解电容全部更换，再用示波器观察 6 路波形一致，装上 IGBT 逆变模块后，变频器上电运行一切正常。

故障实例 3

故障现象： 一台 616P5 变频器停用 4 个多月后，在恢复运行时发现，在开机的整个运行过程中，显示输出频率仪表的数值不变化。

故障分析及处理： 616P5 型变频器的控制电路核心元件，是一块内含 CPU 的产生脉宽调制信号的专用大规模集成电路 L7300526A。因该变频器处在远程传输控制中，从控制端子接受 4～20mA 的电流信号，故出现上述故障现象，问题可能来自 A/D 转换器和 PWM 的调制信号两个单元电路。

采用排斥法检测 A/D 转换电路，即首先卸掉控制端子相关电缆，改用键盘（即数字操作器）输入频率设定值，故障现象依旧。

采用比较法检测 A/D 转换电路，即用 MODEL100 信号发生器分别从控制端子 FI-FC、FV-FC 输入 4～20mA，0～10V 模拟信号，故障现象依旧。

从键盘输入参数是通过编码扫描程序进入 CPU 系统，从控制端子输入的模拟信号则是经过 A/D 转换后，并经逻辑电路处理进入 CPU 系统。通过排斥法和比较法的检测，可以确认 A/D 转换电路正常。

大规模集成电路 L7300526A 采用数字双边沿调制载波方式产生脉宽调制信号，驱动功率模块构成的三相逆变器。载波频率等于输出频率和载波倍数的乘积，对于载波倍数的每个值芯片内部的译码器都保存一组相应的 δ 值（δ 值是一个可调的时间间隔量，用于调制脉冲边沿）。每个 δ 值都是以数字形式存储，与它相应的脉冲调制宽度由对应数值的计数速率所确定。

译码器根据载波频率和 δ 值调制最终得出控制信号，译码器总共产生 3 个控制信号，每个输出级分配 1 个，它们彼此相差 120°相位角。616P5 的载波参数 n050 设定的载波变化区间分别是"1、2、4～6""8""7～9"。在区间 1、2、4～6，载波频率＝设定值×2.5kHz（固定）。输出频率＝载波频率/载波倍数。根据 616P5 的载波参数 n050 的含义，重新核查载波设置值，结果发现显示输出的是一个非有效值 10 且不可调（616P5 载波变化区间的有效值为 1～9），可见输出频率数值不变化故障与载波倍数的 δ 值有关。

载波在一个周期内有 9 个脉冲，它的两个边沿都用一个可调的时间间隔量 δ 值加以调制而且使 $\delta \propto \sin\theta$。$\theta$ 为未被调制时载波脉冲边沿所处的时间或称为相位角。$\sin\theta$ 为正值时，该处的脉冲变宽，$\sin\theta$ 为负值时，该处的脉冲变窄，输出的三相脉冲边沿及周期性被 $\delta \propto \sin\theta$ 调制。

变频器若在基频下运行，载波调制的脉冲个数必然要足够的多。在一个周期内载波脉冲的个数越多，线电压平均值波形越接近正弦。综上所述，载波调制功能的正常与否直接影响功率晶体管开关频率的变化，从而影响输出电压（即频率）的变化。

该故障的根本原因是 L7300526A 的 CPU 系统内部的译码器 δ 值调制程序读出异常。电磁干扰等因素都有可能造成 CPU 程序异常，更换 ETC615162-S3013 主控板后，变频器上电运行一切正常。

故障实例 4

故障现象： 一台 616G5/616P5 变频器控制面板显示 OH1 故障信息，并跳停，导致变频器不能正常运行。

故障分析及处理： 针对变频器控制面板上显示的故障信息和故障现象，首先检查变频器的散热风机是否运转正常，检查风机及变频器的温度、电流传感器正常。但对于 30kW 以上的变频器在其内部带有一个散热风机，此风机损坏也会导致 OH1 的报警。检查发现位于变频器内部（模块上头）的一个三线（带有检测线）风机损坏，更换三线风机后，变频器上电运行一切正常。

故障实例 5

故障现象： 一台 616G5 变频器在运行 10min 后控制面板显示 GF 故障信息，并跳停。

故障分析及处理： 变频器控制面板显示 GF 故障信息为接地故障。在处理接地故障时，首先应检查电动机、动力电缆回路是否存在接地问题，若排除电动机、动力电缆回路接地后，最可能发生故障的部分就是霍尔传感器，霍尔传感器由于受温度，湿度等环境因素的影响，工作点很容易发生漂移，导致控制面板显示"GF"故障信息。拆除变频器电动机端电缆后，变频器上电运行仍显示"GF"故障信息，静态检查发现霍尔传感器异常，替换霍尔传感器后，变频器上电运行一切正常。

故障实例 6

故障现象： 一台安川变频器控制面板显示 SC 故障信息。

故障分析及处理： 安川变频器控制面板显示 SC 故障信息为过电流故障。过电流故障是安川变频器较常见的故障，IGBT 模块损坏是引起过电流故障的原因之一，此外电动机抖动、三相电流、电压不平衡、有频率显示却无电压输出，这些现象都有可能是 IGBT 模块损坏。IGBT 模块损坏的原因有多种，首先是外部负载发生故障而导致 IGBT 模块的损坏，如负载发生短路，堵转等。其次驱动电路老化也有可能导致驱动波形失真，或驱动电压波动太大而导致 IGBT 损坏，从而导致变频器控制面板显示 SC 故障信息。

判断 IGBT 模块是否损坏最直接的方法是采用替换法，替换新 IGBT 模块后，应对驱动电路进行检查，因驱动电路损坏也容易导致变频器控制面板显示 SC 故障信息。安川变频器的驱动电路上桥采用的驱动光耦为 PC923，这是专用于驱动 IGBT 模块的带有放大电路的光耦，下桥驱动电路则是采用光耦为 PC929，这是一款内部带有放大电路，及检测电路的光耦。

故障实例 7

故障现象： 一台安川变频器控制面板显示 UV 故障信息。

故障分析及处理： 安川变频器控制面板显示 UV 故障信息为欠电压。首先应该检查输入电源是否缺相，若输入电源正常，应检查整流回路，若正常，再检查直流检测电路是否有问题，主要检测降压电阻是否断路。对于 200V 级的变频器，若直流母线电压低于 190VDC，就会在控制面板显示 UV 故障信息；对于 400V 级的机器，若直流电压低于 380VDC，就会在控制面板显示 UV 故障信息。

4.7　艾默生 TD 系列变频器故障检修实例

故障实例 1

故障现象： TD1000-4T0055G 变频器出现故障时能自动复位（是将外部复位功能端子直接短接），但当该故障被排除后，变频器却无法自行复位。

故障分析及处理： 针对变频器故障现象，首先将外部复位端子与 COM 间的短接线去掉，改接一个按钮用来复位，变频器自行复位一切正常。变频器只将脉冲沿信号作为有效复位信号。也就是说只有在 DSP 接收到由低电平到高电平的一次跳变时，才认为是有效的信号。如果电平信号一直不变，变频器不处理。因此直接将复位端子短接，即使故障排除后，变频器也无法自行复位。另外变频器内部的自动复位功能只对监测到的过电流和过电压信号起作用，对外部故障信号（E015），以及 IPM 故障等硬件故障无效。

故障实例 2

故障现象： 一台 TD2000-4T2000P 变频器的控制面板上显示 P. OFF 故障信息。

故障分析及处理： 结合故障信息检查主回路正常，测量直流母线电压和控制电源也正常，替换主控制板后仍显示 P. OFF 故障信息。检查发现变频器防雷板上 3 只保险管中的 2 只损坏处于断路状态。更换损坏的保险管后，控制面板上显示的 P. OFF 故障信息消除，变频器运行一切正常。

控制电源和直流母线任何一个欠压都会显示 P. OFF 故障现象，只有两个都正常变频器才可以运行。三相电源正常时，缺相检测信号（PL，GND）为低电平；电源缺一相时，缺相检测信号为 10ms 周期的方波，变频器控制面板上显示 E008（输入缺相）故障信息；电源缺一相时，（PL，GND）为高电平，变频器控制面板上显示 P. OFF 故障信息。

TD2000-4T2000P 变频器中输入缺相检测电路中的输入信号是经过防雷板转接后接入的，当防雷板上保险管损坏两只时，对于输入缺相检测电路来说相当于缺了两相，故在变频器控制面板上显示 P. OFF 故障信息。

故障实例 3

故障现象： 一台 TD2000-4T0750G 变频器的控制面板上显示"E010"故障信息。

故障分析及处理： 参照用户手册故障对策表的提示，将因温度问题造成故障的可能性排除，可判断故障在功率模块或驱动电路。在了解故障记录信息时，发现故障信息记录中的故障电流在变频器输出额定电流之内，并未达到应该过电流保护动作的值，可见是由于瞬态大电流造成的保护，因此检查变频器输出侧电缆及电动机没有相间短路或对地短路现象。再检查变频器配线及外围设备，发现在变频器输出侧安装有接触器，用于进行变频、工频切换，切换的控制指令是由 PLC 在给出变频器停车命令后发出的。并在变频、工频切换之间有延时，停机方式设置为减速停车。

根据检查的情况，初步判断是由于切换过程中各动作的时序存在问题，导致变频器在还有输出的情况下，输出侧接触器切断引起故障报警。因此将停机方式更改为自由停车，控制面板显示的故障信息消除。

为避免变频器输出侧的接触器在变频器运行时断开和吸合，在变频、工频切换控制指令发出前向变频器发出停车命令，但由于停机方式是设为减速停车，因此可能出现变频器速度尚未减到 0，即还有电流输出时输出侧接触器断开，发生大的冲击电流，导致变频器控制面板显示 P. OFF 故障信息。

变频器用户手册中有明确指出，变频器输出侧不允许安装交流接触器就是考虑在变频器运行有输出时，接触器吸合，给电动机供电瞬间将导致变频器故障报警，甚至损坏变频器。当然，如现场需要进行变频、工频切换，或为了备用电路提高可靠性的考虑，应在电路设计时，确保在变频器输出侧有输出时，交流接触器不吸合，以避免了在变频器控制面板上显示 P. OFF 故障信息。

故障实例 4

故障现象：一台 TD2000-4T2800P 变频器驱动 220kW 电动机，正常运行电流 300A，运行中发现不定时输出电流有突变，电流约增加 1 倍达到 560A，电动机振动厉害，造成变频器过载保护动作。

故障分析及处理：结合故障现象首先断开电动机，在变频器空载运行时测量变频器三相输出电压均衡，再给变频器带载运行，测量变频器三相输出电压、电流，三相均衡没问题。正常运行约 1h 后，电流突然增大，又出现了上述问题，这时测量三相输出电流，发现 U 相电流为 0，V 相、W 相电流为 560A。因该系统在变频器输出侧和电动机之间接有一个接触器，测量接触器上端三相电压均衡，再测量接触器下端时发现 U 相电压为 0，说明问题出在接触器上。检查发现接触器电动机 U 相接线端松动，在系统运行过程中偶尔会出现一相掉电情况，导致电动机只有 V、W 两相运行，造成三相电流严重不平衡而出现振动，造成变频器过载保护动作。将接触器电动机 U 相接线端重新紧固后，变频器上电运行一切正常。

故障实例 5

故障现象：一台 TD2000-4T0150G 变频器在调试运行时，连轻负载也带不动。

故障分析及处理：检查参数发现，用户将基本运行频率 F05 由出厂值 50Hz 改为了 120Hz，而最大输出电压 F06 仍为 380V。将参数恢复为出厂值，变频器上电运行正常。

故障实例 6

故障现象：一台 TD1000-4T0037P 变频器在现场用电位器调速正常，而在控制室用 DC4～20mA 信号不能调速。

故障分析及处理：根据变频器故障现象，检查变频器的设定参数没有发生变化，将故障的变频器拆下后更换了同型号的一台变频器，参数设定完毕，开机后故障同上，没有消除。断电后，打开变频器外壳，用万用表测量变频器控制端子 CCI、GND 的模拟电流信号，显示为 10mA，故原因是误将变频器控制端子 CCI、GND 的两根线接错位置。将变频器控制端子 CCI、GND 的两根线拆下后调换后，变频器上电运行一切正常。

4.8　SAMIGS 变频器故障检修实例

故障实例 1

故障现象：SAMIGS 变频器控制面板显示 SAMITEMP 故障信息。

故障分析及处理：SAMITEMP 故障信息是散热温度＞70℃或＜−5℃，原因是灰尘太多或不正确的安装、过负荷或冷却系统的元器件（风机、熔断器、电源半导体等）故障而引起温度升高。当散热器的周围温度在5℃时，如果控制面板显示−10℃；则为 R10 电阻断路；如果控制面板显示 100℃，则为 R10 电阻短路。首先对 R10 进行检查，检查发现 R10 异常，更换后，变频器上电运行一切正常。

故障实例 2

故障现象：SAMIGS 变频器控制面板显示 MOTSTALL 故障信息。

故障分析及处理：MOTSTALL 故障信息是电动机工作在失速区域，是由于增加负荷转矩，电动机拖不动，如果负荷转矩增大不属于机械问题，则可能配置的电动机功率太小。首先排除了引起增加负荷转矩的机械问题；因电动机不过热，增大失速极限参数后，变频器上电运行一切正常。

故障实例 3

故障现象：SAMIGS 变频器控制面板显示 MOTTEMP 故障信息。

故障分析及处理：MOTTEMP 故障信息是电动机过热，由于温升是通过电动机电流计算出来的，并没有直接测量，如果确定电动机处于规定温度之内，增加 MOTOR-LOADCURVE 或 MOTORTHERMTIME，变频器上电运行一切正常。若检查电动机温度高于额定温度，应改善电动机冷却或更换故障电动机。

故障实例 4

故障现象：SAMIGS 变频器控制面板显示 UUDERLD 故障信息。

故障分析及处理：UUDERLD 故障信息是电动机负荷低于参数 32.11 和 32.12 的监视极限，首先检查电动机是否有欠负荷的机械问题，并予以消除，若检查电动机的负荷周期变化情况正常，则增加 UNDERLOADTIME 或改变 UNDERLOADCURVE 后，变频器上电运行一切正常。

故障实例 5

故障现象：SAMIGS 变频器控制面板显示 AI<2V/4mA 故障信息。

故障分析及处理：AI<2V/4mA 故障信息是模拟输入小于 2V/4mA 和最小已设置 2V/4mA，结合故障现象初步判断故障原因是输入基准故障或控制线损坏，检查基准电路正常，检测模拟输入线的绝缘电阻，发现输入线的电阻值接近零，更换输入线后，变频器上电运行一切正常。

故障实例 6

故障现象：SAMIGS 变频器控制面板显示 OPCARD1 故障信息。

故障分析及处理：OPCARD1 故障信息是选择速度控制矩阵，但没有连接脉冲转速卡。首先检查脉冲转速卡正常，检查脉冲转速卡发现输出端接线松动，重新接线后，变频器上电运行一切正常。

故障实例 7

故障现象：SAMIGS 变频器控制面板显示 OVERCURR1 故障信息。

故障分析及处理：OVERCURR1 故障信息是输出电流超过 $265\%I_N$，引起变频器过电流故障的原因可能由于电动机、电缆或变频器内部短路或接地，另外太短的加速度时间也可能引起变频器过电流跳闸。首先拆除变频器电动机端接线，静态检查变频器主回路正常，在对电动机、电缆回路检查时，发现该回路 A 相对地绝缘电阻为零，将电动机端电缆拆下，检查电动机绝缘正常，判断故障电缆部分，更换电缆后，恢复接线，变频器上电运行一切正常。

故障实例 8

故障现象：SAMIGS 变频器控制面板显示 OVERVOLT 故障信息。

故障分析及处理：OVERVOLT 故障信息是直流母线电压超过 135%标称电压，引起变频器直流母线过电压故障的原因是电源过电压（静态或瞬时）。当负荷惯性非常大和减速度时间设置较小、电动机处于发电状态运行时，也可导致过电压。检查电源的静态或瞬时电压正常（例如是否有发电负荷或有较大功率因数调整电容器造成过电压），在工艺设备允许的条件下，延长了的减速度时间后，变频器上电运行一切正常。

4.9 英威腾变频器故障检修实例

故障实例 1

故障现象： 一台英威腾 7.5kW 变频器，上电听不到充电继电器的吸合声，所有控制操作失灵。

故障分析及处理： 结合故障现象，首先测量 CPU 的复位控制引脚（引脚 48）的电压为 2.3V，正常时应为 5V，判断三线端复位元件 IMP809M 不良，更换后，变频器上电运行一切正常。

故障实例 2

故障现象： 一台 INVT-G9-004T4 变频器上电控制面板显示 H.00 故障信息，控制面板所有按键操作失灵。

故障分析及处理： 英威腾 G9/P9 系列变频器设置的保护特点是：上电检测功率逆变输出部分有故障时，即使未接收启/停信号，仍跳 SC 输出端短路故障信息，所有操作均被拒绝。上电检测到由电流检测电路来的过电流信号时，控制面板显示 H.00 故障信息，此时所有操作仍被拒绝。上电检测有热报警信号时，其他大部分操作可进行，但启动操作被拒绝。因 CPU 判断输出模块仍在高温升状态下，等待其恢复常温后，才允许启动运行。而对模块短路故障和过电流性故障，为保障运行安全，拒绝所有操作。但此保护性措施，常被认为是程序进入了死循环，或是 CPU 外围电路故障，如复位电路、晶振电路异常等。结合故障现象静态检查变频器的逆变功率模块损坏，在检查驱动电路无异常后，更换功率模块后，变频器上电运行一切正常。

故障实例 3

故障现象： 一台英威腾 G9/P9 系列 5.5kW 变频器，三相输出电压不平衡。

故障分析及处理： 结合故障现象，首先将逆变模块与直流电源端断开，启动变频器，检测 CN1 的 19、21、23、25、27、29 这 6 个脉冲信号端子，发现引脚 21 为一固定电压，动、静态无变化，判断故障在脉冲前级电路或 CPU 的 PWM 脉冲输出引脚。检查逆变脉冲前级电路 U4（LS07），输入端 6 路逆变脉冲正常，输出引脚 8 无信号电压输出。更换U4 后，变频器上电运行一切正常。

故障实例 4

故障现象： 一台英威腾 G9/P9 系列 5.5kW 变频器，运行中控制面板显示欠电压故障信息。

故障分析及处理： 结合故障现象，首先检测 CN1 端子 39 引脚为低电平，说明 CPU已输出充电继电器闭合信号，检查发现充电继电器线圈焊点有虚焊，补焊后，变频器上电运行一切正常。

故障实例 5

故障现象：一台英威腾 P9/G9 系列 55kW 变频器上电，控制面板无显示。

故障分析及处理：结合故障现象，静态检查输入整流模块与输出逆变模块均无损坏，检查开关电源无输出，开关管、3844B 损坏，开关电源输入端铜箔条及开关管漏极回路的铜箔条都已与基板脱离，说明此回路承受了大电流冲击。

更换开关管与 3844B 后，给开关电源先输入 220V 直流电源，不起振，检查开关电源输出回路无短路现象；再给开关电源输入 500V 直流电源，上电后开关电源熔断器 FU1 的熔体熔断。停电检查开关电源输出回路无短路现象，更换 FU1 的熔体后上电，输入 300V 直流时，不起振。在开关电源的负载有短路故障时，往往不能起振，故初步判断为开关管回路存在短路故障。

仔细观察开关电源的线路板，开关电源的 550V 直流电源通过主直流回路引入，线路板为双面线路板。电源引入端子在线路板的边缘，正面为＋极引线铜箔条，反面为-极引线铜箔条，发现线路板边缘＋、－铜箔条之间有一条黑线，判断是由于潮湿天气使线路板材的绝缘性能降低，引起＋、－铜箔条之间跳火，线路板碳化。此时若电源电压低于某值，则不会击穿，高于 500V 才会使碳化线路板击穿，使熔断器 FU1 的熔体熔断。FU1 的熔体熔断的原因并非起振后开关管回路有短路故障，而是由于线路板碳化引起。清除线路板边缘的碳化物并做好绝缘处理，给开关电源先输入 500V 直流电源时，熔断器的熔体不再熔断，但不能起振。检查 3844B 供电支路，发现整流二极管 V38（LL4148）损坏，更换后，变频器上电运行一切正常。

故障实例 6

故障现象：一台英威腾 GS 系列小功率变频器上电控制面板显示 SC 故障信息，并跳停。

故障分析及处理：SC 故障信息为变频器输出负载短路，针对此故障现象，静态检测 U、V、W 之间和 U、V、W 与直流 P、N 之间无短路现象，为区别是 CPU 主板上电流检测电路故障还是驱动电路故障，将驱动电路的光耦器件二极管一侧用导线短接，上电后操作 RUN 键，控制面板显示输出频率正常。说明 SC 故障信息是由驱动电路回馈的，引发故障的原因是逆变模块损坏或驱动 IC 本身不良。

切断逆变模块供电后，再上电查驱动 IC 的 6 路脉冲信号，发现 U 上臂驱动 IC 有输入脉冲而无输出脉冲（静态负压正常），更换驱动 IC 后，输出正常。检查 U 下臂驱动 IC 静态负压仅零点几伏，更换后，故障依旧。将其与逆变模块触发端连接的 100Ω 电阻焊开后，静态负压上升为正常值。测模块 U 下臂端子正向电阻与其他触发端子电阻一致，但其反向电阻偏小于其他触发端子，证明模块 U 相触发端子内电路损坏。更换损坏器件后，变频器上电运行正常。

模块损坏与驱动 IC 的损坏通常具有关联关系，当 U 相主电路损坏时，则 U 相的上下臂驱动 IC 往往也受强电压冲击而同时损坏；而当检查出该相的驱动 IC 损坏时，该相触发端子的内电路也可能损坏。

故障实例 7

故障现象： 一台 INVT-G9-004T4 变频器上电控制面板无显示。

故障分析及处理： 结合故障现象，静态检测 R、S、T 与主直流回路 P、N 之间呈开路现象，拆开变频器观察，模块引入铜箔条已被电弧烧断，检测发现模块三相电源输入端子已短路。分析其原因是因电源侧其他负载支路的瞬时短路与跳闸的扰动，导致三相电源产生了异常的电压尖峰冲击，此危险电压导致了变频器模块内的整流电路击穿短路，短路产生的强电弧烧断了三相电源引入的铜箔条，同时引起了电源开关的保护跳闸。

因本型号变频器在模块损坏时，模块的短路检测功能生效，CPU 拒绝所有操作，解除掉逆变部分返回的 OC 信号，再上电故障现象依旧。测量 U7-HC4044 的 4、6 的过电流信号电压，皆为负电压，正常时静态应为 6V 正电压。检测电流信号输入放大器 U12D 的引脚 8、14 电压为 0V，正常；U13D 的引脚 14 为 −8V，有误过电流信号输出。将 R151 电阻焊开，断开此路过电流故障信号，控制面板的所有参数设置均正常，但启/停操作无反应。

检测模块热报警端子电压为 3V，此电压正常值为 5V 左右。试将热报警输出的铜箔条切断后，控制面板的启/停操作有效。

清理三相电源铜箔条引线，并做好清洁和绝缘处理，更换模块后，检测驱动电路正常，恢复过电流故障信号、过热故障信号回路后，变频器上电运行一切正常。

4.10 阿尔法变频器故障检修实例

故障实例 1

故障现象： 一台 ALPHA2000-15kW 变频器一启动，控制面板即显示欠电压故障信息，并跳停。

故障分析及处理： 在给变频器上电时，未听到充电接触器吸合声，检测发现 CNM 端子 1 为 24V 高电平，说明充电继电器控制电路故障，检查端子 1 至 CPU 主板回路正常，判断为 CPU 控制引脚内电路损坏。用替换法替换 CPU 板后，变频器上电运行一切正常。

故障实例 2

故障现象： 一台 ALPHA2000 型 18.5kW 变频器负载率在 50% 以内，变频器控制面板显示欠电压故障信息，并跳停。

故障分析及处理： 结合故障现象，检查变频器电源电压，检查发现变频器电源端电压波动大，低时到 320V。在应急的条件下，若要使变频器运行，可将 CNM 端子 8 的排线切断，从 25、7 端子间接入 4.7kΩ 半可变电阻，中心臂接入 8 端子，调整 8 端电压为 3V。变频器上电运行可不再跳欠电压故障，也可正常运行。但这仅是应急方法，改善变频器输入电源质量，才是根本解决方案。

阿尔法变频器在主直流回路电压检测电路损坏后，端子引脚 8 电压为 0（正常时应为 3V 左右），变频器控制面板显示欠压故障信息，不能投入运行。若将端子引脚 8 接入＋5V 电压时，变频器上电即控制面板显示 OC 故障信息。经实验证明，端子引脚 8 电压低于 2.5V 时变频器控制面板显示欠压故障信息，电压高于 3.8V 时变频器上电即控制面板显示 OC 故障信息，即直流回路电压过高时或直流检测电路异常，也是变频器控制面板显示欠电压、OC 故障信息的一个原因。在检修或作应急处理时，可将接线排 CN1 的引脚 8 取 5V 电压用分压电阻固定一个 3V 电压，则变频器能方便检修或能应急运行。

故障实例 3

故障现象：一台阿尔法 18.5kW 变频器上电控制面板显示 OC 故障信息，并跳停。

故障分析及处理：阿尔法变频器上电，控制面板显示 OC 故障信息多表现为在启、停操作过程中，但有时也在运行中。引起变频器上电控制面板显示 OC 故障信息的原因如下。

（1）当逆变模块运行电流达到额定电流的 3 倍以上，IGBT 的管压降上升到 7V 以上时，由驱动 IC 返回过载 OC 信号输入至 CPU，实施快速停机保护。

（2）从变频器输出端的 3 只电流互感器（小功率机型有的采用 2 只）采集到急剧上升的异常电流后，由电压比较器（或由 CPU 内部电路）输出一个 OC 信号输入至 CPU，实施快速停机保护。

（3）驱动 IC 或电流采样电路异常时，变频器会误报 OC 故障信息。

小功率机型的阿尔法变频器往往采用在输出端直接串接分流电阻来采集电流信号，经前级放大处理后，由光耦运算放大器隔离后输送至 CPU。其前级放大器的供电取自驱动 IC 的悬浮电源，当模块损坏（或拆除）后，经由逆变模块连接的供电支路断路，使得电流采样电路输出最高的负压，CPU 误认为有大电流信号，而显示 OC 故障信息。此种情况在变频器一上电，即在控制面板显示 OC 故障信息，并停机。

驱动 IC 的外围电路异常或其本身损坏，也会在控制面板上显示 OC 故障信息，在变频器检修时要区分是电流采样电路故障，还是驱动 IC 报的故障，以判断是误显示 OC 故障信息，还是模块损坏真正存在过电流故障，应采取措施解除报警状态，以方便检修。

阿尔法变频器的硬件保护电路主要由 U22 和 U24 两片 LM393 双运放电路构成，其信号又经一级反相器倒相后，送入 CPU 的引脚 16，U22 和 U24 共输入了两路信号：①由逆变驱动 IC 返回的过载 OC 信号；②直流电压检测信号。两路信号分别加至 4 路运放的输入端，经开环放大处理（运放电路在这里实际上作为开关电路来应用）后，将 4 路故障信号并联在一起，再经一级倒相处理后，送入 CPU 的引脚 16。结合故障现象和对电路的分析，再检查变频器硬件保护电路，发现 U22 输出信号异常，用替换法替换后，变频器上电运行一切正常。

故障实例 4

故障现象： 一台阿尔法 18.5kW 变频器的控制面板显示 2501 故障信息，在控制面板上的操作失效。

故障分析及处理： 结合故障现象，静态检查变频器主电路，发现 IGBT 模块已损坏，再对驱动电路进行检查，该变频器的驱动电路由 6 片 A316J 构成 6 路驱动脉冲输出电路，检查发现上臂的 3 片 A316J 已损坏，更换后，上电检测 6 路驱动电路的静态输出负压和动态脉冲输出均正常。

变频器控制面板显示 2501 故障信息为 CPU 及外围通信电路损坏，对此首先检查 CPU 的外围通信电路无异常，用替换法替换 CPU 主板后，将损坏的 IGBT 模块更换后，变频器上电运行一切正常。

故障实例 5

故障现象： 一台小功率阿尔法变频器在启、停操作或运行中，控制面板上显示 OC 故障信息并跳停。

故障分析及处理： 小功率阿尔法变频器有一个通病，即容易在控制面板上显示 OC 故障信息并跳停，多发生在启、停操作过程中。在处理该类故障中，有时在测试过程中故障已经消除，使查无所据。即使在故障频繁发生时，测试硬件电路（保护电路）也检查不出什么问题。

在检修中先切断了由逆变驱动 IC 返回的过载 OC 信号，后又切断了倒相输出的总故障信号，但均无效，故障现象依旧。判断电路存在某种干扰，但干扰的来源与起因又很难查找。在故障信号电路中加装电容、电阻滤波元件以提高电路的抗干扰性能，但无效果。测量 CPU 供电为 4.98V，很稳定，将 4.98V 调整为 5.02V，再作启/停试验，故障竟然排除。

分析可能是由于 CPU 外部或内部静态电压工作点的设置不当或偏低，恰好在信号干扰电平的临界点上，易出现随机性的变频器控制面板显示 OC 故障信息。将 CPU 的 5V 供电电压略调高后，其工作点的电压值也相应抬高，可避开了干扰电平的临界点，变频器上电运行一切正常。

变频器在出厂时，将 CPU 供电电压调整值略高一点，可提高变频器运行的可靠性。调整值偏低或在使用过程中因某种原因（如元件变值、温飘等）使 5V 略有下降时，便易出现频繁在变频器控制面板显示 OC 故障信息并跳停。

4.11　丹佛斯变频器故障检修实例

故障实例 1

故障现象： 一台 VLT5004-2.2kW 变频器控制面板上电显示正常，但是加负载后显示

DC LINK UNDERVOLT"（直流回路电压低）故障信息，并跳停。

　　故障分析及处理：针对变频器控制面板上显示的故障信息和故障现象，首先应该检查输入电源是否正常，若输入电源正常，就应检查整流回路是否有问题，丹佛斯 37kW 以下的变频器采用的是单个全桥不可控整流器，而 45kW 以上的变频器则采用了半控全桥整流，整流模块缺相可能导致欠压报警。对于小功率变频器预充电回路接触器有问题也有可能导致欠压报警。

　　变频器的上电回路是采用接触器控制限流电阻来完成限制充电电流过程的，上电时没有发现任何异常现象，判断是加负载时直流回路的电压下降所引起，而直流回路的电压又是通过整流桥全波整流，然后由电容平波后提供的，所以着重检查整流桥，经测量发现该整流桥有一路桥臂开路，更换新品后，变频器上电运行一切正常。

故障实例 2

　　故障现象：一台 5011 系列变频器控制面板显示 ALARM14 故障信息。

　　故障分析及处理：变频器控制面板上显示 ALARM14 故障信息为有接地故障。在重新上电后，按 RESET 键能复位，再启动时控制面板再次显示 ALARM14 故障信息，检查电动机和相关电缆并无接地故障，初步判断故障在变频器。分析导致接地故障的原因可能在霍尔传感器、或输出电压信号到电流取样板再送到运算放大器进行比较的电路部分，检测霍尔传感器正常，检测陶瓷基薄膜集成电阻 R501 时，其中的一路阻值因腐蚀已变得无穷大，致使接地不良，造成信号过强，使变频器控制面板显示 ALARM14 故障信息，更换同阻值大功率贴片电阻，重新启动后，变频器运行一切正常。

故障实例 3

　　故障现象：一台 5016 系列变频器控制面板显示 ALARM13 故障信息，重新启动后，一升速就跳闸。

　　故障分析及处理：变频器控制面板上显示 ALARM13 故障信息为过电流，导致过电流故障的主要原因有：接触器开路、负载过重、机械部分故障、逆变模块损坏、电动机的转矩过小等。因在变频器上电时没有听到内部继电器吸合的声音，初步判断为与充电电阻 R401 并联的接触器 KM1 开路导致电流过大引起，用万用表测 KM1 线圈两端电压正常，停电测线圈直流电阻，为无穷大，换新线圈后，变频器上电试运行一切正常。

故障实例 4

　　故障现象：一台 5006 系列变频器控制面板显示 ALARM8 故障信息，不能复位。

　　故障分析及处理：变频器控制面板上显示 ALARM8 故障信息为欠电压，因 5006 系列变频器端子 104 的引脚 11 为电压检测点，信号经 IC403 输送给控制板，并在内部与参数设定电压做比较，如果低于参数下限，变频器就会停车并报警显示故障信息，测量 104 的引脚 11 无电压，正常应为 2.3V，初步判断故障点在前面，测量 IC403 的引脚 3 无电压，再测量 V1 负极无直流电压，测变压器有交流输出，可以判断为 4R7 电阻损坏，更换

4R7 电阻后，变频器上电试运行一切正常。

故障实例 5

故障现象： 一台 5006 系列变频器控制面板显示 ALARM29 故障信息，且不能复位。

故障分析及处理： 变频器控制面板上显示 ALARM29 故障信息为散热片温度过高。应首先检查控制面板的温度显示值是否超出参数设置的上限，如果超出，检查是否与实际温度相符，如果不相符说明检测电路出现故障。经检查显示温度与实际温度不符，测量温度检测电路变压器输出端 14V 电压正常，插头两端无电压，检测电阻 R207、R208 阻值为无穷大，更换电阻 R207、R208 后，变频器上电试运行正常。

故障实例 6

故障现象： 一台 5032 系列变频器能启动，控制面板显示正常，有频率变化但没有交流电压。

故障分析及处理： 针对变频器控制面板显示正常，并能启动且有频率变化但没有交流电压故障，首先替换控制面板，替换后故障依旧，表明故障在功率部分，检查 IGBT 及相关电路正常，当检查到 MK1-MK2 排线时，发现排线因腐蚀造成接触阻值过大，用酒精及尖针清理，确认接触良好后，变频器上电试运行一切正常。

故障实例 7

故障现象： 一台 5004 系列变频器控制面板无显示，灯频闪。

故障分析及处理： 针对变频器控制面板的故障现象，首先替换控制面板，替换后故障依旧，怀疑电源部分有故障，上电检查功率板的电源各输出都有明显的闪动，说明电源有短路故障，断电用手触摸各元器件，当触摸到 IC408 时，发现其温度过高，用万用表测量内部已严重短路，更换 IC408 后，变频器上电试运行一切正常。

故障实例 8

故障现象： 一台 5006 系列变频器控制面板显示时有时无。

故障分析及处理： 针对变频器控制面板的故障现象，首先替换控制面板，替换后故障依旧，怀疑为电源接触不良，查各电源一切正常，测功率板到控制板之间的排线，发现排线接触不良，更换排线后，变频器上电试运行一切正常。

故障实例 9

故障现象： 一台 5004 系列变频器运行时前级熔断器熔体熔断，断路器跳闸，并且听到变频器内部有异常响动。

故障分析及处理： 针对故障现象对变频器进行全面检查，在检查过程中发现整流桥已损坏，炸出几条明显裂缝，测全桥已经短路，经查整流桥的型号为 SKB30/12，电流 30A、耐压 1200V，符合技术要求，判断为变频器负载停车惯性大，停车时有再生过电压现象，由于再生功率使直流电路电压升高，有时超过允许值，中间电压加再生电压超过整流桥耐压值，造成整流桥炸裂。

更换前级熔断器熔体及整流模块后，对变频器的逆变部分、控制部分进行系统检查，确认正常。根据故障原因，将变频器减速时间（210）由原 5s 延长到 10s，并在三相输出 U、V、W 端加压敏电阻（接法为△连接、加压敏电阻的耐压为 1000V）。变频器上电试运行一切正常。

故障实例 10

故障现象： 一台 5006 系列变频器在运转中突然发出爆炸声响，同时外接熔断器熔体熔断。

故障分析及处理： 结合故障现象拆开变频器后，检查确认 IGBT 模块已损坏，经过对相关板卡的测试，发现 IGBT 驱动板损坏，测量其他板正常。在拆卸变频器板卡时发现其电源板和电流检测板上有很多的油污和灰尘。打开变频器的散热片风机，看到散热片上也沾满了油污和杂物，将变频器的散热通道完全堵死。由此判断 IGBT 模块是因散热不良导致其损坏。

首先将变频器完全拆开，将散热通道的散热片拆下，用空压气体将散热片清理干净，同时将变频器内部结构件和板卡全部清理干净。重新安装 IGBT 模块，在安装 IGBT 模块时候要按照模块的要求，顺序安装，力矩适度，之后再依次安装其他器件。安装结束后进行静态测试正常，变频器上电后进行动态测试正常，启动变频器驱动电动机运行一切正常。

故障实例 11

故障现象： 一台 VLT2800 系列变频器控制面板显示 ERR7 故障信息。

故障分析及处理： 变频器控制面板显示的 ERR7 故障信息为过电压。若变频器中间直流电压 U_{DC} 高于逆变器的过电压极限，逆变器将关断，直到 U_{DC} 重新降到过电压极限以下为止。若 U_{DC} 持续过电压一段时间，逆变器将跳闸。时间长短取决于变频器设置时间，通常范围为 5～10s。直流电压检测值大于直流电压过电压极限值的原因如下。

（1）输入电源电压值大于变频器的输入电压额定值，导致直流电压值高于极限值。如将 380V 输入到额定电压为 220V 的变频器上，直接导致变频器显示过电压报警，这是非常严重的事情，有可能导致变频器严重损坏。解决方法是保证变频器的输入电压在允许的范围内。

（2）负载惯性太大，运行时导致变频器内部直流电压值偏高，大于直流电压极限值，导致变频器过电压报警。如凸轮式负载、起重负载等，解决的办法是选择带制动功能的变频器。

（3）直流电压检测线路损坏。变频器内部的直流电压检测是采用的直接降压采样的方式，此类故障多为降压电阻故障，可采用替换法进行判断。

（4）变频器型号不能识别。有些变频器只要上电控制面板就显示 ERR7 故障信息，此时读取变频器型号参数 P621，发现参数值为 VLT2800200-240V，说明该变频器已不能正确地读取自己的身份，正确的应该是变频器本身型号，如 VLT2875380V-480V。

变频器控制面板显示 ERR7 故障信息不一定是变频器损坏，也有可能是选型和使用中出现了问题。对于出现变频器身份不能识别和电压检测损坏的情况，其主要原因是使用环境的恶劣，如电路板太脏等，有些电路板上往往有很多的油污，甚至有水分。

故障实例 12

故障现象： 一台 VLT2800/VLT2900 系列变频器控制面板显示 ALARM37 和 A-LARM14 故障信息。

故障分析及处理： 变频器控制面板显示的 ALARM37 故障信息为变频器内部逆变器故障，主要是由控制卡软件故障、现场电磁干扰造成。变频器在工作中由于整流和逆变，在周围产生了很强的干扰电磁波，这些高频电磁波对附近的仪表、仪器有一定的干扰。因此，变频柜内仪表和电子系统，应该选用金属外壳，以屏蔽变频器对仪表的干扰。所有的元器件均应可靠接地，除此之外，各电气元件、仪器及仪表之间的连线应选用屏蔽控制电缆，且屏蔽层应接地。如果处理不好电磁干扰，往往会导致变频器误报警，使整个系统无法工作，导致控制单元失灵或损坏。

变频器控制面板显示的 ALARM14 故障信息为接地故障，一般是由于 IGBT 损坏、电动机或电缆绝缘损坏造成的，由于 VLT2800 系列变频器没有内设电流互感器，因此该报警一般由于 IGBT 触发端损坏造成。在更换模块前应先使用示波器检查驱动电路是否良好，以免再次发生相同故障。

故障实例 13

故障现象： 一台 VLT3000 系列变频器控制面板无显示。

故障分析及处理： 针对变频器控制面板无显示故障，可初步判断故障在开关电源，通常故障是由开关电源的负载发生短路造成的，丹佛斯变频器采用了新型脉宽集成控制器 UC2844 来调整开关电源的输出，同时 UC2844 还带有电流检测，电压反馈等功能，当变频器控制面板无显示，控制端子无电压，DC12V/24V 风机不运转等现象时应考虑是否开关电源损坏。

故障实例 14

故障现象： 一台 VLT5000 变频器控制面板显示 ALARM8 故障信息，并停机。

故障分析及处理： 变频器控制面板显示 ALARM8 故障信息为欠电压。当变频器整流模块损坏后，变频器直流母线电压不足，将导致变频器控制面板显示 ALARM8 故障信息，并停机。变频器整流模块损坏是变频器的常见故障之一，早期生产的变频器整流模块均采用二极管。目前，大部分整流模块已采用晶闸管。中大功率普通变频器整流模块一般为三相半可控整流，整流器件易过热，也容易导致击穿或开路，在更换整流模块时，要求在整流模块与散热片接触面上均匀地涂上一层传热性能良好的硅脂，再紧固安装螺丝。由于变频器对外部电源的稳定性要求较高（三相电压差±10％），整流模块损坏常与变频器外部电源有密切关系，所以当整流模块发生故障后，不能再盲目上电，应先检查外围设备。

故障实例 15

故障现象：一台丹佛斯变频器控制面板显示 ALARM37 故障信息，并停机。

故障分析及处理：变频器控制面板显示的 ALARM37 故障信息为变频器的内部逆变器故障，主要是由 IGBT 的驱动电路损坏造成。驱动电路故障通常是因电源部分出现故障引起的，主要表现为 IGBT 上桥臂或下桥臂无驱动电压，导致变频器检测电路偏离标准值，致使 CPU 报警。

故障实例 16

故障现象：一台丹佛斯变频器控制面板显示 ALARM14 故障信息，并停机。

故障分析及处理：变频器控制面板显示的 ALARM14 故障信息为接地故障。除现场电动机或连接电缆因素外，可初步判断是由变频器的电流互感器损坏及其相关辅助电路故障造成，其中霍尔传感器受温度、湿度等环境因素的影响，工作点漂移，导致报警尤为常见。

故障实例 17

故障现象：一台丹佛斯变频器控制面板显示 ALARM29 故障信息。

故障分析及处理：变频器控制面板显示的 ALARM29 故障信息为过热故障。应首先检查散热风机是否运转，丹佛斯变频器在风机控制上采用了 ON/OFF 控制方式，通过温度传感器采样温度信号，用斩波电路调整输出电压达到控制风机转速的目的，即省电，又延长了风机的寿命。其次也要检查散热通道是否畅通，有无堵塞现象。在安装丹佛斯 45kW 以上的变频器时，一定要注意变频器必须安装在平整，垂直无间隔物的表面，原因在于丹佛斯变频器出厂时不提供背板，所以风道是敞开的，不利于散热，很多丹佛斯变频器过热都是由于安装问题而导致的。

故障实例 18

故障现象：一台丹佛斯变频器控制面板显示 2.5ALARM8 故障信息。

故障分析及处理：丹佛斯变频器控制面板显示 2.5ALARM8 故障信息为欠电压。当变频器出现欠电压故障时，首先应检查输入电源是否正常，若正常，再检查整流回路是否有问题，丹佛斯 37kW 以下的变频器采用的是单全桥不可控整流器，而 45kW 以上的变频器则采用了半控全桥整流，整流桥缺相可能导致变频器控制面板显示 2.5ALARM8 故障信息。对于小功率变频器预充电回路接触器有问题也有可能导致变频器控制面板显示 2.5ALARM8 故障信息。

4.12　康沃变频器故障检修实例

故障实例 1

故障现象：一台康沃 5.5kW 变频器有输出，但是不能带负载运行，电动机转不动，运行频率上不去。

故障分析及处理：结合故障现象，首先静态检测主电路的整流与逆变电路正常，在给变频器上电后，检测空载三相输出电压正常。接上一台 1.1kW 的空载电动机，启动变频器运行，频率上升到 1~2Hz 就升不上去，电动机有停顿现象，并发出喀楞声，但变频器控制面板不显示过载或 OC 故障信息。

将逆变模块的 550V 直流供电断开，另送入直流 24V 低压电源，检查驱动电路和供电电路的电容等元件都正常。检测逆变输出上三臂驱动电路输出的正、负脉冲电流，均达到一定的幅值，驱动 IGBT 模块应该没问题；但测量下三臂驱动驱动电路输出的正、负脉冲电流时，控制面板显示模块故障信息。其原因是用万用表的直流电流挡直接短接测量触发端子，万用表直流电流挡的内阻较小，将驱动电路输出的正激励电压拉低，比如低于 10V，此压不能正常可靠地触发 IGBT，故模块故障检测电路检测到 IGBT 的管压降，而控制面板显示 OC 故障信息。实为测量方式引起的误报，在万用表的表笔上串入十几欧电阻，再测量驱动电路的输出电流时，便不在变频器控制面板上显示 OC 故障信息。又检查电流互感器信号输出回路，也正常。在运行中，并无故障信号报出。

重新给变频器上电，带电动机试验。上电时，未听到充电接触器的吸合声。该变频器的接触器线圈为交流 380V，取自 R、S 电源进线端子。检查发现接触器线圈引线端子松动造成接触不良，接触器未能吸合。启动时的较大电流在充电电阻上形成较大的压降。主回路直流电压的急剧跌落为电压检测电路所检测值，使 CPU 做出了降频指令。将接触器线圈重新接线后，变频器上电运行一切正常。

故障实例 2

故障现象：一台康沃变频器上电后控制面板显示 P. OFF 故障信息，延时 1~2s 后显示 0。

故障分析及处理：康沃变频器上电后控制面板显示 P. OFF 故障信息，延时 1~2s 后显示 0，表示变频器处于待机状态。在应用中若出现变频器上电后后控制面板一直显示 P. OFF 故障信息，其主要原因有输入电压过低、输入电源缺相及变频器电压检测电路故障。处理时应先测量电源三相输入电压，R、S、T 端子正常电压为三相 380V，如果输入电压低于 320V 或输入电源缺相，则为外部电源故障。如果输入电源正常可判断为变频器内部电压检测电路或缺相保护故障。对于康沃 G1/P1 系列 90kW 及以上变频器，故障原因主要为内部缺相检测电路异常。缺相检测电路由两个单相 380V/18.5V 变压器及整流电路构成，故障原因大多为检测变压器故障，处理时可测量变压器的输出电压是否正常。

故障实例 3

故障现象：一台康沃变频器上电后控制面板显示 ER08 故障信息。

故障分析及处理：康沃变频器控制面板显示 ER08 故障信息为变频器处于欠电压故障状态，主要原因有输入电源过低或缺相、变频器内部电压检测电路异常、变频器主电路异常。

通用低压变频器的输入电压范围在 320～460V，在变频器满载运行时，当输入电压低于 340V 时可能会出现欠电压保护，这时应提高电网输入电压或将变频器降额使用；若输入电压正常，变频器在运行中控制面板显示 ER08 故障信息，则可判断为变频器内部故障。若变频器主回路正常，变频器控制面板显示 ER08 故障信息的原因大多为电压检测电路故障。一般变频器的电压检测电路为开关电源的一组输出，经过取样、比较电路输入至 CPU，当超过设定值时，CPU 根据比较信号输出故障封锁信号，封锁 IGBT，同时在变频器的控制面板显示 ER08 故障信息。

故障实例 4

故障现象：一台康沃变频器上电后控制面板显示 ER02/ER05 故障信息。

故障分析及处理：ER02/ER05 故障信息为变频器在减速中出现的过电流或过电压故障，其主要原因是减速时间过短、负载回馈能量过大未能及时被释放。若电动机驱动惯性较大的负载时，当变频器频率（即电动机的同步转速）下降时，电动机的实际转速可能大于同步转速，这时电动机处于发电状态，此部分能量将通过变频器的逆变电路返回到直流回路，从而使变频器出现过电压或过电流保护。在现场处理时，在不影响生产工艺的情况下可延长变频器的减速时间，若负载惯性较大，又要求在一定时间内停机时，则要加装外部制动电阻和制动单元，22kW 以下的康沃 G2/P2 系列变频器均内置制动单元，只需加外部制动电阻即可，电阻选配可根据产品说明中标准选用；对于功率 22kW 以上的机型则要求外加制动单元和制动电阻。

ER02/ER05 故障一般只在变频器减速停机过程中才会出现，如果变频器在其他运行状态下出现该故障，则可能是变频器内部的开关电源的电压检测电路或电流检测电路异常而引起的。

故障实例 5

故障现象：一台康沃变频器上电控制面板显示 ER17 故障信息。

故障分析及处理：通用变频器电流检测一般采用电流传感器，通过检测变频器两相输出电流来实现变频器运行电流的检测、显示及保护功能。输出电流经电流传感器输出线性电压信号，经放大比较电路输入至 CPU，CPU 根据不同信号判断变频器是否处于过电流状态，如果输出电流超过保护值，则保护电路动作，封锁 IGBT 驱动信号。

针对康沃变频器控制面板显示的 ER17 故障信息，分析其主要原因是电流传感器故障或电流检测放大比较电路异常，电流传感器故障可通过更换传感器解决，电流检测放大比较电路异常一般为电流检测 IC 损坏或电流检测 IC 工作电源异常，可对电源电路进行检测，若电源电路正常，更换电流检测 IC。

故障实例 6

故障现象：一台康沃变频器上电控制面板显示 ER15 故障信息。

故障分析及处理：ER15 故障信息为逆变模块内的 IGBT 故障，导致逆变模块内的 IGBT 故障的主要原有：①输出对地短路；②变频器至电动机的电缆线过长（超过 50m）；③逆变模块或其保护电路故障。在现场处理时，先拆去电动机接线，测量变频器逆变模块，观察输出是否存在短路，同时检查电动机是否对地短路及电动机接线长度是否超过允许范围，如上述均正常，则可能为变频器逆变模块内部 IGBT 的驱动或保护电路异常。

通常 IGBT 过电流保护是通过检测 IGBT 导通时的管压降，当 IGBT 正常导通时其饱和压降很低，当 IGBT 过电流时管压降 U_{CE} 会随着短路电流的增加而增大，增大到一定值时，检测二极管 VDB 将反向导通，此时反向电流信号经 IGBT 驱动保护电路输入至 CPU，CPU 封锁 IGBT 输出，以达到保护作用。如果检测二极管 VDB 损坏，则康沃变频器会在控制面板显示 ER15 故障信息，检查发现检测二极管损坏，更换检测二极管后，变频器上电运行一切正常。

故障实例 7

故障现象：一台康沃变频器上电控制面板显示 ER11 故障信息。

故障分析及处理：ER11 故障信息为变频器过热，导致变频器过热的原因主要有风道阻塞、环境温度过高、散热风机损坏及温度检测电路异常等。在现场处理时，首先应判断变频器是否确实存在温度过高情况，如果温度过高，可先检查环境温度是否过高，若正常，检查风道是否阻塞，若正常，检查风机运转是否正常，若不正常，检查风机电源，若电源正常，更换风机。

若在变频器温度正常情况下控制面板显示 ER11 故障信息，则故障原因为温度检测电路故障。康沃 22kW 以下机型采用七单元逆变模块，内部集成有温度元件，如果模块内此部分电路故障，也会在控制面板显示 ER11 故障信息，另处当温度检测运算电路异常时也会在控制面板显示 ER11 故障信息。

4.13　三菱变频器故障检修实例

故障实例 1

故障现象：一台 E540-0.75kW～3.7kW 变频器上电后，控制面板显示 E6、E7 故障信息。

故障分析及处理：引发三菱变频器上电后，控制面板显示 E6、E7 故障信息的原因如下。

（1）1302H02 损坏。这是一块集成了驱动波形转换、多路检测信号于一体的集成电路，并有多路信号和 CPU 板并联，在很多情况下，此集成电路的任何一路信号出现问题都有可能引起变频器控制面板显示 E6、E7 故障信息。

（2）信号隔离光耦损坏。在 1302H02 与 CPU 板之间有多路强弱信号采用光耦隔离，隔离光耦损坏有可能引起变频器控制面板显示 E6、E7 故障信息。

（3）接插件损坏或接插件接触不良。由于 CPU 板和电源板之间的连接电缆经过几次弯曲后容易出现折断，虚焊等现象，在插头侧如果使用不当也易出现引脚弯曲折断等现象，也有可能引起变频器控制面板显示 E6、E7 故障信息。

在处理变频器上电后，控制面板显示 E6、E7 故障信息的故障时，首先检查集成电路 1302H02 的各引脚电压，与正常值对比分析有异常，再对外围电路检查未见异常，用替换法替换集成电路 1302H02 后，变频器上电运行一切正常。

故障实例 2

故障现象：A540-7.5/5.5kW 变频器上电后，控制面板显示 OC 故障信息，并跳停。

故障分析及处理：引发 A540-7.5/5.5kW 变频器上电后，控制面板显示 OC 故障信息，并跳停的原因如下。

（1）参数设置不当，如加速时间设置过短。

（2）外部因素引起的，如电动机绕组短路，包括相间短路，对地短路等。

（3）变频器硬件故障，如霍尔传感器损坏，IGBT 模块损坏等。

（4）驱动电路老化。如果变频器使用的年限较长，必然导致元器件的老化，从而引起驱动波形发生畸变，输出电压也就不稳定了，所以经常一运行控制面板就显示 OC 故障信息。

通过在线测量，判断出 IGBT 模块损坏，在更换 IGBT 模块前检测驱动电路正常。三菱 A540-7.5/5.5kW 变频器没有快速熔断器，维修时用假负载接线比较麻烦，处理方法是紧固好模块 7MBI50-120，从 P 端引出一条电线，并使 P 端与电路板隔开，把驱动板装上，这时除 P 端外其他都装上螺丝，假负载（灯泡）就接在这引出线与变频器接线端的 P1 端之间，用 5Hz 频率开机，测量输出电压平衡后，关掉电源，待滤波电容放电后，将更换的 IGBT 模块恢复正常接线后，变频器上电运行一切正常。

故障实例 3

故障现象：一台三菱 A500 系列变频器上电后，控制面板显示 UVT 故障信息。

故障分析与处理：三菱 A500 系列变频器上电后，控制面板显示 UVT 故障信息为欠电压，变频器的欠压检测点都是直流母线侧的电压，经大阻值电阻分压后采样一个低电压值，与标准电压值比较后输出电压正常信号、过电压信号或欠压信号。三菱 A500 系列变频器的电压信号采样值是从开关电源侧取得的，并经过光电耦合器隔离。在维修过程中，首先对光耦进行检查，发现光耦输出端与电源负极短路，更换光耦后，变频器上电运行一切正常。

故障实例 4

故障现象：一台三菱 A500 系列变频器上电后，控制面板无显示。

故障分析与处理：变频器上电后，控制面板无显示故障通常是由变频器内开关电源的损坏而引起的，开关电源损坏也是 A500 系列变频器的常见故障，此类故障排除脉冲变压器、开关场效应管、启振电阻、整流二极管损坏等一些因素外，常见的损坏器件就是一块 M51996 波形发生器芯片，这是一块带有导通关断时间调整、输出电压调节、电压反馈调节等多种保护于一体的控制芯片，较容易出现问题的地方主要有芯片引脚 14 的电源，调整电压基准值的引脚 7，反馈检测的引脚 5，以及波形输出的引脚 2 等。在维修过程中，在排除脉冲变压器、开关场效应管、启振电阻、整流二极管损坏的情况下，对 M51996 芯片进行在线电压检查，发现 M51996 的引脚 14、引脚 7 电压异常，用替换法替换 M51996 芯片后，变频器上电运行一切正常。

故障实例 5

故障现象：一台三菱 A240-22K 变频器上电后，控制面板显示过电流保护动作故障信息。

故障分析与处理：针对变频器的故障现象，首先对变频器进行离线检查，在检查时发现变频器功率模块已损坏，功率模块损坏的原因有多种，首先是外部负载发生故障而导致功率模块损坏，如负载发生短路，堵转等。其次驱动电路老化也有可能导致驱动波形失真，或驱动电压波动太大而导致功率模块损坏，负载波动很大，导致浪涌电流过大而损坏功率模块，电源缺相故障。保护电路失效、功率模块性能下降，维护不好，如散热器灰尘多堵塞、电路板太脏、散热硅脂失效等。

三菱 A240-22K 变频器的功率模块（PM100CSM120）是一体化模块，就是坏一路也要整个换掉。通常在功率模块损坏的大多情况下，驱动电路的元件也会损坏，最容易损坏的是稳压管，光耦；反过来，如果驱动电路的元件有问题，也会导致功率模块损坏或变频器输出电压不平衡。

在更换功率模块前，首先对驱动电路进行检查（在没上电时比较驱动电路各路触发端电阻一致，变频器上电启动后比较驱动电路触发端的电压波形正常），在确认驱动电路正常，更换功率模块后，变频器上电运行一切正常。

故障实例 6

故障现象：三菱变频器在运转时自停，控制面板显示 FL 故障信息。

故障分析与处理：三菱变频器控制面板显示 FL 故障信息，为变频器发生短路、接地、过电流、散热器过热等故障。造成三菱变频器自停，控制面板显示 FL 故障信息的原因如下。

（1）三菱变频器内部元器件存在软故障，导致其带负载能力下降，导致自停，对变频器进行静态检查。

（2）电动机过载导致变频器跳闸，首先检查变频器自身的绝缘性能，检查电动机负载是否造成电动机过载，检查变频器两只冷却风扇是否故障，检查散热器是否过热。

（3）变频器输出布线不合理，引起过电压，造成变频器自停。变频器和电动机之间的连接电缆存在着杂散电容和电感，在受某次谐波的激励而产生衰减振荡，造成传送至电动机输入端的电压产生过电压。过电压在绕组中产生尖峰电流，引起绕组过热而导致变频器跳闸。这一过电压的大小和时间随着布线环境的干湿程度和空气流通程度变化，使得变频器自停的次数和时间无规律性，对此引起故障原因的处理方法是重新布线。

故障实例 7

故障现象：一台三菱 FR-E024-0.75K 变频器上电无法启动，控制面板显示 E.THT 故障信息。

故障分析与处理：三菱 FR-E024-0.75K 变频器控制面板显示 E.THT 故障信息，说明变频器输出电流已经超过额定电流的 150%，变频器处于过电流保护状态，变频器停止输出。根据故障现象初步判断为电流检测电路中出现的故障，首先检查电流检测电路接线，正常。再检测霍尔电流传感器，发现电路板两面都附有油污，拆开霍尔电流传感器，用酒精清洗干净电路板上的油污后并吹干，重新装回到功率控制基板后，变频器上电运行一切正常。

故障实例 8

故障现象：一台三菱 A100 系列变频器上电后，控制面板无显示。

故障分析与处理：根据故障现象，初步判断为变频器内部的开关电源故障，打开变频器外壳后发现电源基板的部分铜膜已被烧毁，无任何电压输出。经过检查发现开关管已击穿，厚膜集成电路 IC（M51996）的引脚 Va 与 GND 已经短路，拆下 IC 后检查发现已损坏，在更换厚膜集成电路 IC、开关管后，变频器上电运行一切正常。

故障实例 9

故障现象：一台三菱风机水泵型 15kW 变频器上电无反应。

故障分析与处理：结合故障现象，对变频器进行静态检查，未见异常，在进行动态检查中，测量电源各路输出均基本正常，且电源连接良好。拆下 CPU 板后发现里面杂物较多，清洗电路板后，给变频器上电，显示屏有显示，但一闪一闪不正常，判断为 CPU 板清洗不彻底所致。对 CPU 板逐个元件进行清洁后，变频器上电运行一切正常。

故障实例 10

故障现象：一台三菱 A200 系列变频器上电无反应。

故障分析与处理：结合故障现象，对变频器进行静态检查，未见异常的情况下，在进行动态检查中发现 M51996 的 VCC 端无电压，尽管此时直流母线已建立 560V 高压，测其供电电阻正常。滤波电容亦良好,更换二次整流三极管 V1 后,VCC 端电压能达到 15V,但无法起振,检查外围元件发现无损坏后,确认 M51996 损坏。更换 M51996 后上电试机,控制面板有显示,+5V 输出亦正常,但维持不到 3s,M51996 再次损坏,同时损坏的还有负反馈电阻等。由于之前检测过尖峰电压吸收电路以及负载均无问题,故分析开关变压器已经损坏。开关电源脉冲变压器损坏是 A200 系列变频器的一个常见故障,由于开关电源输出负载的短路,或母线电压的突变而导致脉冲变压器一、二次级绕组损坏。更换关变压器及其他损坏元件后,变频器上电运行一切正常。

故障实例 11

故障现象:一台三菱 Z024 系列变频器上电后,控制面板显示 OC 故障信息。

故障分析与处理:引起三菱 Z024 系列变频器上电后,控制面板显示 OC 故障信息的原因如下。

(1)驱动电路老化,若变频器使用年限较长,元器件的老化,从而引起驱动波形发生畸变,输出电压也就不稳定了,所以经常一运行就在控制面板上显示 OC 故障信息。

(2)IPM 模块损坏也会引起控制面板上显示 OC 故障信息,Z024 系列的变频器使用的功率模块不仅含有过电流,欠压等检测电路,而且还包含有放大驱动电路,所以不管是检测电路的损坏、驱动电路的损坏,以及大功率晶体管的损坏都有可能引起在控制面板上显示 OC 故障信息。

通过在线测量,判断出 IGBT 模块损坏,在更换功率模块前,首先对驱动电路进行检查(在没上电时比较驱动电路各路触发端电阻一致,变频器上电启动后比较驱动电路触发端的电压波形正常),在确认驱动电路正常,更换功率模块后,变频器上电运行一切正常。

故障实例 12

故障现象:一台三菱 Z024 系列变频器上电后,控制面板显示 ERR 故障信息。

故障分析与处理:三菱 Z024 系列变频器控制面板显示 ERR 故障信息,为变频器发生欠压故障,首先检查输入电压,若输入电压正常,再检查电压检测回路电阻或连线,在静态检查检测电阻时,发现电阻已变质,更换检测电阻后,变频器上电运行一切正常。

故障实例 13

故障现象:一台三菱 A500 系列 7.5kW 变频器上电后,控制面板显示 UV(欠压)故障信息。

故障分析与处理:针对 A500 系列 7.5kW 变频器上电后,控制面板显示 UV(欠压)故障信息,首先检查整流回路,因 A500 系列 7.5kW 以下变频器的整流桥内置一个晶闸管,变频器在正常运行时用于切断充电电阻,内置晶闸管损坏会导致欠压故障。检查发现晶闸管已损坏,更换晶闸管后,变频器上电运行一切正常。

故障实例 14

故障现象： 一台三菱 A540 变频器上电后，控制面板显示 E. UVT 故障信息。

故障分析与处理： 引发三菱 A540 变频器上电后，控制面板显示 E. UVT 故障信息的原因如下。

(1) 当三菱 A540 变频器的电源电压下降到 300V 以下时，或是 P、P1 之间没有短接，导致变频器内部直流母线电压低，引发变频器上电后，控制面板显示 E. UVT 故障信息。

(2) 当变频器内部直流母线电压正常，但是检测回路损坏，在变频器上电后，控制面板也会显示 E. UVT 故障信息。

结合故障现象检查变频器输入电压正常，P、P1 已短接，变频器直流母线电压正常。三菱 A540 变频器对直流母线电压的检测是采用直接降压方式采样后，由光耦隔离输入至 CPU 处理。在对电压检测回路检查发现隔离光耦损坏，更换隔离光耦后，变频器上电运行一切正常。

故障实例 15

故障现象： 一台三菱 A540 变频器上电后，控制面板显示 E. . GF 故障信息。

故障分析与处理： 三菱 A540 变频器上电后，控制面板显示 E. . GF 故障信息，为变频器输出侧（负荷侧）发生接地、过电流保护动作，变频器停止输出。引发变频器上电后，控制面板显示 E. . GF 故障信息的原因如下。

(1) 变频器输出侧发生对地短路时，当有电流输出时候，变频器检测到三相电流之和不为零，变频器停止输出，显示接地故障。

(2) 该变频器电流检测是经过霍尔元件检测及采样后，进入控制卡处理。若霍尔元件或控制卡故障变频器将停止输出，显示接地故障。

结合故障现象首先拆除变频器输出端的电动机接线，检测电缆和电动机绝缘正常，初步判断故障在变频器电流检测电路。对霍尔元件进行检测，发现霍尔元件异常，更换霍尔元件后，变频器上电运行一切正常。

故障实例 16

故障现象： 一台三菱 A540 变频器控制面板显示 E. OC1、OC2、OC3 故障信息。

故障分析与处理： 三菱 A540 变频器的 E. OC1、OC2、OC3 故障信息，为变频器在加速、恒速、减速中发生过电流故障。当变频器在加速、恒速、减速过程中输出电流超过额定电流的 200% 时，保护回路动作，停止变频器输出。引起三菱 A540 变频器控制面板显示 E. OC1、OC2、OC3 故障信息的原因如下。

(1) 负载发生急剧变化，或者负载太重。

(2) 负载短路，包括电动机短路，电力电缆短路。

(3) 变频器内部硬件故障，包括电流检测，IGBT 模块，驱动电路损坏等。

结合故障现象逐步对变频器进行检测，首先拆除变频器的电动机接线，检测电缆和电动机绝缘，发现相间绝缘为 0，拆除电动机端接线，分别检查电缆和电动机绝缘，电动机相间、对地绝缘正常，电缆对地绝缘正常，相间绝缘为 0，确认电缆相间击穿，更换电缆后，变频器上电运行一切正常。

故障实例 17

故障现象：一台三菱 A540 变频器控制面板显示 E.LF 故障信息。

故障分析与处理：三菱 A540 变频器的 E.LF 故障信息为变频器输出缺相保护，当变频器输出侧（负荷侧）三相（U，V，W）中有一相断开时，变频器停止输出。结合故障现象首先检查电动机接线，变频器至电动机接线正常。检查变频器输出电压正常且平衡，初步判断故障在电流检测电路。对电流检查电路的霍尔元件进行检测，发现霍尔元件异常，更换霍尔元件后，变频器上电运行一切正常。

故障实例 18

故障现象：一台三菱 A500 变频器控制面板显示 OC1、OC3 故障信息，并跳停。

故障分析与处理：针对故障现象，首先检查变频器的参数设置是否正确，如加减速时间设置是否过短；若正确，再检查电动机绕组是否短路（相间短路，对地短路等）；若正常，检查变频器功率模块是否损坏，若正常，检查霍尔传感器是否损坏。以上这些检测点只要有任何一处有问题，都将使变频器控制面板上显示 OC1、OC3 故障信息，并跳停。

故障实例 19

故障现象：一台 FR-A740-132K 变频器驱动电动机可以启动，但当转速升到 20Hz 左右变频器控制面板显示低电压 E.UVT 故障信息，并停止输出。

故障分析与处理：在三菱变频器使用手册里对该报警代码给出的提示如下。

（1）在同一电源系统，有无大容量的电动机启动。

（2）连接 P/＋、P1 之间的短路片或直流电抗器是否松动或脱落。

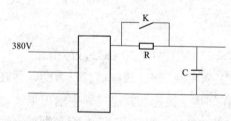

图 4-6　FR-A740-B2K 变频器的输入电路

FR-A740-132K 变频器的输入电路如图 4-6 所示，经检查发现短接限流电阻 R 的接触器接点 K 一直没接通，其工作原理是 380～400V 交流电经整流器的直流电通过平波电容 C 平波后才送给逆变器，逆变器再输出 SPWM 电压驱动电动机。由于电容 C 的电压不能跃变，所以交流侧上电瞬间电容 C 处于短路，将流过非常大电流会击穿电容 C，为保护电容 C 在电路中串接了一电阻 R。电阻 R 虽然限制了电流，保护了电容 C。但电容 C 充电结束后（2～3s，其值由 RC 值决定），电阻 R 通过接触器接点 K 短接。即在变频器驱动电动机运动过程中，电阻 R 是被旁路掉的。

上电后，由于接触器接点 K 没接通，电阻 R 没被旁路掉，变成整流器（直流电压源）的内阻。电动机运行转时，电阻 R 中无电流通过，电容 C 两端电压与正常系统完全相同（400×1.41≈564V），此时在 P1、N 端子间测量其电压不能发现任何问题。因为负载转矩与速度平方成比例变化，所以随着电动机转速增加电流随之增大，电阻 R 两端的电压降也随着增加，电容 C 两端电压则逐渐减小。当电压从 564V 降至 430V（E.UVT 默认值）以下时，变频器低电压报警并停止输出。对此，可在电动机启动过程，用万用表连续监测 P1、N 端电压，就会看到其电压值降低变化过程，由此可以确定接触器接点 K 没接通。如果是恒转矩负载，则一启动就会报 E.UVT 故障信息。

根据故障现象，初步判断故障在接触器或接触器绕组驱动电路，检查接触器绕组正常，绕组无启动电压，更换接触器绕组启动板后，变频器上电运行正常一切工作。

故障实例 20

故障现象： 一台三菱变频器在使用的过程中经常无故停机，再次开机可能又是正常的。

故障分析与处理： 在对变频器主电路检查发现，上电后主接触器吸合不正常，有时会掉电或抖动。结合故障现象分析故障原因为主接触器控制回路故障，在对主接触器控制回路检查时发现，由变频器内开关电源引出到主接触器绕组电源的滤波电容漏电造成电压偏低，这时如果供电电源电压偏高还问题不大，如果供电电压偏低就会致使接触器吸合不正常造成无故停机。更换此滤波电容器后，变频器上电运行一切正常。

故障实例 21

故障现象： 一台 7.5kW 的三菱变频器，安装好以后开始时运行正常，半个多小时后电动机停转，可是变频器的运转信号并没有丢失，仍在保持，显示面板的输出电流只有 0.6A 左右。

故障分析与处理： 测量变频器三相输出端无电压输出，将变频器手动停止，再次运行又恢复正常。正常时面板显示的输出电流是 40～60A。过了二十多分钟同样的故障现象出现，经分析判断是驱动板上的电流检测单元出了问题，用替换法替换更换驱动板后，变频器上电运行一切正常。

故障实例 22

故障现象： 一台三菱变频器一启动控制面板就显示 OC1 故障信息，并跳停。

故障分析与处理： 三菱变频器的 OC1 故障信息为加速时过电流，针对故障现象，首先检查加速时间设置是否正常，在检查加速时间设置正常的情况下，初步判断为电动机故障，将变频器与电动机连接线断开，变频器运行正常，检查电动机绕组为匝间短路，更换电动机后，变频器上电运行一切正常。

故障实例 23

故障现象：一台三菱变频器上电有放电声，控制面板显示过电流故障信息，并跳停。

故障分析与处理：结合故障现象，首先静态检测逆变模块和整流模块，根据静态检测数据初步判断逆变模块正常，整流模块损坏。测量 PN 之间的反向电阻值正常，初步认定直流负载无过载、短路现象。在拆卸变频器时，发现主电路有过打火的痕迹，继而发现短接限流电阻的继电器触点打火后烧坏连接在一起，这可能就是整流器损坏引发的。

在变频器上电瞬间，充电电流经限流电阻限值后对滤波电容充电，当 PN 间电压升到接近额定值时，继电器动作，短接限流电阻（俗称软启电阻）。由于继电器损坏而触点始终闭合，短接了限流电阻，导致整流器损坏。更换继电器，整流模块后，变频器上电运行一切正常。

故障实例 24

故障现象：一台三菱变频器在减速过程中控制面板显示过电流故障信息，并跳停。

故障分析与处理：结合故障现象，首先静态检测逆变模块和整流模块，根据静态检测数据初步判断逆变模块正常，整流模块损坏。整流模块损坏的原因通常是由于直流负载过载，短路和元件老化引起。测量 PN 之间的反向电阻值（红表笔接 P，黑表笔接 N），为 150Ω，正常值应大于几十 $k\Omega$，说明直流负载有过载现象。

因已判断逆变模块正常，依次检查滤波大电容、均压电阻正常，在对制动开关检测时发现制动开关损坏（短路），拆下制动开关元件后，在检测 PN 间电阻值正常。判断制动开关元器件的损坏可能是由于变频器减速时间设定过短，制动过程中产生较大的制动电流而损坏，而使整流模块长期处于过载状况下工作而损坏。更换制动开关元器件和整流模块后，重新设定变频器减速时间后，变频器上电运行一切正常。

故障实例 25

故障现象：一台三菱变频器在运行中控制面板显示欠电压故障信息，并跳停。

故障分析与处理：结合故障现象，首先静态检测逆变模块和整流模块，根据静态检测数据初步判断逆变模块正常，整流模块损坏。拆开变频器在检查主电路时发现整流模块的三相输入端的 V 相有打火的痕迹；给变频器上电，启动变频器在轻负载下运行正常，当变频器的负载加到满载时运行一会控制面板就显示欠压故障信息。初步判断为整流模块自然老化损坏，由于变频器不断的启动和停止，加之电网电压的不稳定或电压过高造成整流模块软击穿（就是处于半导通状态，没有完全坏，低电流下还可运行）。更换整流模块后，变频器上电运行一切正常。

故障实例 26

故障现象：一台三菱变频器显示过电流故障信息，并跳停。

故障分析与处理：结合故障现象，首先静态检测逆变模块和整流模块，根据静态检测数据初步判断整流模块正常，逆变模块损坏。静态检查驱动电路未发现异常，给直流信号后检测驱动电路输出信号，发现有一路驱动输出无负压值，测量波形幅值明显大于其他 5 路波形。检测负压上的滤波电容正常，检测稳压二极管 Z2 损坏，逆变模块是因驱动信号电压过高而损坏。更换驱动电路稳压二极管及逆变模块后，变频器上电运行一切正常。

故障实例 27

故障现象：一台三菱变频器运行无输出。

故障分析与处理：变频器运行无输出，通常是驱动电路损坏或逆变模块损坏，此外还有一种可能性就是输出反馈电路出现故障，表现为变频器有输出频率，没有输出电压。在反馈电路中用于降压的反馈电阻是较容易出现故障的。结合故障现象，静态检查变频器主电路正常，检查反馈电路发现降压的反馈电阻异常，替换反馈电阻后，变频器上电运行一切正常。

故障实例 28

故障现象：一台三菱变频器在运行 10min 后控制面板显示 GF 故障信息，并跳停。

故障分析与处理：三菱变频器的 GF 故障信息为有接地故障，在处理接地故障时，首先应检查电动机回路是否存在接地问题，若排除电动机回路接地后，最可能发生接地故障的部分是霍尔传感器，霍尔传感器由于受温度，湿度等环境因素的影响，工作点很容易发生漂移，导致变频器控制面板显示 GF 故障信息。拆除变频器电动机端电缆后，变频器上电运行，控制面板仍显示 GF 故障信息，静态检查霍尔传感器异常，替换霍尔传感器后，变频器上电运行一切正常。

故障实例 29

故障现象：一台三菱变频器上电控制面板无显示，电源侧自动开关跳闸。

故障分析与处理：结合故障现象，首先对变频器进行静态检测，静态检测发现 R、S、T 与主直流回路 P、N 之间呈开路现象，拆机观察，模块引入铜箔条已被电弧烧断，检测发现模块三相电源输入端子已短路。

判断引发三相电源输入端子短路故障的原因是：电源侧的其他负载支路发生瞬时短路与跳闸，导致三相电源产生了异常的电压尖峰冲击，此危险电压导致了变频器模块内的整流电路击穿短路，短路产生的强电弧烧断了三相电源引入的铜箔条，同时引起了电源开关的保护跳闸。更换模块后，变频器上电运行一切正常。

故障实例 30

故障现象：一台三菱变频器有输出，但是不能带负载运行，电动机转不动，运行频率上不去。

故障分析与处理：结合故障现象，首先静态检测主电路的整流与逆变电路正常，给变频器上电运行，空载测量三相输出电压正常。给变频器带上一台空载电动机，启动变频器运行，频率在 $1 \sim 2Hz$ 附近升不上去，电动机有停顿现象，并发出喀楞声，但控制面板没有显示过载或 OC 故障信息。

针对故障现象将逆变模块的 550V 直流供电断开，另送入直流 24V 低压电源，检查驱动电路和供电电路的电容等元件，都正常。测量逆变输出上、下三臂驱动电路输出的正、负脉冲电流，均达到一定的幅值，初步判断驱动电路正常。再检查电流互感器信号输出回路，也正常。

恢复逆变模块的 550V 直流供电接线，在给变频器上电时未听到充电接触器的吸合声，该变频器的接触器绕组为交流 380V，取自 R、S 电源进线端子。检查发现接触器绕组引线端子松动造成接触不良，接触器未能吸合。启动时的较大电流在充电电阻上形成较大的压降，主回路直流电压的急剧跌落为电压检测电路所检测，使 CPU 做出了降频指令。将接触器绕组重新接线后，变频器上电运行一切正常。

故障实例 31

故障现象： 一台三菱变频器上电控制面板就显示接地故障信息，并跳停。

故障分析与处理： 针对故障现象，初步判断是控制线路有短路或开路故障。先把变频器的控制线路拆下、电动机线也拆下，空载运行变频器；变频器运行正常，接上电动机后运行变频器也很正常，但接上控制线就显示接地故障，用绝缘电阻表检测所有控制线路，最后发现有两条控制线老化短路，其他的控制线也有不同程度的老化，只是没有这么严重，把所有控制线换掉后，变频器上电运行一切正常。

故障实例 32

故障现象： 一台三菱变频器上电后控制面板无显示。

故障分析与处理： 结合故障现象，首先做如下检查。

（1）检查输入电源是否正常，若正常，可测量直流母线 P、N 端电压是否正常；若没电压，可断电检查充电电阻是否损坏断路。

（2）经查 P、N 端电压正常，可更换控制面板及控制面板线，如果仍无显示，则需断电后检查主控板与电源板连接的 26P 排线是否有松脱现象或损坏断路。

（3）若上电后开关电源工作正常，继电器有吸合声音，风扇运转正常，仍无显示，则可判定控制面板的晶振或谐振电容坏，此时可更换控制面板。

（4）如果上电后其他一切正常，但仍无显示，应检查开关电源是否工作，此时需停电后拔下 P、N 端电源，检查 IC3845 的静态是否正常（凭经验进行检查），如果 IC3845 静态正常，此时在 P、N 加直流电压后，检测 18V/1W 稳压二极管两端是否有约 8V 左右的电压，若开关电源未工作，断电检查开关变压器二次侧的整流二极管是否有击穿短路。

（5）上电后 18V/1W 稳压二极管有电压，仍无显示，可除去外围一些插线，包括继电器线插头、风扇线插头，查风扇、继电器是否有短路现象。

（6）P、N 端上电后，18V/1W 稳压二极管两端电压为 8V 左右，用示波器检查

IC3845 的输入端 4 脚是否有锯齿波，输出端 6 脚是否有输出。

（7）检查开关电源的输出端＋5V、±15V、＋24V 及各路驱动电源对地以及极间是否有短路。

故障实例 33

故障现象：一台三菱变频器控制面板显示正常，但无法操作。

故障分析与处理：结合故障现象，做如下检查。

（1）若控制面板显示正常，但各功能键均无法操作，此时应检查所用的控制面板与主控板是否匹配（是否含有 IC75179），对于带有内外控制面板的变频器，应检查一下所设置的拨码开关位置是否正确。

（2）如果控制面板显示正常，只是一部分按键无法操作，可检查按键微动开关是否不良。

故障实例 34

故障现象：三菱变频器的调速电位器不能调速。

故障分析与处理：结合故障现象，做如下检查。

（1）检查控制方式是否正确。

（2）检查给定信号选择和模拟输入方式参数设置是否有效。

（3）主控板拨码开关设置是否正确。

（4）以上均正确，则可能为电位器不良，应检查电位器的阻值是否正常。

故障实例 35

故障现象：一台三菱变频器过电流保护动作，控制面板显示 OC 故障信息。

故障分析与处理：结合故障现象，做如下检查。

（1）当变频器控制面板显示 FOUC 故障信息，并伴随 OC 闪烁时，可按"∧"键进入故障查询状态，可查到故障时运行频率、输出电流、运行状态等，可根据运行状态及输出电流的大小，判定其 OC 保护是负载过重保护，还是 VCE 保护（输出有短路现象、驱动电路故障及干扰等）。

（2）若查询时确定由于负载较重，造成加速上升时电流过大，此时适当调整加速时间及合适的 U/f 特性曲线。

（3）如果没接电动机，空载运行变频器跳 OC 保护，应断电检查 IGBT 是否损坏，检查 IGBT 的续流二极管和 G、E 间的结电容是否正常。

（4）若正常，则需检查驱动电路：检查驱动线插接位置是否正确，是否有偏移，是否虚插；检查驱动电路放大元件（如 IC33153 等）或光耦是否有短路现象；检查驱动电阻是否有断路、短路及电阻变值现象。

（5）若在运行过程中跳 OC，则应检查电动机是否堵转（机械卡死），造成负载电流突变引起过电流。

（6）在减速过程中跳 OC，则需根据负载的类型及轻重，相应调整减速时间及减速模式。

故障实例 36

故障现象： 一台三菱变频器在上电时继电器不吸合。

故障分析与处理： 结合故障现象，做如下检查。

（1）检查输入电源是否异常（如缺相等），若正常。

（2）检查电源板与电容板之间的连线是否正确，是否有松动现象，若正常。

（3）检查主控板与电源板之间的 26P 排线是否有接触不良或断线现象，导致控制信号无效，继电器不吸合，若正常。

（4）检查继电器绕组回路是否正常，若继电器绕组断路，更换继电器。

故障实例 37

故障现象： 一台三菱变频器有频率显示，但无电压输出。

故障分析与处理： 结合故障现象，做如下检查。

（1）变频器运行后，有运行频率，但在 U、V、W 之间无电压输出，此时检查载波频率参数是否有丢失。

（2）若载波频率参数正常，可运行变频器，用示波器检查其驱动波形是否正常。

（3）若驱动波形不正常，则需检查主控板 CPU 发出的 SPWM 波形是否正常，若异常，则 CPU 故障；若主控板的 SPWM 波形正常，则需断电更换 26P 排线再试，若驱动板驱动波形仍不正常，则驱动电路部分有故障。

4.14 其他品牌变频器故障检修实例

故障实例 1

故障现象： 一台 AEGMultiverter122/150-400 变频器在启动时直流回路过电压跳闸（并非每次启动都会过电压跳闸）。

故障分析及处理： 针对故障现象，首先对变频器的启动回路进行检测，检查时发现变频器上电在没有合闸信号时，直流回路电压即达 360V，该型变频器直流回路的正极串接 1 台接触器，在有合闸信号时经过预充电过程后吸合，故怀疑预充电回路 IGBT 性能不良，断开预充电回路 IGBT，情况依旧。用万用表检查变频器输出端时，发现其对地阻值很小，在现场检查发现电动机接线盒内端子板受潮，绝缘性能下降，干燥处理并重新接线后，变频器上电工作一切正常。

分析其故障原因是电动机接线盒内端子板受潮，使其绝缘性能下降，而直流回路负极的对地漏电流经接线盒及变频器逆变器中的续流二极管给直流回路的电容充电，在这种情况下合闸变频器立即跳闸，通常理解应该为过电流跳闸而实际为过电压跳闸。由于电动机接线盒内端子板受潮绝缘性能下降，会造成输出电流的变化率很高，从而引起直流回路过电压。

故障实例 2

故障现象：一台 AEGMultiverter22/27-400 变频器上电后，控制面板显示正常，但 Ready 指示灯不亮，变频器不能合闸。

故障分析及处理：针对故障现象，查看变频器菜单中的故障记录时，并未发现有故障，而对控制面板上各按键的操作，在事件记录中则有记录。检查变频器内 A10 主板、A22 电源板上的 LED 指示灯均正常，用万用表测量三相输入电源的电压为：$U_{AB}=390V$，$U_{AC}=190V$，$U_{BC}=190V$。经检查为进线端子排处接触不良，重新接线后，变频器上电运行一切正常。

Ready 指示灯是变频器内各种状态信息的综合反映，当它不亮时可提示维护人员注意变频器尚未就绪。此时在进线电源不正常时，变频器的故障记录中未能反映未就绪的原因，是因为变频器内的工作电源取自变频器的进线端，若接触不良的一相正为工作电源，即会造成 Ready 指示灯不亮、故障记录中未记录以及变频器不能合闸。

故障实例 3

故障现象：一台 RNB30033.7kW 变频器在停机时，控制面板显示 OU 故障信息，并跳停。

故障分析及处理：引起变频器控制面板显示 OU 故障信息的原因是变频器在减速时，电动机转子绕组切割旋转磁场的速度加快，转子的电动势和电流增大，使电动机处于发电状态，回馈的能量通过逆变环节中与大功率开关管并联的二极管流向直流环节，使直流母线电压升高所致，所以应该着重检查制动回路。测量放电电阻没有问题，在测量制动管时发现已击穿，更换后，变频器上电运行一切正常。

故障实例 4

故障现象：一台 RNB30033.7kW 变频器，一启动控制面板就显示 OC 故障信息，并跳停。

故障分析及处理：结合故障现象，对变频器外观进行检查，没有发现任何烧损的迹象，静态在线测量 IGBT，初步判断没有问题，为进一步判断问题，把 IGBT 拆下后测量各单元正常。在测量上半桥的驱动电路时发现有一路与其他两路有明显区别，检查发现一只光耦 A3120 输出引脚与电源负极短路，更换光耦后，在检查三路基本一样。装上 IGBT 模块后，变频器上电运行一切正常。

故障实例 5

故障现象：一台 RNB30022.2kW 变频器，上电控制面板就显示 OC 故障信息，并跳停，且不能复位。

故障分析及处理：结合故障现象，首先静态检查逆变模块没有发现问题，在对驱动电路进行检测也没有异常现象，判断问题可能出在过电流信号检测电路，将电流检测电路的传感器拆掉后上电，显示一切正常，确认传感器已坏，更换后，变频器上电运行正常。

故障实例6

故障现象：一台RNB301818.5kW变频器上电控制面板显示LU2故障信息，并跳停。

故障分析及处理：结合故障现象，首先检查变频器的整流模块充电电阻正常，但是上电后没有听到接触器动作，因为这台变频器的充电回路不是利用晶闸管而是靠接触器的吸合来完成充电过程的，判断故障可能出在接触器或控制回路以及电源部分，拆掉接触器单独加24V直流电给接触器线圈，接触器工作正常。继而检查24V直流电源，该24V电压是经过LM7824稳压电路稳压后输出的，测量该稳压电路已损坏，更换新品更换后，变频器上电运行一切正常。

故障实例7

故障现象：一台RNB302222kW变频器在运行半小时左右，就在控制面板上显示OH故障信息，并跳停。

故障分析及处理：因故障发生在运行一段时间后，所以温度传感器损坏的可能性不大，可能是变频器实际温度高，上电后发现风机转动缓慢，停电检测风机电源回路，发现风机电源比正常值低50%左右，拆下风机电源接线，检查发现风机有接地故障，更换风机后，变频器上电运行一切正常。

故障实例8

故障现象：由一台AMK变频器构成的变频调速系统，在运行时出现飞车现象。

故障分析及处理：变频调速系统在运行中出现飞车现象，说明控制器的输出信号0～10V或4～20mA产生了失真。产生失真的原因是：控制器内部出现故障或控制器输出的信号线与动力线相距太近，信号线屏蔽效果不好，由电磁干扰造成的。首先检查屏蔽线及其接地信号线与动力线的布线距离，检查发现信号线的屏蔽层未能可靠接地，重新将屏蔽层接地后，变频器上电运行一切正常。

故障实例9

故障现象：一台AMK变频器上电后，控制面板显示1345SYSTEM DIAGNOSIS故障信息。

故障分析及处理：变频器的控制面板显示1345SYSTEM DIAGNOSIS故障信息的原因是，控制模块内部错误，对此类故障只能采用替换法替换控制模块上的CPU卡，替换后变频器上电运行一切正常。

故障实例 10

故障现象： 一台 AMK 变频器上电控制面板显示 CONVERT ERERROR 故障信息，并跳停。

故障分析及处理： 变频器控制面板显示 CONVERT ERERROR 故障信息的原因是，变频器的控制模块或逆变模块有问题，首先检查变频器各模块的外观，并未发现损坏的痕迹，也没有什么异常的气味。再检查各模块的接线有没有松动，在检查中发现控制模块和逆变模块之间的数据线插头在控制模块一端有一点松动，重新压紧数据线插头后，变频器上电运行一切正常。

故障实例 11

故障现象： 一台 ΛMK 变频器在停机时，制动电阻突然冒烟。

故障分析及处理： 变频调速系统在停机减速过程中，会使电动机产生额外的能量，这些能量通过与控制模块相连的制动电阻转变为热量消耗掉。如果控制模块有问题，就会导致这些能量的泄放出现问题。首先检查控制模块和制动电阻之间的连线、接线端子处并没有松动，然后检查控制模块 RF 输入端的电压是否正常（当 RF 输入高电平时，电动机的状态才会受到变频器的监控，电动机的能量才能通过制动电阻排出），检查发现当电动机运转时 RF 的输入端为低电平，检查 RF 上一级的连线，发现 KU 的 CPU 卡没有输出，更换 KU 的 CPU 卡后，变频器上电运行一切正常。

故障实例 12

故障现象： 一台 AMK 变频器在控制电动机运行时转速时快时慢。

故障分析及处理： 结合故障现象，初步判断此故障的原因有控制模块运算出错、驱动/逆变模块故障、电动机编码器故障以致反馈的速度出错等。根据先容易后复杂的原则，先替换控制模块上的 SERCOS 卡，故障依旧，再更换驱动/逆变模块后，变频器上电运行正常。

故障实例 13

故障现象： 一台 AMK 变频器在运行时频率已经达到较大值，但电动机转速明显较同频率应有的转速低。

故障分析及处理： 根据故障现象，检查频率增益设定值，检查发现频率增益设定值为 150%。由频率增益设定的定义可知，频率增益应设定为设定模拟频率信号对输出频率的比率，将频率增益设定值改为 100% 后，变频器上电运行一切正常。

故障实例 14

故障现象： 一台 EV2000-4T0370P 变频器在上电时控制面板显示 POFF 故障信息，不能进入正常运行状态，反复试验后变频器的控制面板无显示。

故障分析及处理：结合故障现象，检查变频器内上电缓冲电阻，发现缓冲电阻已开路，直流母线 P、N 上外接的制动单元的 P、N 之间的阻值只有 13Ω，与制动电阻阻值完全相同，可以确认制动单元已损坏。变频器故障为外接制动单元损坏所致，正常变频器一上电，电容器被充电，当直流母线电压达到一定阀值时，与上电缓冲电阻并联的接触器吸合，电阻被切除，电容充电由接触器提供通路。若在上电时制动单元一旦损坏，电容上的直流母线电压将下降至小于阀值，导致变频器在上电时控制面板显示 POFF 故障信息。这时，接触器因直流母线电压不够迟迟不能闭合，导致按照短时工作状态设计的上电缓冲电阻长时间工作，因此该电阻因发热严重导致阻值变大直至开路，电阻开路后变频器再上电时电容器无法充电，直流母线电压一直为 0，而使变频器的控制面板无显示。更换上电缓冲电阻和制动单元后，变频器再次上电，故障消除，变频器运行一切正常。

注：直流母线的电压由制动电阻所占整个电阻（制动电阻＋上电缓冲电阻）的比例来确定。

故障实例 15

故障现象： 一台 EV2000 变频器上电控制面板显示 E018 故障信息，在变频器上电时能听到接触器吸合的声音。

故障分析及处理： 因在变频器上电时能听到接触器吸合的声音，由此可以判断接触器已动作吸合，检查接触器辅助触点接线、主控板与驱动板的连接线是否松动。检查各连接线，清除控制板扁平电缆连接处的粉尘，重新接插扁平电缆，保持良好连接，再次上电后故障消除，变频器运行一切正常。

分析其故障原因是由于接触器吸合正常信号是通过驱动板传输到控制板，因扁平电缆接触不良，导致吸气正常信号无法到达控制板，使变频器无法正常工作。

故障实例 16

故障现象： 一台普传 220V1.5kW 变频器在运行中频率升上不去，只能上升到 20Hz。

故障分析及处理： 结合故障现象，初步判断可能是参数设置不当，依次检查参数，发现最高频率、上限频率都为 60Hz，不是参数问题。考虑可能是频率给定方式不对，改成面板给定频率，变频器最高可运行到 60Hz，由此看来，问题出在模拟量输入电路上，检查此电路时，发现一贴片电容损坏，更换后，变频器上电运行一切正常。

故障实例 17

故障现象： 一台台安 N2 系列 400V3.7kW 变频器，在启动时控制面板显示过电流故障信息，并跳停。

故障分析及处理： 结合故障现象，首先通过检查确认模块完好后，给变频器上电，在不带电动机的情况下，启动瞬间控制面板显示 OC2 故障信息，但变频器运行正常。初步判断是电流检测电路损坏，依次替换检测电路的可疑器件，故障依然无法消除。于是扩大检测范围，检查驱动电路，在检查驱动波形时发现有一路波形不正常，检查其周边器件，发现一贴片电容有短路，更换后，变频器上电运行一切正常。

故障实例 18

故障现象：一台台安 N2 系列 3.7kW 变频器，在停机时控制面板显示 OU 故障信息，并跳停。

故障分析及处理：结合故障现象，首先检查输入电压正常，分析故障原因可能在变频器的直流回路，因变频器在减速时电动机转子绕组切割旋转磁场的速度加快，转子的电动势和电流增大，使电动机处于发电状态，回馈的能量通过逆变环节中与大功率开关管并联的二极管流向直流环节，使直流母线电压升高所致，所以应该着重检查制动回路，测量放电电阻没有问题，在测量制动管（ET191）时发现已击穿，更换后，变频器上电运行一切正常，且快速停车也没有问题。

故障实例 19

故障现象：一台台达变频器的输出端打火。

故障分析及处理：结合故障现象，拆开变频器检查发现逆变模块击穿，驱动电路板严重损坏，先将损坏的逆变模块拆下，拆时要应尽量保护好印制电路板不受人为二次损坏，将驱动电路板上损坏的电子元器件逐一更换以及将驱动电路板上开路的线路用导线连起来（这里要注意的是需要将烧焦的部分刮干净，以防再次打火），检测 6 路驱动电路阻值相同，在电压相同的情况下，使用示波器测量波形正常。

给变频器上电控制面板显示 OCC 故障信息（台达变频器无逆变模块开机会报警），变频器停电后，使用灯泡将逆变模块的 P1 和印制电路板连起来，其他的用导线连，再次给变频器上电，控制面板还是显示 OCC 故障信息，并停机。判断驱动电路还有问题，逐一检查光耦，发现该驱动电路其中一路光耦损坏，更换新的光耦、逆变模块，恢复接线后，变频器上电运行一切正常。

故障实例 20

故障现象：一台 30kW 台达变频器开机运行几分钟控制面板显示 OC 故障信息，并跳停。

故障分析及处理：结合故障现象，首先将电动机引线拆除后，给变频器上电，变频器空载运行一切正常，用万用表、绝缘电阻表测试电动机正常，用三相电源直接给电动机供电，电动机也工作正常。拆开变频器外壳检查发现变频器输出电抗器 W 相的引线连接螺丝因松动发热，造成连接片表面严重氧化使（W）相无输出，造成电动机缺相运行，引起变频器过电流保护动作。用金砂纸将金属连接片表面的氧化物质砂去后，重新拧紧螺丝后，变频器上电运行一切正常。

故障实例 21

故障现象：一台 SAMCO-I 变频器停机时，控制面板显示过电压故障信息，并跳停。

故障分析及处理：变频器过电压出现在停机时，主要原因是减速时间太短（若无制动电阻及制动单元），电动机转速大于同步转速，电动机转子电动势和电流增加使电动机处于发电状态，回馈的能量是通过与逆变大功率开关管并联的二极管流回直流环节，使直流母线电压升高，调整减速参数后，变频器上电运行、停机正常。

故障实例 22

故障现象：一台 EV2000-4T0550G 变频器上电控制面板无显示。

故障分析及处理：结合故障现象，测量母线电压正常，更换电源板、主控板均无效。将变频器的接插件一一拆掉，当拆到 U 相霍尔传感器时，变频器有显示，说明 U 相霍尔短路损坏。更换 U 相霍尔传感器后后，变频器上电运行一切正常。

故障实例 23

故障现象：一台 EV2000-4T0550G 变频器控制面板显示 E019 故障信息，且按下复位键无法消除该故障。

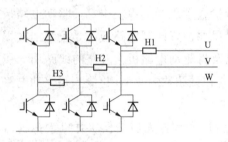

图 4-7　霍尔元件安装示意图

故障分析及处理：EV2000-4T0550G 变频器控制面板显示 E019 故障信息，为电流检测电路故障，EV2000-4T0550G 变频器的电流检测元件为霍尔元件，霍尔元件安装示意图如图 4-7 所示，在图 4-7 中采用 H1、H2 和 H3 这 3 个霍尔元件检测变频器的三相输出电流，经相关电路转换成线性电压信号，再经过放大比较电路输入到 CPU，CPU 根据该信号大小判断变频器是否过电流，如果输出电流超过保护设定值，则封锁 IGBT 的驱动脉冲信号，实现变频器的过电流保护功能。

通常变频器会因控制板连线或插件松动、电流检测元件损坏和电流检测放大比较电路异常导致电流检测电路故障，对于第一种情况需检查控制板连线或插件有无松动；第二种情况需检测电流检测元件是否正常，若不正常，用替换法替换故障器件；第三种情况为电流检测 IC 芯片或 IC 芯片工作电源异常，可通过分别检测 IC 芯片、辅助电源来判断故障部位。

结合故障现象，首先切断变频器输入电源，检查控制板连线和插件，均无松动和异常现象。进一步检查霍尔元件是否损坏，EV2000-4T0550G 变频器的霍尔元件连线为插头、插座结构，首先拔掉 H3 上的插头，重新送电后，控制面板显示 E019 故障信息，重新停电，待放电完毕后，拔掉 H2 上的插头，送电后，控制面板仍显示 E019 故障信息，再次停电，待放电完毕后，拔掉 H1 上的插头，分别插上 H2、H3 上的插头，控制面板上显示的故障信息消失，说明 H1 霍尔元件有故障，采用新品替换后，变频器上电运行一切正常。

故障实例 24

故障现象：一台 DANFOSSVLT5004 变频器上电控制面板显示正常，但是加负载后控制面板显示 DCLINK UNDERVOLT（直流回路电压低）故障信息，并跳停。

故障分析及处理：DANFOSSVLT5004 变频器是通过充电回路接触器来完成充电过程的，上电时没有发现任何异常现象，判断是加负载时直流回路的电压下降引起控制面板显示 DCLINK UNDERVOLT（直流回路电压低）故障信息，而直流回路的电压又是通过整流模块全波整流，然后通过电容器平波后提供的，所以应着重检查整流模块，经测量发现该整流模块有一路桥臂开路，更换新品后，变频器上电运行正常。

故障实例 25

故障现象：一台 MF-30K-380 变频器在启动时，控制面板显示直流回路过电压故障信息，并跳停（并不是每次启动时都会过电压跳停）。

故障分析及处理：结合故障现象，首先检测变频器的直流回路电压，变频器的直流回路电压达到 500V 以上，由于该型号变频器直流回路的正极串接 1 只 SK-25 接触器。在有合闸信号时经过预充电过程后吸合，故怀疑预充电回路性能不良，断开预充电回路，情况依旧。用电容表检查滤波电容，电容已失效，更换新的同规格、容量的电容后，变频器上电运行一切正常。

故障实例 26

故障现象：一台 BELTRO-VERT2.2kW 变频上电就显示 OC 故障信息，并跳停，且不能复位。

故障分析及处理：结合故障现象，首先检查逆变模块没有发现问题。其次检查驱动电路也没有异常现象，分析故障可能出在过电流信号检测电路上，将电流检测电路传感器拆掉后上电，显示一切正常，判断为传感器已坏，更换新品后，变频器上电运行一切正常。

故障实例 27

故障现象：一台英泰变频器上电后控制面板无显示，并伴有"嘀—嘀—"的声音。

故障分析及处理：从故障现象可判断为开关电源过载，反馈保护动作。首先去掉控制面板，上电发现依然如故，再逐个断开各组电源的二极管，最后发现风机用的 15V 电源有问题。可是风机并没有运转信号，不应是风机本身问题，看来是风机前端的问题。检查发现 15V 电源的滤波电容特性异常，拆掉滤波电容测量，发现滤波电容已老化了。换上新的电容后，变频器上电运行一切正常。

故障实例 28

故障现象：一台英泰变频器经常参数初始化停机，一般在重新设定参数后 20~30min

故障重现。

故障分析及处理：结合故障现象，初步判断该故障应该与温度有关，因为运行到20～30min后变频器的温度是会升高的。用热风焊枪加热热敏电阻，当加热到风机启动的温度时，观察到控制面板上的LED忽然掉电然后又亮起来，接下来忽明忽暗的闪动，拿走热风焊枪30s后控制面板上的LED不再闪动，而是正常的显示。采用隔离法拔掉所有的风机插头，再次加温实验，故障消除。检查到风机线圈已短路。当变频器温度达到设定温度后，控制板给出风机运转信号，结果短路的风机造成开关电源过载关闭输出，控制板迅速失电而参数存储错误，造成参数复位。更换风机后，变频器上电运行一切正常。

故障实例 29

故障现象：一台松下DV707系列变频器上电控制面板无显示。

故障分析及处理：变频器上电控制面板无显示，是DV707系列变频器经常出现的故障，在排除外部电源，显示器等因素，多数情况下是开关电源损坏，DV707系列变频器的脉冲变压器是较易损坏的器件。由于受到高频导磁材料、带负载能力、开关电源短路过电流保护电路等一些因素的影响，脉冲变压器的一次绕组易出现损坏现象，由于脉冲变压器的骨架设计不同于一般的升降压变压器，不易拆开，往往在拆开后也会出现导磁材料裂开，连接处闭合磁场出现间隙，脉冲变压器不能正常工作，维修中只能更换脉冲变压器。

DV707系列变频器的开关电源采用了一块型号为MA2810的集成电路，它集成了开关功率管，以及钳位稳压管等元器件，使得开关电源的外围电路减少了，但在维修中MA2810的损坏概率还是比较高的。

针对故障现象，首先检查开关电源输出端，无输出，在静态检查MA2810的集成电路及外围电路未见异常，断开脉冲变压器一次侧，检查发现一次绕组开路，更换新品后，变频器上电运行一切正常。

松下DV-707变频器开关电源没设计保险管，当开关管损坏短路时，经常也把开关电源变压器一次绕组烧断，为了保护变压器，可在电路板上切断开关管与一次绕组回路，在切口焊上一个保险管（1A）或一个（0.6～1）Ω/0.25W的电阻，这样如果开关管短路可起到保护脉冲变压器的作用。

故障实例 30

故障现象：一台CT18.5kW变频器上电控制面板显示Uu故障信息，并跳停。

故障分析及处理：结合故障现象，检查变频器的整流桥充电电阻正常，但是上电后没有听到接触器动作，因为这台变频器的充电回路不是利用晶闸管而是靠接触器的吸合来完成充电过程的，因此认为故障可能出在接触器或控制回路以及电源部分，拆掉接触器单独加24V直流电接触器工作正常。继而检查24V直流电源，经仔细检查该电压是经过LM7824稳压管稳压后输出的，测量该稳压管已损坏，更换后，变频器上电运行一切正常。

故障实例 31

故障现象： 在某生产流水线中，2 次拉伸机的 1 号变频器的型号为 SV037IS5-2，设定频率 22Hz/9.2A，2 号变频器的型号为 SV075IS5-2，设定频率 25Hz/15.5A，3 号变频器的型号为 SV110IS5-2，设定频率 28Hz/28.8A。运行 2 号中变频器的控制面板显示 OU 故障信息，并跳停。

故障分析及处理： 当电动机减速时，再生负载引起的再生能量回流到变频器，或浪涌电压等原因造成主电路的直流电压高于额定值时，变频器将关断它的输出。该生产线的工艺过程是 2 段速度高于 1 段，而 3 段速度又高于 2 段。因为 1 段加工的塑料温度高且软，而 2、3 段间塑料较硬，致使 3 号电动机拉动 2 号电动机，使 2 号电动机处于发电状态，母线电压升高造成变频器控制面板显示 OU 故障信息，并跳停。将 3 号变频器减速到与 2 号变频器等速时，2 号变频器运行正常，说明不是变频器的问题。

检查 2 号变频器制动电阻的阻值，为在 100% 制动转矩时为 500W 3 号 100Ω，在 150% 转矩时为 1000W 50Ω，核对产品样本发现制动电阻选择不当，在 100% 制动转矩时应选用 1000W 20Ω 或在 150% 转矩时选用 1200W 15Ω。经更换制动电阻后，变频器上电运行一切正常。

故障实例 32

故障现象： 一台佳灵 JP6C-9 型变频器上电控制面板无显示。

故障分析及处理： 结合故障现象，检测变频器主电路输入、输出端子电阻均正常，初步判断为开关电源故障。上电细听变频器内部有轻微的间隔的"嗒、嗒"声，显然为开关电源起振困难。此种现象多为开关电源负载异常引起。检查各路电源的整流、滤波及负载电路，均无异常。先后脱开散热风机电源、逆变驱动电源、控制面板电源等电流较大的电源支路，故障现象依旧。

检查并联在开关变压器一次绕组的尖峰电压吸收网络（由电阻与电容并联后与二极管串联），用万用表测量二极管正反向电阻均为 15Ω，将两只并联二极管拆开检测，正常。细观察发现电容器（kV103 电容）有细微裂纹，检测发现电容已击穿短路。更换后，变频器上电运行一切正常。

变频器设计的电压尖峰电压吸收网络，是为了吸收开关管截止期间产生的异常尖峰电压，但电容击穿后，开关变压器一次绕组相当于并联了二极管。对开关变压器来说，开关变压器在开关管导通期间，吸入的能量在开关管截止期间被二极管快速泄放，不能够积累产生振荡能量，同时二极管相当开关变压器一个过重的负载，因而造成开关电源起振困难的故障现象。

故障实例 33

故障现象： 一台 N2-1013 型变频器上电控制面板即显示 OC 故障信息，并跳停。

故障分析及处理： 结合故障现象，首先对变频器的逆变模块进行检测，检测发现逆变模块正常，但 6 路逆变驱动 IC 损坏一半。进一步对开关电源检查发现在断开 CPU 主板供电时，+5V 正常，但其他支路的供电电压较正常偏高，如+15V 为+18V，22V 的驱动供电为 26V，当插上 CPU 主板的接线排时，+5V 仍正常，但其他支路的供电则出现异常升高现象，如 22V 的驱动供电上升到近 40V（PC923、PC929 的供电极限电压为 36V），判断是驱动电路电源升高是致使驱动 IC 损坏的原因。

稳压电路的电压采样取自+5V 电路，拔掉 CPU 主板的接线排时，相当于+5V 轻载或空载，+5V 的上升趋势使电压负反馈量加大，电源开关管驱动脉冲的占空比减小，开关变压器的激磁电流减小，其他支路的输出电压相对较低；当插入 CPU 主板的接线排时，相当于+5V 带载或重载，+5V 的下降趋势使电压负反馈量减小，电源开关管驱动脉冲的占空比加大，开关变压器的激磁电流上升，使其他支路的输出电压幅度上升。

现在的状况是，+5V 电路空载时，其他供电虽输出较低，但仍偏高。+5V 加载后，其他供电支路则出现异常高的电压输出，判断故障环节是电源本身故障导致带载能力变差。重点检查稳压环节的 IC202、PC9 等外围电路皆无异常。进一步检查其他电路也无"异常"。拔下电源滤波电容 C239（220μF/10V），检测电容容量仅十几个微法，电容容量变小使电源带载能力差，漏电使负载变重。更换此电容后，变频器上电运行一切正常。

故障实例 34

故障现象： 一台东元 7200GA-30kW 变频器在运行中有随机停机现象，可能几天停机一次，也可能几个小时停机一次；启动过程中电容充电短接接触器"哒哒"跳动，启动失败后操作控制控制面板不显示故障信息。

故障分析及处理： 结合故障现象，首先将控制板拆下，将热继电器的端子短接，以防进入热保护状态不能试机。将电容充电接触器的触点检测端子短接，以防进入低电压保护状态不能试机。经全面检测无异常，将控制板装回变频器，上电启动时接触器"哒哒"跳动，不能启动，拔掉 12CN 插头（散热风机的连线）后启动成功。仔细观察在变频器启动过程中控制面板的显示亮度有所降低，初步判断故障为控制电源带负载能力差。

检测各路电源在输出空载时，输出电压为正常值。将各路电源输出加接电阻性负载，电压值略有降低；+24V 接入散热风机和继电器负载后，+5V 降为+4.7V，此时控制面板显示及其他操作均正常。若使变频器进入启动状态，则出现继电器"哒哒"跳动，间接出现"直流电压低""CPU 与控制面板通信中断"等故障信息，使操作失败。测量中发现当+5V 降为+4.5V 以下时，变频器马上会从启动状态变为待机状态。检测各电源负载电路，均无异常。

由于 CPU 对电源的要求比较苛刻，低于 4.7V 时，尚能勉强工作；但当低于 4.5V 时，则被强制进入待机状态；在 4.7～4.5V 时，则检测电路发出故障警报。试将 U1（KA431AZ）的基准电压分压电阻 R1（5101）并联电阻试验，其目的是改变分压值而使输出电压上升。测输出电压略有上升，但带载能力仍差。再检查线路板，检测分流调整管 V1 无异常，开关管 V2 为高反压和高放大倍数的双极型三极管，电源电路对这两只管子的参数有较严格的要求。结合故障分析，分流调整管的工作点有偏移，对 V2 基极电流的分流太强，将导致电源带载能力差。若调整管 V1 有老化现象，放大能力下降，故经分流后的 I_b 值不足使其饱和导通（导上电阻增大）而使电源带载能力变差。因分流支路有特性偏移现象致使分流过大，开关管得不到良好驱动，从而使电源带载能力差。试将与电压反馈光耦串接的电阻 R6（330Ω）串联 47Ω 电阻以减小 V1 的基极电流，进而降低其对 V2 的分流能力，使电源的带载能力有所增强。维修后，变频器上电运行正一切常，无论加载或启动操作，+5V 电压稳定。

故障实例 35

故障现象： 一台东元 7300PA3.7kW 变频器上电运行，有输出，但严重不平衡。

故障分析及处理： 结合故障现象，初步判断为驱动电路异常或模块损坏，测量逆变串路功率级 U 相内部上臂二极管开路，一般情况下，先是 IGBT 由短路电流损坏，而使并联的二极管受冲击同时损坏。将逆变模块 SPIi12E 拆除后，逆变模块引脚全部空着，上电准备检测 6 路驱动电路。一上电，变频器即跳过热故障，CPU 在故障状态锁定了驱动脉冲的输出。由于无触发脉冲输出，故无法检测驱动电路的好坏。必须先临时解除过热故障的锁定状态，才能检查驱动电路是否正常。

线路板上的逆变模块标有 T1、T2 的端子，为模块内部过热报警输出端子，一端经一只电阻引入 5V 电源，一端接地。当此端子悬空时，T1 端子经上拉电阻输出高电平（模块过热信号），保护停机。将 T1、T2 端子短接后，送电不再出现保护停机。检查 U 相上臂 IGBT 驱动电路无触发脉冲输出，将驱动电路 IC/PC923 更换后，6 路脉冲输出正常。

通常哪一路 IGBT 损坏后，相应的驱动 IC 也会因冲击同时造成损坏，必须对该损坏模块同一支路的驱动 IC 进行检查，以免造成换上的新模块因驱动电路异常再次造成损坏。更换逆变模块后，将 T1、T2 端子的短接线拆除，变频器上电运行一切正常。

故障实例 36

故障现象： 一台台达 7.5kW 变频器有输出，但输出电压不平衡，电动机不能运行。

故障分析及处理： 结合故障现象，首先检查 6 路驱动电路，检查发现驱动电路有一路异常，驱动 IC 型号为 PC929，测量驱动 IC 的输入、输出侧均无脉冲输出，该 IC 输入侧直接接自 CPU 的脉冲输出端。怀疑 CPU 内部引脚电路不良，断开 PC929 输入端子，CPU 脉冲输出端电压升高，但一接入驱动 IC，就降为接近 0V。

由于采用 CPU 的输出直接驱动光电管需输出较大电流，长期运行导致输出级老化失效或其他故障，致使输出内阻增大，空载时尚有一定幅度的电压信号，但一经接入负载，使信号电压大大跌落。更换 CPU 主板后，上电检测 6 路脉冲输出正常。将逆变模块供电恢复，变频器上电运行三相电压输出正常。

故障实例 37

故障现象： 一台 VLT2800（2900）-3kW 变频器工作中控制面板显示 Err7 过电压故

障信息，变频器停机。有时控制面板也显示 Err5（高电压警告）故障信息，并跳停。

故障分析及处理： 结合故障现象，实测三相供电电压为 400V，在额定范围以内。上电检查发现变频器的 U_d 值不稳，初步判断可能为检测回路电阻变值。检测 U_d 采样电路为 8 只 820kΩ 电阻与两只 13kΩ 电阻串联组成，将其分压值作为 U_d 信号。检查 8 只 820kΩ 电阻阻值正常。在检查两只 13kΩ 电阻，发现 13kΩ 电阻阻值不正常。更换 13kΩ 电阻后，变频器上电运行一切正常。

故障实例 38

故障现象： 一台 7200GA-41kVA 变频器遭雷击后整流模块、开关电源的开关管、分流管损坏。

故障分析及处理： 结合故障现象，检测测 6 路驱动负压及光耦驱动输入信号均正常，将损坏的整流模块、开关电源的开关管、分流管更换后，变频器上电控制面板屏显正常。但在启动时控制面板即显示 OC 故障信息，并停机。复位后能启动操作，显示频率输出正常，但实测 U、V、W 端子无三相电压输出。该变频器的驱动 IC 采用光耦 PC923 和 PC929，由 PC929 与 SN0357 配合返回 OC 信号。

检查驱动 IC 输出侧功放电路及 IGBT 的检测电路无异常，检测 PC923 的脉冲输入引脚，引脚 3 电平高、引脚 2 电平低，引脚 2、3 为光电二极管输入电路，引脚 2 为光电二极管的阳极，引脚 3 为光电二极管的阴极，一般引脚 2 由＋5V 供电再经稳压处理输出 4V 左右的激励电源，而引脚 3 接 CPU 的脉冲输出端，低电平输出有效，即输出时从 PC923 的引脚 3 拉入电流，使二极管导通。有触发脉冲输入且频率较低时，引脚 3 有 3V 上下的摆动电压，当频率上升时，该引脚 3V 电压逐渐趋于稳定。无输出时，引脚 3 为 4V 左右的高电平（同引脚 2 电平值相等）。

检测的结果是在未输入运行指令时，引脚 3 为 0.5V 高电平，引脚 2 为接近 0V 的低电平；当输入运行指令时，引脚 3 电压降为 0.2V，有高低电平变化，说明 CPU 的脉冲已经到达了 PC923。显然是引脚 2 供电电压不正常，使 IGBT 得不到激励脉冲，因而变频器无输出电压。

检查引脚 2 供电为一只三极管和稳压管的简单串联稳压电源，三极管基极偏流电阻开路，导致供电电压为零。更换偏流电阻后，测 PC923 的引脚 2、3 电压恢复正常。变频器接受运行指令后，U、V、W 端子有了输出。

检测传送 OC 信号的 SN0357 光耦器件，输入侧两引脚电压值为零，说明未输入 OC 信号。检测三只光耦输出侧两引脚电压值为 0.5V，既然无 OC 信号输入，两引脚电压应为 5V（其中一只引脚接 5V 地电平），此故障现象只有一个可能，即信号输出引脚的 5V 上拉电阻已经变值或开路。此时 CPU 误认为已接收到由驱动电路返回的 OC 信号，故予以报警。试用一只 10kΩ 电阻接于信号输出引脚与 5V 供电之间，开机测信号输出引脚为 5V，变频器运行一切正常，变频器控制面板不再显示 OC 故障信息。

上述故障的原因是因脉冲信号输入引脚与 OC 信号输出引脚都与 CPU 引脚直接相连，当上拉高电平消失后，CPU 引脚只剩下 0.5V 的低电平，此电平不足以驱动光耦送出逆变模块的触发信号，导致上电检测低电平而使控制面板显示 OC 故障信息。而 0.5V 也正是 OC 等信号检测的临界电平，所以进行复位操作后，又能启动运行。

故障实例 39

故障现象：一台施耐德变频器上电控制面板显示 ERR7：ERREURLS 故障信息。

故障分析及处理：针对故障现象，首先停电换一块显示模块，再次上电观察，若显示 ERR7 故障信息，就可以排除显示模块与控制板接触不良的可能性。另外要检查一下控制板的波特率是否被更改，如需硬件复位，操作如下。

（1）停电后，将选频开关拨到 60Hz。

（2）输入变频器额定电压，变频器置 RDY 后，停电。

（3）再将选频开关拨到 50Hz，即可。

另外可以检查风机是否在运转，控制面板显示 ERR7：ERREURLS 故障信息也可能是风机不转引起，若风机正常，应检查变频器和面板的版本是不是不兼容，检查控制电源是否过电压，检查控制卡和电源板之间的通信有无问题。

故障实例 40

故障现象：一台海日虹 CHRH-415AEE1.5kW 变频器的输出不稳定，电动机在运行中跳动。

故障分析及处理：结合故障现象，首先检测输入模块与输出模块，检测均正常，切断逆变模块的供电后（为检查逆变脉冲输送电路、驱动电路的好坏），上电后控制面板显示正常，但一进行启动操作，即显示 E. OH 故障信息（过热），并停机。短接模块 T1、T2 热信号输出端子无效。将热信号端子断开，原接线端子接入电位器调压试验，也无效。过热信号是由模块内置的热敏电阻（0℃时为 10kΩ）与模块外接的一只 +5V 上拉 10kΩ 电阻分压，将信号直接送入 CPU。室温时此分压点应在 2.5V 以下，实测为 2.3V，可确定内置热敏元件与电路正常。

在检查控制面板时发现控制面板的背部的一小块四方形屏蔽用的铁皮在按动控制面板时，此铁皮的一个角碰到 CPU 的 41 引脚，此引脚恰为过热信号输入引脚。因而一按控制面板上的按键，即给 CPU 输入了一个模块过热信号（扰动产生）。在控制面板和主板电路之间垫入了一块绝缘纸板，在按控制面板时，就不再显示 E. OH 故障信息。检查驱动电路时，发现一路驱动电路的 IC 异常，更换该路驱动 IC 后，变频器上电运行一切正常。

故障实例 41

故障现象：一台伟创 15kW 变频器遭雷击，不能运行。

故障分析及处理：检查变频器的主板与驱动板均受雷击损坏，功率模块与 CPU 正常。检查控制端子 +10V 电压为 0，无输出。此电压由开关电源的 +15V 经稳压电路 LM317（8 引脚贴片 IC）稳压取得，更换 LM317 后。检查电压检测电路中 LF347（4 运放集成电路）损坏，用 LM324 直接代用（各引脚功能一致）。检查控制充电继电器的三极管损坏，用塑封直插型三极管 D887 代换，更换上述器件后，变频器上电运行一切正常。

故障实例 42

故障现象： 一台 EDS1000 型 11kW 变频器在运行中当加速到 40Hz 以上时，控制面板即显示恒速过电流信息，并停机。

故障分析及处理： 检查发现变频器的运行电流远远小于额定电流，检查驱动电路的 6 路逆变脉冲输出均正常。判断为电流互感器电路检测异常。该变频器的电流检测电路为，电流互感器输出信号经一只 3Ω 电阻和 30Ω 电阻分压后，供给主板。判断为电流检测电路的分压值不够准确，使其电流采样值偏大，误跳过电流故障。或电流互感器内部电路的输出值有所漂移，同样造成误跳过电流故障。首先检测两个分压电阻，发现 30Ω 电阻阻值改变，更换后，变频器上电运行一切正常。

故障实例 43

故障现象： 一台 22kW 泓筌变频器的快速熔断器的熔体熔断。

故障分析及处理： 结合故障现象，首先检测主电路未见其他异常，在变频器上电后先将逆变电路接入 24V，控制面板显示 EOCn（加速中过电流，电动机侧短路）故障信息，初步判断为逆变模块或驱动电路有故障。检查驱动电路板，发现一路驱动信号无正激励脉冲输出，检查驱动电路的功率放大管（下管）已击穿，将模块触发端子电压端一直嵌制在负压上。更换放大管后，脉冲电路正常。

再次给变频器上电后接入 24V 供电，上电控制面板显示 EFBS（熔断器熔断）故障信息，并停机。拆除 24V 供电，将原熔断器端子用灯泡串联代替，送电即发强光。但停电拆掉触发端子后，单独测量逆变模块正常；装上熔断器，又将逆变电路接入 24V 供电，启动变频器，当频率上升至 5Hz 左右时，控制面板仍显示 EOCn 故障信息，并跳停。初步判断为逆变模块性能不良，替换逆变模块后，变频器上电运行一切正常。

故障实例 44

故障现象： 一台 22kW 台达变频器上电启动，控制面板即显示 OC 故障信息，并跳停。

故障分析及处理： 结合故障现象，首先静态检查 IGBT 模块正常，测量驱动 6 路 IC 的负压均正常，启动后 6 路驱动电压也正常。再检测一下 6 路驱动 IC 的带负载能力（测其输出的触发电流值），输出端原串接一只 15Ω 电阻，在万用表的表笔上串接一只 15Ω 电阻，将回路电流限制在 0.5A 左右。启动信号投入后，测其电流输出能力，在原触发电路连接正常的情况下，仍能给出约 150mA 的动态电流。其中 V 相下臂 IGBT 的驱动电路仅输出约 40mA 的电流，显然不能满足 IGBT 的驱动要求。

该变频器的驱动 IC（PC929 和 PC923）的输出信号又经一级互补型电压跟随器功率

放大后，再供到模块触发端子。推挽放大器原为一对场效应管，检查 V 相下臂电路由 PC929 的 11（脉冲输出引脚）引脚接至后级功率放大电路的电阻原值为 100Ω，现变值为 $100k\Omega$ 以上，致使 D1899 不能饱和导通，输出驱动电流过小。更换该电阻后，变频器上电运行一切正常。

故障实例 45

故障现象： 一台 300kW7300PA 变频器上电运行时，控制面板有输出频率显示，但 U、V、W 端子无三相电压输出。

故障分析及处理： 结合故障现象，将逆变电路的供电脱开，上电测量 7CN 端子的引脚 11、13、15、17、19、21 的 6 路脉冲信号都正常，判断故障出在电源或驱动板的脉冲前级信号电路上，从该 6 个端子往下检查，检查发现 U12（MC14069）异常，更换后，变频器上电运行一切正常。

故障实例 46

故障现象： 一台 7300PA37kW 变频器上电控制面板即显示 OC 故障信息，并跳停。

故障分析及处理： 结合故障现象，静态检查变频器主电路正常，检测电流检测电路的供电端子 40、41、42 的 −15V 电压为 0V。因电流检测电路供电失常，造成电流检测电路输出偏移，致使控制面板显示 OC 故障信息，并跳停。判断故障在开关电源，检查开关电源 −15V 整流二极管开路，更换后，变频器上电运行一切正常。

故障实例 47

故障现象： 一台台达 A 系列 22kW 变频器上电控制面板显示 CFF 故障信息。

故障分析及处理： 变频器控制面板显示 CFF 故障信息为电路异常。结合故障现象，首先检查变频器主电路部分正常，初步判断检测部分有故障，变频器在 STOP 状态下，检查霍尔元件的输出电压，发现有只霍尔元件的输出仅有 1V 电压，更换后，变频器上电运行一切正常。

霍尔元件输入和输出为比例关系，它检测对象是电流时，电流比为 1000：1 的霍尔元件，在变频器输出是 50A 的电流，霍尔输出 50mA 电流，同时检测电压也要变化，变化的大小与电流是正比关系，同时和霍尔器件的阻抗有关系，检测霍尔元件时，检查输出电流是很不方便，一般检查电压，霍尔元件一般是 4 个引脚，2 个引脚是霍尔的电源端，2 个引脚是检测输出端，可分别检测输入端和输出端的电压值，来判断霍尔元件的性能。

故障实例 48

故障现象： 一台松下变频器在正常运行中突然失电，导致变频器在重新上电后无法启动。

故障分析及处理： 经检查逆变模块已损坏，究其原因主要是由于停电后变频器还在运行指令的控制下，而此时由于电动机所带负载的消耗及变频器自身的消耗导致中间直流电压急剧下降，引起 PWM 调制波信号发生变化，导致功率模块的损坏。更换逆变模块，检查驱动电路正常，变频器上电运行一切正常。

松下 DV707 系列变频器在逆变模块损坏的同时驱动电路也可能损坏，驱动电路无负压是驱动电路损坏的常见现象。DV707 系列变频器的功率器件选用的是富士 PIM 模块，属于 IGBT 类型的。因 IGBT 是电压导通型的，在无负压的情况下将导致 IGBT 无法有效关断，产生误导通。负压一般是由稳压二极管产生的，这也是一个最常见的损坏部位，更换稳压二极管后，应检查驱动波形是否恢复正常。

故障实例 49

故障现象： 一台松下变频器控制面板显示 LV 故障信息。

故障分析及处理： 针对 DV700 系列变频器显示 LV 故障信息，在排除外部电源问题后，通常故障比较多的是在电压检测电路，电压检测电路通过降压电阻取样，经光耦隔离后将信号送至主控制板处理。在维修中首先检查降压电阻，隔离光耦都可能出现损坏。更换故障元件后，变频器上电运行一切正常。

故障实例 50

故障现象： 一台 SAMCO-i 变频器通过外部端子采用模拟量控制，调整给定电位器频率只能达到 20Hz。

故障分析及处理： 结合故障现象，依次检查各参数设置正确，改为面板给定频率，则最高频率可运行到 50Hz。由此看来，问题出在模拟量输入电路或变频器自身元器件上，用万用表检查模拟量输入电路，发现外部给定电位器故障，更换同规格外部给定电位器后，变频器上电运行一切正常。

故障实例 51

故障现象： 一台 BELTRO-VERT2.2kW 变频上电控制面板显示 OC 故障信息，并跳停且不能复位。

故障分析及处理： 结合故障现象，首先检查逆变模块没有发现问题，其次检查驱动电路也没有异常现象，判断故障不在逆变模块和驱动电路，可能出在电流检测电路，将电流检测电路的传感器拆掉后，变频器上电控制面板显示一切正常，判断为传感器已坏，更换新品后，变频器上电运行一切正常。

故障实例 52

故障现象： 一台 616PC5-5.5kW 变频器驱动电动机运行时电动机抖动。

故障分析及处理： 结合故障现象，首先检查功率器件正常，给变频器上电控制面板显示正常，运行变频器测量三相输出电压不平衡，测试 6 路输出波形，发现 W 相下桥波形不正常，依次测量该路电阻、二极管、光耦发现提供反压的二极管击穿，更换后，变频器上电运行一切正常。

故障实例 53

故障现象：一台日立 L300P75kW 变频器更换功率模块后，上电控制面板显示 E16.4 或 E16.2 故障信息。

故障分析及处理：结合故障现象，检测三相 380V 输入电源正常，在运行状态下检测三相输出电路发现一相电压值有不稳定现象，在 280～350V 波动。该变频器电压检测电路检测的是输入电源中 T、S 两相的输入电压，初步判断为变频器的供电的电源空气断路器有一相触点接触不良，造成变频器控制面板显示 E16.4 或 E16.2 故障信息，停机拆开电源空气开关检查，发现一组触点已严重烧损。更换电源空气断路器后，变频器上电运行一切正常。

故障实例 54

故障现象：一台 5.5kW 的变频器上电控制面板就显示接地故障信息，并跳停。

故障分析及处理：针对故障现象，检查发现这台变频器是由上位机通信控制，现场环境温度也很高，设备用了好几年了也没维护过。根据这几点因素初步判断是控制线路有短路或开路现象。先把有故障变频器的所有控制线路拆下、电动机线也拆下，空载运行变频器；变频器运行正常，接上电动机后运行变频器也很正常，但接上控制线就显示接地故障，用仪表检查控制线路，发现控制线老化短路，更换控制线路后，变频器上电运行一切正常。

故障实例 55

故障现象：一台 8220/8240 系列变频器上电控制面板显示 OC5 故障信息。

故障分析及处理：8220/8240 系列变频器的控制面板显示 OC5 故障信息的原因是变频器过载。变频器过载电流检测一般是采用霍尔传感器检测 U、V 两相的电流，再输入至或门 COMOS 电路来判断变频器是否过载。

因是在变频器上电时控制面板显示 OC5 故障信息，初步判断故障在电流检测传感器或门电路，霍尔传感器容易受环境的影响，而发生工作点的漂移，而门电路常由于工作电压以及输入信号的冲击而损坏，重点对霍尔传感器及门电路进行检测，更换损坏器件就能够排除此类故障。

故障实例 56

故障现象：一台伦茨变频器上电控制面板无显示。

故障分析及处理：针对故障现象，初步判断为开关电源故障，对于早期的如 8100/8300 系列变频器，开关电源损坏的故障点主要有功率开关管、开关电源控制电路及脉冲变压器损坏。开关管的损坏较容易更换，控制电路出现故障后修复相对比较复杂，此系列变频器的控制电路元器件都是集成于绝缘陶瓷片上，不易更换，只能整体更换。

若脉冲变压器损坏，反映出来的故障现象为，上电后变频器无任何反应，控制端子无电压。由于脉冲变压器的骨架不容易拆开，给变压器的修复造成了一定的困难，各系列变频器所使用的脉冲变压器的参数又不尽相同，对于损坏的脉冲变压器只能更换原厂的产品。

参 考 文 献

[1] 周志敏，周纪海，等．变频器—工程应用电路．电磁兼容．故障诊断［M］．北京：电子工业出版社，2005.

[2] 周志敏，周纪海．变频电源实用技术——设计与应用［M］．北京：中国电力出版社，2005.

[3] 周志敏，周纪海．变频调速系统设计与维护技术［M］．北京：中国电力出版社，2007.

[4] 周志敏，周纪海．变频器使用与维修技术问答［M］．北京：中国电力出版社，2008.

[5] 周志敏，周纪海，等．变频调速系统工程设计与调试［M］．北京：人民邮电出版社，2009.

[6] 周志敏，周纪海，等．变频调速系统-工程设计．参数设置．调试维护［M］．北京：电子工业出版社，2008.

[7] 周志敏，周纪海．快速掌握变频器工程应用及故障处理［M］．北京：化学工业出版社，2013.

[8] 张明重，孙玉琦．西门子 6SE70 系列变频器维修实例［J］．变频器世界，2007，（4）.